美 术 基 础 理 论 系 列 教 材

美　学　概　论

潘昱州　耿纪朋·主编

重庆出版集团 重庆出版社

图书在版编目(CIP)数据

美学概论 / 潘昱州，耿纪朋主编. -重庆 ：重庆出版社，2011.2
ISBN 978-7-229-03781-9

Ⅰ．①美… Ⅱ．①潘… ②耿… Ⅲ．①美学理论
Ⅳ．①B83-0

中国版本图书馆CIP数据核字(2011)第020095号

美学概论
MEIXUE GAILUN

潘昱州　耿纪朋 主编

出 版 人：罗小卫
策　　划：郭 宜 杨 帆 夏 添
责任编辑：杨 帆 夏 添
责任校对：郑小石
装帧设计：刘 洋 夏 添 杨 帆

重庆出版集团
重庆出版社 出版

重庆长江二路205号 邮政编码：400016 http://www.cqph.com
重庆出版集团艺术设计有限公司制版
重庆市天旭印务有限公司印刷
重庆出版集团图书发行有限公司发行
E-MAIL：fxchu@cqph.com 邮购电话：023-68809452
全国新华书店经销

开本：787 mm×1 092 mm 1/16 印张：15 字数：460千
2011年3月第1版 2011年3月第1次印刷
ISBN 978-7-229-03781-9
定价：42.00元

如有印装质量问题，请向本集团图书发行有限公司调换：023-68706683

总　序

倪志云

　　《美术基础理论系列教材》是为美术类专业大学生的基础理论学习的需要而设计的。第一辑确定为针对非美术史论专业的美术类学生的系列教材，包括《中国美术史》、《外国美术史》、《艺术概论》、《美学概论》和《美术鉴赏》五种。

　　耿纪朋和他约请的承担教材编纂之事的朋友们约定的编写准则大致是，注重知识的系统性和综合能力的训练，注重联系现实艺术实践，加强学术与艺术、艺术与社会的联系，具有理论联系实际的品格，在使学生掌握基础知识和基本理论的同时，也获得独立思考自主分析艺术事件的能力。内容的安排，根据各部教材的具体内容，尝试采用不同于流行模式的眉目更加清楚的方式编纂。行文求平易晓畅，简洁生动。图片要求准确、丰富，与文字内容紧密配合。

　　耿纪朋恳挚邀请我对他主持的这套教材做些指导。我完全赞成他的编纂准则，又特别要求他提醒各位编写者，教材的编写虽不是专著写作，不是以表述自己的学术观点为主，而是基础知识的讲述和已有的比较被公认的观点的综述，但编写者不可抄写拼凑，不可在电脑上下载拼贴，务必在理解消化的前提下用自己的语言作生动准确的表述。第一辑五种书稿陆续发送给我，我翻阅了部分章节，感觉编写者都是能够遵守准则、努力按照商定的标准来从事写作的。有些章节内容的新颖和文字的生动很吸引我，使我的审读有时竟变成了欣赏。

　　《中国美术史》的知识丰富而多端，历来的教材多以时间为序。此次的书稿却是在把美术史分为书画篆刻、雕塑艺术、建筑艺术、工艺美术四大类的前提下，再行分门别类介绍，结合了美术门类专门史的写法。不仅条目趋于清晰，还通过阅读多次强调时间的顺序，有利于读者对比时代的发展了解不同美术门类的变化。《外国美术史》同样不仅仅是以时间为序，同时也打破了以欧洲美术为主的叙述方式。亚洲、非洲、美洲以及大洋洲的美术取得了与欧洲美术并列的地位。《艺术概论》和《美学概论》并没有因为确定一种观点而否定其他，注重多种观点的对比介绍，强调读者的甄别能力。并且，《艺术概论》中加强了"艺术与市场"等较新的专题讨论，《美学概论》中也加入了"东方美学"等章节。《美术鉴赏》则在门类区分的基础上强调对于作品鉴赏的能力。

　　第一辑的五种教材尽管定位是针对美术类非美术史论专业的学生，但是对于非美术类的读者也是不错的入门教材，特别是《美术鉴赏》一书。对于美术史论专业的学生而言，此五种教材也可以起到参考学习的作用。特别是针对于研究生考试复习的美术类学生而言，更利于知识的梳理和信息的记忆。

公元2010年岁次庚寅小暑于四川美术学院

序

在通常意义上，在大学学科的专业体系中，美学主要以两种学科专业身份出现。一是作为文学理论范畴的美学身份，另一种是为完善哲学体系而存在的哲学美学身份。在其影响下，美学教材也相应出现两大体系，一是针对中文系或文学院的学生而编写的以文学理论为侧重点的美学教材；一是针对哲学系的美学专业的大学生所编写的教材。

针对中文系或文学系的美学教材主要有朱立元所编《美学》，它主要把美学作为审美的过程来看待，从文学作为特殊的审美意识形态这一意义上来编写。针对哲学系的美学专业的大学生所编写的教材主要有杨春时所著的《美学》，它侧重于讲述美学的哲学基础和方法论原则，从哲学的角度讲述美学。

当然，我们无意对以上两类教材体系编写体系进行优劣比较，也无意对两类教材体系的立足点进行评述。但无论以往的美学教材如何完美，总有一个至少是我们看来仍然存在的缺陷，那就是作为使用范围较广的艺术院校的艺术生的特殊性却在无形中被忽略。

长期以来，艺术院校鉴于没有针对艺术生而编写的美学教材而无奈地选用作为文学理论或者作为哲学美学的教材来教学，这往往达不到教学效果。针对艺术生而编写的美学教材寥寥无几，这不得不说是美学教材体系不完善的遗憾，所庆幸的是这一困境已经引起广大学者、教材编写专家们的关注，甚至已经积极行动起来编写针对广大艺术生的美学教材，而本教材就是针对艺术专业教学类型教材中比较突出的一部。

本教材主要分为三个部分，第一部分包括导论和前四章，主要是讲述美学作为一门学科的发展历程；第二部分包括第五章到第九章，可以说是美学的内部研究，从审美的主客体、审美过程、审美范畴、审美评价等方面概述了美学的内涵；第三部分包括第十章到第十五章共六章的篇幅，以展示后现代文化背景下，与美学息息相关的外延研究。

本教材把阅读对象主要定位在艺术院校的大学生，具有以下编写特点：

首先，本教材整体来看是从艺术的角度，或者说以艺术美学为基本切入点来构架该美学概论的。它打破美学教材围绕美学范畴来组织结构内容的体例。

其次，在本教材第一部分中，将东方美学范围拓展到真正的"东方"美学，区别于传统意义上仅仅把中国美学当成或直接理解成东方美学。

再次，本教材第三部分以"美的外延"为指向，编写了"美与艺术"、"美与艺术家"、"美与观众"、"美与社会"、"美与市场"等篇章。

最后，在教材中，插入了许多珍贵的艺术品的照片，为读者带来更为直观的美感冲击。

鉴于编写时间限制和编写者阅读视野、现有知识和个人能力有限，本教材中尚存在一些错讹之处，请专家学者、读者、社会各界人士予以指正。本教材编写组非常感谢您的阅读与指正。

潘昱州、耿纪朋
于川音绵阳艺术学院

目　录

导　论

美等待被发现

　　说到"美学"，字面上来说，最容易被普通人接受的一个说法是，美是关于美的学科。这个简单的解释里面包含两层涵义：美和美学。美和美学是思维方式上的差别。简单说，美是生活当中发生的诸多审美现象；美学是关于这些现象中各种因素的考察和规律的探寻，是理论的抽象和概括。

　　美学在西方很长一段时间被认为是哲学下面的一个分支，强调美学的思辨理论特征是主导。随着美学研究的不断扩展和深入，对审美现象的返回成为新的风向标。美在生活中，在人们看待世界的心灵里面。从身边寻找美是美学的源头。

　　爱美之心，人皆有之。美无处不在。《诗经》云："出其东门，有女如云"，现代都市广场上美女是人的美的表现；自然景区的美有九寨沟的水、张家界的山、泰山的日出、三亚的沙滩、江南的青石板路上的光泽和清脆的声响；艺术作品美如蒙娜丽莎的微笑、王羲之的书法、苏格兰的风笛；日常生活美如一见钟情的浪漫、运动场上的力量活力等等。再近一点，湛蓝的天空，游云如马，河边杨柳轻拂，蝴蝶翩跹，大片大片的狗尾巴草在风中摇曳，丛丛芦苇在金色的夕阳下发光。

　　有个广告词说，世界上不是缺少风景，缺少的是看风景的心情。现代生活中的人们总

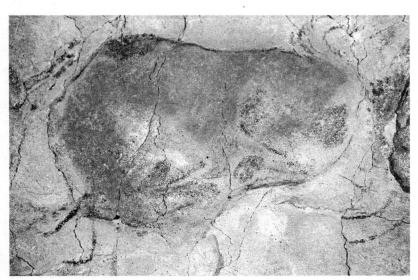

受伤的野牛　旧石器时代　牛长185厘米　西班牙阿尔塔米拉洞窟

农舍旁的森林风景 霍贝玛 1663年 布面油彩 99厘米×131厘米
伦敦华莱士收藏馆

是忙忙碌碌，每天为生活奔走，疲惫不堪。当我们乘着公交车上班下班的时候，通常希望能赶紧到达目的地，却很少有人注意街边的路树正吐出新芽，夕阳正在天边挥洒玫瑰色的晚霞，某个年轻人正在为身边的老人让座，怀里的孩子正朝着新鲜的人群牙牙学语。当这些稀松平常的事件都成了风景，那我们就拥有了发现美的能力和眼光。

美不等于感官愉悦

　　人们说到美往往会说出各种美的事物，注重事物外在的形式所引起的人的较为简单的感官享受，诸如，看到一朵初开的蜡梅，听到一曲优美的旋律，吃到一颗香甜的水果，抚摸到一个光洁的建筑等等。这些属于美学当中优美的范畴，即狭义的美，这样的美让我们快乐，微笑，惬意。同时，痛苦、悲伤、恐惧可以是美的吗？或者说能不能带来美感？当一个长相美好的人做出让人厌恶的事情的时候，很难觉得这个人是美的，甚至他的外形美反而变得更加丑陋。当我们长期在外读书工作，回家突然看到父母越见斑白的头发和佝偻的身躯时泪水四溢，这样的体验肯定不是丑的，而是美好的情感。恐怖片风靡的时代，为什么很多人喜欢陶醉于惊悚可怕的场景呢？现代艺术以匪夷所思的形式出现，一只马桶是美的吗？那它何以带来巨大的艺术反思？因此，美不是单纯的形式产生的愉悦感，而具有丰富的情感和价值内涵。

　　动情。一个铁石心肠的人是不能欣赏到美的。与爱的反面不是恨，而是漠然的道理一样，美的反面不是丑，而是广泛的冷漠。一个多情（广义的多情，指人对周遭世界的人和物的关怀）的人才能真正体

景物 彼得·克拉斯 1637年 木板油画 83厘米×66厘米 马德里普拉多博物馆

会到美。红楼梦里面的贾宝玉就是这样一个多情的人，他不光是同情关爱周围的女子，也爱朋友，爱花花草草，面对所有的自然造物都会表现出深情。可以说，动情，热爱，是美的核心。

花篮图 宋 李嵩 绢本设色 纵26.1厘米 横26.3厘米 台北故宫博物院

真。指真实和真理。美学史上早就道出真实为美。这里的真实指真实反映现实生活，也指人的真心真性情，是针对一切虚伪而言的。司马迁写作《史记》，要求"不虚美、不隐恶"。即不粉饰浮夸，不遮蔽丑恶，以免剥夺人们看清真相的权利。

善。美是善，是东西方关于美的最初思考。善，强调的是事物的有用性，包括日常器用和社会中人与人相处的伦理之用。我们常说什么东西"美得很"，某件事情是件"美事"，好的工作叫"美差"，说好话叫"美言"。可见，从语用学的角度来说，美类似于"好"。中国古人讲"羊人"为美，吃东西叫"用膳"（从肉从善），美和善在本原上是一体的。一个事物对人有用，无论是实际功利之用还是愉悦身心之用，都是给人带来好处的。

美学作为一门学科

美学产生于西方，西方美学源于三个基础：对事物本质的追求；对心理知、情、义的明晰划分；对艺术门类的统一定义。近代西方美学是美学真正体系化的时期，可以说美学很年轻。它成为一门独立学科是18世纪中叶发生的事情。美学，英文为aesthetics，原义为"感性学"或称"感觉学"。德国思想家鲍姆嘉通在1750年第一次使用，这是关于人的感性活动的哲学思考，也标识着美学学科的独立。鲍姆嘉通也因此被称为现代美学之父。之后，随着康德、黑格尔、丹纳等学者的探讨，形成了三套不同方向的美学体系：（1）从美的本质到所有美的现象（自然、社会、艺术、科学、制度等），以现象——本质为基本结构（哲学美学）；（2）从美的本质转到美感的本质，以主体——客体为基本结构（审美心理学）；（3）从美的本质到各门艺术，以美——艺术作为基本结构（艺术哲学）。

但是，随着美学研究的逐步发展，二十世纪以来，美学如何存在成了一个问题。首先可以看到，从美学诞生（柏拉图追问美的本质）到鲍姆嘉通以Aesthetics命名，经历了两千多年；其次，美学是西方文化的产物，却又被西方文化研究否定了美学的基础：美的本质；再次，美学从来没有一个清楚的研究对象。美的本质被悬搁了，二十世纪美学的历史实际上是部门美学的发展史：如绘画美学、建筑美学，或者结构主义美学、接受美学、符号美学，或者身体美学、犯罪美学、政治经济中的美学。总之，美学更普遍地存在于各个部门之中，又根本不存在，不存在一个独立出来的包罗一切部门美学的美学。美学陷入一个山重水复却很难柳暗花明的怪圈之中了。这是美学的困境，也是美学的历程。如人民大学张法老师的比喻，似乎人类对于美的言说有了一种历尽沧桑的彻悟。

在中国，"美学"的中文名称不是直接译自于德语或英语，而是从日文翻译过来的。日本的中江肇民用汉字"美学"翻译aesthetics，为汉语界所完全接受。中文"美学"之名是20世纪之初，著名国学大师王国维首先使用的（对此学术界尚有争议，存疑）。这个西方的学科如何从日本迁回进入中国是一个意味深长的隐喻。

西方文明对中国文明的侵蚀不仅是武力和经济上的，也是文化思想上的。同为远东封闭国家的日本在被美国轰开国门后，及时应变，改革图强，大量翻译学习西方的先进技术、政治体制和思想文化，较快走入强国的行列。中国早期觉醒的知识分子于是纷纷去日本学习，带回了相当的思想学科流行于世，美学即在此列。于是，"美学"这个词在中文字面上缺少"感性学"的原义显现，容易误导人们对美学的理解。再进一层，中国从日本的文化母国到跟随日本的学习者，实际上也是历史的一个似乎必须存在的讽刺。同时，西方文明对东方世界的文化侵蚀是很深刻的。从此，中国的先觉者们为了救亡图新，高喊打倒"孔家店"，要革除传统文化的孽根，或主张"中学为体，西学为用"，温和地吸收利用西方文明的成果。物极必反，革命者的呐喊从某种程度上来说起

春汛 列维坦 1897年 布面油彩 64.2厘米×57.5厘米 莫斯科特列恰科夫美术馆

到了效用，中国的文化从此很长时期内进入了双重的无根状态：传统文化从人们生活中断根，西式文化与中国民族文化心理隔阂而不能移植，新的文化根系尚未建立。美学同样是面临这样一种尴尬，中国的美学研究很大程度上是跟在西方美学研究后面追着跑，缺少独立的方向。

除了以上的大文化背景，还有很重要的原因。西方文化重理性，逻辑分析思维较强，喜欢建立理论体系，以图通过语言逻辑把世界纳入其中。但中国式的思维向来是重感性，甚至是诗性的。很多美学思想是零星见于各种诗话词话中的，充满飘逸灵动的情趣。因此，当我国的美学研究转入自己的资源时，如何借用西方体系上的优势，梳理古老的美学见解，从而建立有自己特色的美学研究，是任务所在。但，我们也可以看到中西方美学研究相互补充相互借鉴的局面。西方文化面对曾经引以为傲的逻各斯中心体系被解构的时候，面对世界本质被取消的时候（包括美的本质），美学研究回到各个具体实践领域，回到活生生的审美当下也许是一条回归现实的新路。而这条路正是中国美学一贯的存在方式，如散落于各种典籍中的各种诗话、词话、绘画书法理论。西方和中国（包括非西方文化）的美学势必相遇，各自开拓新的前途。

美学研究的对象

美学研究的对象一直在发展，美学研究的领域也随之越来越丰富，大致有以下几个方面。

美的本质。从人们开始追问美开始，就进入了哲学的思考。比如美是什么？什么是美？美的本质是什么？这也就是我们通常所说的哲学美学，其鼻祖被认为是古希腊的柏拉图。哲学美学重在对美的形而上思辨，旨在探求世界的本原。这一思路一直被延续到黑格尔，相伴古典哲学的终结而终结。

审美活动。审美活动包括审美主体、审美客体以及审美主客体相互作用的两方面。哪些事物是审美活动敏感的客体，它们具有哪些客观的美的形式，审美主体的审美能力、趣味以及审美活动发生的大环境的条件是审美活动中研究的主要方面。

审美形态。人们在审美活动中，由于不同的历史阶段和文化生态，凝结成了不同的审美范畴形态。诸如西方的优美、崇高、荒诞；中国的中和、阴柔、阳刚。这些美的形态范畴如何形成，如何影响人们的审美观念与美的创造，它们与文化、艺术之间的关系都是我们思索的范围。

审美心理。早期人们认为美是客观存在的某种事物、特质甚至神。随着西方文艺复兴思潮的兴起，人们对自我的自觉认识开始高涨。美存在于审美活动当中，是与主体心理密不可分的，它涉及感知觉、情感、想象等一系列神奇的心理活动，探讨审美心理机制、结构、过程是美学十分重要的一个方面。

审美与艺术。美学一度称为"艺术哲学"。美学一开始是哲学的分支，艺术活动是审美发生较为典型的领域。美学和艺术学是两个不同的概念，但又相互渗透相互延伸。审美艺术学关心艺术的本体以及与此相关的一系列审美艺术学的课题。它环绕审美意象展开，也探讨艺术涉及等美学应用问题。

审美教育。审美教育简称"美育"。教育是人类永远的事业，而审美教育更是教育的较高层次的体现。美育既是用审美的手段来陶冶人、培养人，也是教育的目的，让人们过上美妙的人生，实现人的自由完满。审美教育与现代教育相结合，着力揭示个体审美发展的途径、方向和规律。

审美与社会。审美活动是一项社会活动，审美文化最终是社会历史文化的一个表征。审美活动怎样与社会现实生活相互作用，相互影响，是美学与社会学共同关注的问题，是人文学科社会责任的表现。另外，美学在社会文化大环境当中，与哲学、政治学、经济学、人类学、科学等相互交叉，呈现出多元化现代性姿态。

以上几个方面概括起来只是一个粗略的梳理，而各个部分之间是彼此牵扯难以截然分开的。并且，随着社会的发展，美学的课题还在不断被发现和拓展。

美学学习的要求

一、享受思维的乐趣。人生有很多乐趣，获得新知是学习的乐趣之一，而获得一种新的思维方式更是人生一大美事。美学是思辨性极强的学科，这让很多人望而生畏。其实，美学的哲学思辨性可以很好地训练我们的理论思维，交给我们看世界的不同方式。罗素说过，世界的美来自于参差多样。同样，思维的丰富多样也会让我们活得更加精彩灿烂。所以，学习美学一方面要注意阅读美学理论名著，培养理论思辨的能力；另一方面要注意阅读或欣赏具体审美文本，锻炼文本批评的能力。做到吸收营养的同时能独立思考，勤于提出异议，在思想的丛林中逍遥畅游。

二、积攒审美体验。审美体验，是指对于具体审美现象的深入而又独特的感性直觉方式。审美体验并非神秘、不可知，而是生活的产物。体验的核心，在于抛弃日常理智的束缚而抓取个体生命中充满意义的瞬间。生活中总是有许多美的瞬间让我们去感动，一次会面、一片风景、一场电影。形成发现美、感受美的习惯，是美学学习的源头活水。审美经验越丰富，对美的探讨越能感同身受而非干巴巴的纸上谈兵。朱光潜先生说得好："不通一艺莫谈艺，实践实感是真凭"，学习者最好能从事一门艺术创作，这样能更深入领会审美创作的精妙之处，而不会总是与审美实践隔着一层。

三、拥有开阔的胸襟。人们生活和学习很多误区来自于思维习惯上的偏执和狭隘。有人只听古典音乐，认为现代流行音乐不堪入耳；有人喜好中国文化，认为西方文化粗糙笨重；有人瞧不起动漫卡通，尤其是日本动漫，那是小日本的东西要坚决抵制；学舞蹈的认为自己不需要欣赏绘画，学雕塑的不屑于音乐。作为审美的人，我们应该培养广博的兴趣，美学理论和艺术作品，无论古今中外也无论高雅通俗，都应多多了解。所谓"观千剑而后识器"，纯正的审美趣味和开阔的思路是美学学习应有的胸襟。

学习美学的意义

一、提高理论素养，以高屋建瓴。美学揭示和阐明审美现象，帮助人们了解美、美的欣赏和美的创造的一般特征和规律。审美现象广泛存在于人们生活其中的自然、社会以及艺术世界，如同前面所说，人们不满足于仅仅是欣赏美，还需要对这类现象有更进一步的了解。美学作为一门理论学科，应从哲学的角度分析和探讨美、美感以及艺术的审美特征等问题，揭示审美规律，从而满足人们对美的世界的好奇和思考的需要。美学研究只有首先在理论上有所建树和发展，才有可能实现其他任务和目的，因此，理论研究是美学的基本任务。

二、进一步完善和发展美学学科本身。美学学科正如同一些学者所说的，在世界学术体系中有着不同于其他学科的艰难曲折经历。美学诞生之后，在许多基本问题，甚至包括研究对象等方面并未取得学术界的共识，因而也就严重阻碍了美学学科本身的发展。迨至今天，当初导致美学学科产生的基本问题——美是什么竟也遭到否定，那么美学学科本身有无存在的必要都发生了问题。由于美学在一些基本问题上的混乱，美学学科至今仍不能算作一门成熟的学科。因此美学理论的研究还必须承担起美学学科自身建设的重担。

三、做一审美的人。一个审美的人应该能更好地发现美，感受美，从理论高度来思索美，创造美。美学理论可以指导人们的审美活动，通过这种指导，使人们的审美从一种朴实的、自发的活动上升到一种主动的、自觉的活动。朱光潜先生曾说：一个不研究美学而品评文艺的人，就如同水手说天文，看护妇说医药，全凭粗疏的经验，没有严密的有系统的学理作根据，不仅远不够用，使欣赏缺乏深度，感受受到限制，而且有时还误事。尤其我们强调人的全面发展和素质教育，那么培养和提高人的审美欣赏和审美创造能力就更有着重要的意义。涨潮所言有理："方丈不必戒酒，但须戒俗；红裙不必通文，但须得趣。"

四、做一个幸福的人。从明天起，做一个幸福的人，面朝大海，春暖花开。海子在结束生命之前发出对生命最温暖的祝福。幸福是人们不懈的追求，而审美活动中的人就有着妙不可言的幸福感，因此，做一个审美的人同时也是做一个幸福的人。审美可以提高人的精神，促使人生的审美化，增加人的幸福度。美学是一门超世俗功利的学问，它给人平等、理解、关爱，也反映了人的终极关怀和追求。不同的是，它把这种终极关怀和追求融入诗意之中，用生动感人的形象去打动人的情感，因而它更易被人所接受。当今技术文明和商业文明，拜金主义、物质主义和享乐主义盛行，使人精神日益切近形而下而疏离形而上，这无论于社会还是于人本身都是令人担忧的。美学可以提高人的精神，使人超脱世俗的平庸和鄙陋，诗意地栖居在大地上。

第一章 美学的建立

◆ 概述

　　美学的建立虽然是18世纪的事情，但人类的审美意识却由来已久，古今中外能称得上美学家的人和称得上美学著作的书，在美学学科建立之前也不胜枚举，因此本章的内容包括了美学学科的建立，还包括美学建立之前对"美"的追问以及鲍姆嘉通之后至黑格尔时期的美学的发展。

▶ 第一节　美学作为现代学科的建立

◆ 一、美学学科的建立

　　在西方，美学作为一门现代学科的建立，是由18世纪德国哲学家、美学家鲍姆嘉通创立的。

　　1735年，鲍姆嘉通发表《诗的哲学默想录》，首次提出了诗的哲学应当研究的对象，并把诗的哲学称为"感性学"(德文为Aesthetik，英文为Aesthetics)。1750年发表《美学》(Aesthetik)，以"感性学"定名。并对美学作了界定：美学是感性认识的科学[1]。这才使美学有了自己的研究对象而成为一门独立的学科。鲍姆嘉通对美学的这一初步界定，标志着美学作为一门独立的学科从此确立。由此鲍姆嘉通被后世尊称为"美学之父"。

　　之所以说鲍姆嘉通《美学》的出版是美学学科建立的标志性事件，主要源于两点：第一，这是第一本专门的系统的美学著作。第二，确立了美学的独立研究对象，即认为美学的研究对象是人类的感性认识，美学即感性学。由于情感、艺术与感性有着非常密切的关系，因此他指出美学的完整研究对象是感性、情感、艺术等。

　　鲍姆嘉通认为，人的心理包括三部分，即"知"、"意"、"情"。

1.[德]鲍姆嘉通：《美学》，文化艺术出版社1987年版，第13页。

这个认识并非他独到的发现，而是他对前人的继承与发挥，如古希腊的亚里士多德就已经将人类的理性分为三个方面：理论理性、实践理性、诗意或创造理性，人类知识系统因之分为理论、行动、创造三部分，而诗学是关于诗意的或创造理性的科学。鲍姆嘉通指出，"知"指人的理智方面的认识，与之相关的学科是逻辑学、认识论；"意"指道德、行为方面的意志，与之相关的学科是伦理学；"情"是指与感觉密切关联的情感。他认为人们已为"知"、"意"建立了独立的学科，而没有关于感性认识和情感的专门学科，这是知识界的失误，所以他承担起这个工作，为关于感性和情感的研究首次建立一个学科——美学（即感性学）。与鲍姆嘉通同时的康德等人进一步推广了如下认识：将人类心理功能分"知"、"意"、"情"三部分，与之相应的活动是科学、道德、艺术，其对应的知识体系是逻辑学、伦理学、美学[1]。

　　鲍姆嘉通创立美学，为"感性学"争取了合法地位，这是对西方学科意识的一次完善，也是对西方理性大潮的一次反驳。美学的诞生标志着人对自身进行更全面、更完整的自我认识达到了一个新的高度，为美学研究找寻到了一个新的出发点。

◆ 二、美学学科的体系构架

　　鲍姆嘉通把美学作为感性认识的科学，并提出了美学内容的构成，即体系框架的设想，把美学分为理论美学和实践美学。理论美学，阐述和提供一般美学的规则，中心目标是为了实现美——"感性认识的完善"。实践美学，则是在研究个别情况下如何运用一般规则的问题。这样一个美学框架，对美学具有十分重要的意义。

　　关于美。鲍姆嘉通将美归属于认识领域，称之为"认识的美"，也就是"感性认识的完善"、"表象的总和"。美的普遍特性包括三方面：（1）各种思想的一致性，即"事物和思想的美"。它要求感性认识内容（事物和思想）的一致，即完善。（2）次序和安排的一致性，即要求感性认识必须有次序，且与内容一致，即完善。（3）名目的一致性，即要求名目自身一致，同事物和次序一致，即完善。[2]这三个方面的特性，实质上是指诗或艺术品的内容（事物和思想）、结构（次序和安排）、表达（名目）的一致性，这也就是"感性认识的完善"、"表象的总和"的完善，即美。所以，美作为感性认识的成果，就是诗、"美的艺术"、"自由的艺术"。

1.［波］塔达基维奇（Tatarkiewicz）：《西方美学概念史》，褚朔维译，学苑出版社1990年版，第2～3页。
2.［德］鲍姆嘉通：《美学》，第18—20页。

关于感性认识。鲍姆嘉通认为，构成感性认识的因素包括三个方面：（1）心灵中的自然禀赋，包括天生的美的精神和广义的天资，即低级认识能力以及相应的禀赋（如感受力、幻想力、记忆力、趣味、创作天赋等等）、高级认识能力（如知性、理性）和天赋的审美情感。（2）审美训练，即审美才能的陶冶和提高。（3）审美理论与审美指导。换言之，为了实现美（达到感性认识的完善），既需要心灵的自然禀赋，又需要审美训练，培养审美才能，还需要美学理论的指导，以使认识的美更完善。是如此复杂的因素构成了美学之作为感性认识的科学的最基本的研究对象和内容。

作为学科的美学是鲍姆嘉通创立的，即从感性学意义看美学的产生，鲍姆嘉通是始创者。但是，人们对美学的理解并不都是以感性学为维度的，至少还有两个维度，一是有关审美意识的研究，一是有关美和艺术的哲学研究。

▶ 第二节　建立前对"美"的追问

一般人认为，西方美学在建立之前的古代美学主要是一种本体论美学，或曰哲学美学，即以美的本质为核心来研究审美对象的美学。而从笛卡尔以来的近代美学则主要是一种认识论美学，即以主体自身怎样认识客观世界为中心来研究审美对象的美学。

◆ 一、古希腊至中世纪：本体论美学

在古代哲人们对宇宙万物进行哲学思辨时，往往包含了对其的美学发现，在哲学里可以寻绎出丰富的美学思想，哲学也是美学深入的必备知识，因此学好美学必须掌握哲学。且长期以来，关于美的许多言论包含在哲学里，美学因此成为哲学的一个分支学科。西方古代哲学主要是一种本体论哲学，因而古代的美论也主要是一种本体论的美论。

所谓本体论，即研究"存在"的学说。所谓本体论哲学，就是把"存在"本身而不是把那些具体存在的"现象"作为研究目标的哲学，即它是重本质而非现象的研究，其

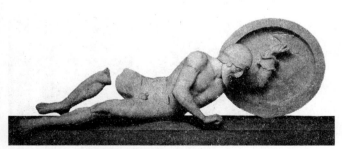

受伤的战士　雕塑　古希腊埃伊那神庙山墙　公元前5世纪

研究目的在于探得对现象的本质认识，也即寻求现象背后的最后逻辑根据和本真原因。通俗地说，就是透过现象看本质。

古希腊哲学开始于对自然的哲学思考，"最早的希腊哲学家同时也是自然科学家"[1]。他们既对自然进行科学探索，又对自然进行哲学的思辨。

古希腊第一个哲学流派是小亚细亚的米利都学派，其中的泰勒斯（公元前624—前547）认为"水"是万物之本源，万物终归于水。赫拉克利特（公元前540—前480）则提出"火"是事物产生和运动变化的根基，"火"运动的规律及其事物相互变化的规律就叫做"逻各斯"。到了智者派和苏格拉底，自然哲学转向社会哲学，如智者派中的普罗泰哥拉（公元前481—前411）提出了"人是万物的尺度"，从此，人成为希腊哲学的焦点之一，出现了柏拉图和亚里士多德这样杰出的思想家和哲学家。到了希腊化时期，希腊哲学走向衰落，有以第欧根尼（公元前404—前323）为代表的犬儒学派，有具有宿命论、禁欲主义和宗教神秘主义色彩的斯多葛学派等等。在这里我们主要探讨毕达哥拉斯学派、苏格拉底、柏拉图、亚里士多德以及中世纪哲学家及他们的哲学思想等。

1. 毕达哥拉斯学派：美是数的比例与和谐。

毕达哥拉斯学派提出数是万物的本原。数怎样成为万物的本原呢？毕达哥拉斯学派认为，由一产生二，由一和二产生出各种数目。同时，一是点，二是线，三是面，四是体，从体产生出一切形体。并认为最美的平面是圆形，最美的立体是球形。由此理论出发，毕达哥拉斯学派认为美在于数的比例与和谐。相传毕达哥拉斯有一次路过一家铁匠铺，听到大小不同的五个铁锤打击铁砧发出的声音很有节奏，如同一支动听的乐曲。于是他走进铁匠铺，仔细端详这些铁锤，并让人称了一下，发现它们的重量符合一定的比例：$6:12=1:2$，$6:9=2:3$，$6:8$和$9:12=3:4$。毕达哥拉斯急忙赶回家做实验，结果他发现弦长成一定比例时能发出和谐的声音。由此他得出结论，音乐的和谐是由数的比例造成的，且在音乐方面对最早的和声学作出了贡献。

女像柱 雕塑 古希腊 公元前5世纪

2. 苏格拉底：美是有用的。

苏格拉底（公元前469—前399），他与智者派一起扭转了希腊哲学的方向，将哲学研究的视角从宇宙自然转向人类社会。苏格拉底开创了人生哲学的新领域。

三女神 帕台农神庙山墙雕塑 古希腊 公元前5世纪

白底彩绘双耳陶壶　公元前440年　高
32.8厘米　瓶画　古希腊　梵蒂冈美术馆

苏格拉底在美学上的著名观点是：美是有用，丑是无用。有用的东西就美，所以即使是一只粪筐，只要有用处也是美的，而即使是金盾，如果无用，也是丑的。从这一角度出发，美是具有相对性的，在一定程度上美丑是可以相互转化的。他说："盾从防御看是美的，矛从射击的敏捷和力量看是美的。"[2]因此，以是否有用的角度作为衡量美的标准，而是否有用是因人立场的不同而不同的，这样，美就与社会紧密联系在一起，美是不可能脱离其目的性的。

3. 柏拉图：美是理式。

柏拉图（公元前427—前347），原名阿里斯托克勒，是苏格拉底的学生，古希腊很伟大的哲学家。有人甚至说一切西方哲学不过是对柏拉图思想的注解，连对柏拉图极端贬抑的现代英国哲学家波普尔也认为："人们可以说西方的思想或者是柏拉图的，或者是反柏拉图的，可是在任何时候都不是非柏拉图的。"[3]

雅典学院　拉斐尔　1510—1511年　壁画　长770厘米　罗马梵蒂冈签字厅

柏拉图早期的美学思想主要体现在他的《大希庇阿斯篇》里，这是西方第一篇有系统地讨论美的著作。在《大希庇阿斯篇》里，柏拉图从现象和本质的区别出发，将"美"和"美的事物"区分开来。"我问的是美本身，这美本身，加到任何一件事物上面，就使那件事物成其为美，不管它是一块石头，一块木头，一个人，一个神，一个动作，还是一门学问。"[4]最后，对美的本质的讨论并没有解决"美是什么"的问题，只更清楚地了解了一句谚语："美是难的。"柏拉图以对美的本质的追问使之成为哲学美学的创立者。

后期柏拉图提出美是理式。"理式"是柏拉图哲学最重要的概念，所谓"理式"，又译为"理念"，在柏拉图那里兼有Idea（观念）、Form（形式）的双重涵义，是指事物的共相或普遍本质，实际上是人类精神对事物本质、规律、性质等所作的理论概括；通俗地讲，柏拉图的"理式"相当于我们现在所理解的"一般"、"共性"。柏拉图的哲学体系将世界分为三个等级：一个是不变的"理式"世界，即本体界；一个是感性的现实世界，即现象界；一个是艺术世界。"理式"在柏拉图那里是一个独特的世界，它是永恒不变的，因而也具有绝对性，不因人因地因时而异，是现实世界存在的理由和根据。譬如，床有三种，一是床的理式，这是唯一真实的床；其二是人为的床，即工匠按照床的理式所造的具体的床，是对床的理式的模仿，是床的理式的影子，因而是虚幻不真实的；其三是画家模仿工匠所造的具体的床所画的床，是对床的理式的模仿，是影子的影

1.恩格斯：《自然辩证法》，于光远等译编，人民出版社1984年版，第35页。

2.参见朱光潜《西方美学史》，人民文学出版社1979年版，第36页。

3.汪子嵩等著的《希腊哲学史》第2卷，人民出版社1993年版，第596页。

4.柏拉图：《文艺对话集》，朱光潜译，人民文学出版社1980年版，第187页。

子，和真实隔着三层，由此推出艺术是不真实的，是有害的。因此他在《理想国》中主张将诗人从其理想国中赶出去。

柏拉图从哲学的维度提出"美是什么"的问题，并对这个问题做出了一个哲学的回答：美是理式。美的"理式"是对所有美的事物的本质概括，因此是美的事物的根源。而美的具体事物是"分有"美的"理式"才美的。柏拉图的理式论对西方哲学、美学以及思维模式产生了深远的影响。从这里，就可以看出西方思维模式的特点，是主客二元对立的思维方式。他们认为客观与主观是对立的，客体与主体是对立的，理性与感性是对立的，本质与现象是对立的。而中国人的思维模式则是迥异于西方的。中国人是以"天人合一"的思想作为哲学背景的，因而中国人的思维方式是主客混融的，是分不出主体和客体的，如陶渊明的名诗："采菊东篱下，悠然见南山。……此中有真意，欲辩已忘言。"李白的："相看两不厌，惟有敬亭山。"中国诗歌的最佳意境就是达到心物两契的境地。即庄子的"天地与我并生"、"万物与我同流"。

4．亚里士多德：美产生于大小和秩序。

亚里士多德（公元前384—前322），柏拉图的学生，是古希腊哲学和美学的集大成者。"我爱我师，我尤爱真理"是亚里士多德批判其老师柏拉图"理式"论时的一句名言。

亚里士多德对柏拉图的批判主要集中于"理式"论，柏拉图的"理式"是一个高于现象世界的唯一真实的存在，是与现实世界相对立的一个永恒的世界，通俗地说，就是柏拉图认为"一般在个别之外"。亚里士多德批判了柏拉图关于"理式"可以脱离具体感性的现实事物而独立存在的观点，即他认为事物的"理式"（本质）是寓于事物之中的，通俗地说，就是"一般在个别之中"，即美的本体、本质是寓于美的现象之中的。由此可见，亚里士多德并没有否定柏拉图的"理式"本身，只是批判了其"理式"脱离具体事物而孤立存在的观点。亚里士多德从自己的理论出发，认为艺术是真实的，是有用的，甚至认为诗歌高于历史，因为历史只叙述个别故事，而诗歌则可通过描写个别事物来传达普遍性真理；历史叙述已经发生的事，诗歌则叙述可能发生的事。

亚里士多德否定柏拉图"理式"的孤立存在，承认现实世界的真实性，因此他是在现实事物中、在事物的自然属性上寻找美的本质。亚氏在《诗学》中认为："一个美的事物——一个活的东西或一个由某些部分组成之物——不但它的各部分应有一定的安排，而且它的体积也应有一定的大

宙斯像 雕塑 古希腊 公元前5世纪

小；因为美产生于大小和秩序。"[1]在其《政治学》中也说过一段类似的话："人们知道，美产生于数量、大小和秩序，因而大小有度的城邦就必然是最优美的城邦。"[2]从这两段话可以看出，亚里士多德认为美产生于大小和秩序，美的事物是一个有机的整体。

以此看来，亚里士多德的美论依然是一种本体论。

5．普洛丁：美在"太一"。

希腊化时期和古罗马时代的美论，仍然主要是一种本体论美学。尤其是古罗马美学家普洛丁的美学，继承了柏拉图的哲学美学思想，并直接将柏拉图的"理式"改造为"神"或"太一"。他作为新柏拉图主义的代表，为中世纪神学美学奠定了基础。所谓"太一"，就是本体，即一切事物的"一"，在逻辑上可以视为一切事物的根源。他的"太一"说和"流溢"说是他思想的核心。他认为"神"或"太一"是真善美三位一体的总根源。他虽然承认物质世界存在美，但是，他坚信物质世界的美不在物质本身，而是物质在反映神的光辉。美不是源于物质世界，而是源于"神"或"太一"流溢出的美。换言之，即美不存在于客观事物本身，而是存在于神。

采花少女　斯塔比伊壁画局部　公元前100年　壁画　古罗马　那不列斯古文物博物馆

圣经插图　680年　加洛林王朝　24.5厘米×14.5厘米　卡列奇图书馆

6．中世纪：美在上帝。

到了中世纪，普洛丁所谓的"神"就变成了上帝。上帝是一切美的缔造者，也是终极美、绝对美、无限美，而具体的感性事物则是上帝美的反映和象征，只具有低级美、相对美、有限美。由上帝这个神学本体出发，中世纪美学具有以下三个明显的特征：

第一，上帝之美或神性之美是所有美的源头和最终根据，也是最真实的美。亚历山大里亚的克莱门特（160—215）坚信"上帝是所有美的事物的根源"[3]。在中世纪关于"光"的巨大隐喻里，上帝乃世俗美的光源。

第二，中世纪长期贬低感性美或世俗美。这是从禁欲主义和宗教神学出发而导致的结果。

第三，重视精神美。"最高的美是精神美。"[4]

中世纪的人们特别重视美的主观因素，认为内在美重于外在美，精神

1.亚里士多德：《诗学》，罗念生译，人民文学出版社1982年版，第25页。

2.《亚里士多德全集》第9卷，中国人民大学出版社1997年版，第239页。

3.[波]塔塔科维奇：《中世纪美学》，褚朔维等译，中国社会科学出版社1991年版，第31页。

4.[波]塔塔科维奇：《中世纪美学》，褚朔维等译，中国社会科学出版社1991年版，第32页。

美强过现象美，灵魂美胜过肉体美。这种观点有来自柏拉图的影响，也是中世纪赞扬上帝之美的必然结果。

◆ 二、文艺复兴至19世纪：认识论美学

文艺复兴时期是从"神"的世纪进入"人"的世纪，既是"世界的发现"和"人的发现"的时代，也是人的自觉和艺术自觉的时代。自此西方进入了近代理性大发展的时期，这时期的美学一般认为是认识论美学，即人们关注的中心从客观世界转向了主体自身，也就是主体自身是怎样认识客观世界的，因此人自身的认识能力、认识方法和认识途径成为哲学美学关注的中心。

这种认识论的转向在发展过程中，呈现出两种不同的路径：一种是欧洲的大陆理性主义，强调人之所以能认识世界是因为人有天赋的理性，即知识是缘自人的先验理性；一种是英美经验主义，主张知识不是来自先验理性，而是来自客观的或主观的经验。

1．大陆理性主义美学

大陆理性主义在法国的代表是笛卡尔和布瓦洛。

笛卡尔在哲学上是理性主义二元论，即承认物质世界和精神世界的并存；同时在这二元论中，特别强调主体性，故提出了一个著名的观点"我思故我在"。笛卡尔认为"真就是美"，也就是只有理性才能认识真理，万物之美全在于真。

蒙娜丽莎 达芬奇 1503—1506年 木板油彩 77厘米×53厘米 巴黎卢浮宫

布瓦洛（1636—1711），受笛卡尔理性主义哲学美学思想的影响，其文艺美学名作《诗的艺术》也以理性为最高标准。这个"理性"的含义一方面是指人天生具有的辨别美丑善恶的心灵能力（良知），另一方面是指存在于一切现存秩序中的常情常理。美的东西是普遍的、永恒的东西，文艺要以理性为表现目标，即要描写普遍永恒的美和人性。他主张理性才真，真才美，其名言是："只有真才美，只有真才可爱。"[1]

在德国的代表是莱布尼兹（1646—1716），在哲学上认为世界是由单子构成的，单子之间是和谐的，然而这种和谐是由上帝预先规定的。由此他肯定宇宙美，并且认为宇宙美的本质在于和谐。从此出发他把美归结为一种预先存在的理性秩序，宣称美是"预定的和谐"。

2．英美经验主义美学

英美经验主义美学都以感觉经验作为认识的基础，并

阿卡迪亚牧人 普桑 1640年 布面油彩 87厘米×120厘米 巴黎卢浮宫

日出·印象 莫奈 1873年 布面油彩 48厘米×63厘米 巴黎马蒙达博物馆

进而探讨美学问题，其代表人物主要有培根、霍布斯、洛克、休谟、博克等人。

培根（1561—1626），英国文艺复兴时期最重要的哲学家和艺术家，经验主义的奠基者，被马克思称为"英国唯物主义和整个现代实验科学的真正始祖"[2]。培根把感性认识看做知识的基础，强调归纳法和经验求知的作用，主张将人的认识经验与对审美和艺术的研究联系起来。

霍布斯（1588—1679）是英国著名的无神论者和经验主义者。在认识论上他反对"天赋观念"，认为一切人类思想都起源于感觉，感觉经验是认识的开端和源泉。他以善为美的核心，又以美为善的形式，按照经验主义的思考路径研究了美的感性形态和艺术想象等问题。

洛克（1632—1704），与霍布斯一样反对"天赋观念"，并提出了著名的"白板说"，即他认为人的心灵如同白板，只有经验才能在白板上留下痕迹，构成知识。他说："我们的全部知识是建立在经验上面的；知识归根到底都是导源于经验的。"[3]

休谟（1711—1776），从美感经验中探寻美，认为"美并不是事物本身里的一种性质。它只存在于观赏者的心里，每一个人心中有一种不同的美。这个人觉得丑，另一个人可能觉得美。"[4]这就在美学史上提出了一个重要的学说，即"美即美感"。同时，美也就具有相对性。休谟还认为美与丑的区别就在于一个引起快感，一个引起痛感："美是一些部分的那样一个秩序和结构，……适于使灵魂发生快乐和满意。这就是美的特征，并构成美与丑的全部差异，丑的自然倾向乃是产生不快。因此快乐和痛苦不但是美和丑的必然伴随物，而且还构成它们的本质。"[5]

博克（1729—1791），同是从经验出发却把美界定为物体本身的某些属性："我们所谓美，是指物体中能引起爱或类似情感的某一性质或某些性质，我把这个定义只限于事物的单凭感官去接受的一些性质。"[6]他还根据经验事实对事物的美的特征作了归纳："美的性质，因为只是些通过感官来接受的性质，有下列几

红房子 毕沙罗 1877年 布面油彩 54.5厘米×65.5厘米 巴黎奥赛美术馆

1.北京大学哲学系美学教研室编：《西方美学家论美和美感》，商务印书馆1980年版，第81页。

2.《马克思恩格斯全集》第2卷，人民出版社1957年版，第163页。

3.北京大学哲学系外国哲学史教研室编译：《十六—十八世纪西欧各国哲学》，商务印书馆1975年版，第255页。

4.《西方美学家论美和美感》，第108页。

5.休谟《人性论》下册，商务印书馆1983年版，第333—334页。

6.《西方美学家论美和美感》，第118页。

种：第一，比较小；第二，光滑；第三，各部分均有变化；第四，这些部分不露棱角，彼此像融成一片；第五，身材娇弱……；第六，颜色鲜明，但不强烈刺眼；第七，如果有刺眼颜色，也要配上其他颜色，使它在变化中得到冲淡。这些就是美所依存的特质。"[1]

▶ 第三节　鲍姆嘉通之后：哲学美学的终结

近代认识论美学在德国古典美学那里达到了光辉的顶峰。如果说以柏拉图、亚里士多德为代表的希腊美学是西方美学的第一座高峰，那么鲍姆嘉通稍后的德国古典美学则是西方美学的第二座高峰，主要代表人物是康德、谢林、席勒、歌德和黑格尔等等。

◆ 一、康德的美学

康德（Kant，1724—1804），德国古典哲学的开创者和伟大代表。他的一生都在书斋里过着玄想思辨的生活，且终身未婚。其生平类似于海德格尔讲亚里士多德：他生下来，他工作，后来他死了。

康德处在近代西方哲学发展的关键性转折点。在此之前，西方哲学思想大致可以分为两个派别：一派是以德国的莱布尼兹和伍尔夫为代表的理性主义派；另一派是以英国的洛克和休谟为代表的经验主义派。而到了康德，则对理性主义和经验主义进行调和，并形成自己的哲学体系。康德的哲学体系是对18世纪启蒙思想的总结，其核心是在认识、实践和审美这三个领域中进行"哥白尼式的革命"，由此确立了主体的人在这三个领域中的活动能力的先验性，赋予主体性以绝对优先的地位。

康德的哲学美学思想主要体现在他的"三大批判"中，即《纯粹理性批判》、《实践理性批判》和《判断力批判》。《纯粹理性批判》实际上是一般所谓哲学或形而上学，专门研究知的功能，推求人类知识是在什

有苹果的静物　塞尚　法国　油画　19世纪

1.《西方美学家论美和美感》，第122页。

2.康德：《判断力批判》，邓晓芒译，人民出版社2002年版，第45页。

3.康德：《判断力批判》，第77页。

4.康德：《判断力批判》，第72页。

林荫道 霍贝玛 1689年 布面油彩 104厘米×141厘米 伦敦国家博物馆

么条件下才是可能的。并由此提出认识的发生源于人的先验形式，即人为自己的认识确立根据，人为自然立法。《实践理性批判》实际上就是一般所谓伦理学，专门研究意志的功能，研究人以什么样的最高原则来指导道德行为。并由此提出人为道德立法，即人的道德行为的最终根据在于人的道德自律或内心的"道德律令"，因此伦理学的最后目的是人的自由。《判断力批判》实际上就是一般所谓美学，专门研究情感的功能，寻求人心在什么条件下才感觉事物美和完善。并由此提出人为审美立法。

康德具体的美学思想主要表现为三个方面：对美的分析、对崇高的分析以及对艺术和艺术天才的分析。此处我们主要了解康德对美和崇高的分析。

康德对美的分析主要体现在以下几个方面：一是认为审美判断不涉及欲念和利害计较，即美是一种自由的无利害的快感。他说审美判断"是通过不带任何利害的愉悦而对一个对象或一个表象方式作评判的能力。一个这样的愉悦的对象就叫做美"[2]；二是审美判断不涉及概念，不是认识活动，却又需要想象力和知解力两种认识功能的自由活动，"凡是那没有概念而被认作一个必然愉悦的对象的东西就是美的"[3]；三是审美判断没有明确的目的，但它却又符合目的性，即美是无目的的合目的性。"美是一个对象的合目的性形式"[4]，所谓无目的，即没有客观的、实际的或实用的目的。所谓合目的，即合于人的主观目的，合于人的精神需要和自由性要求；四是审美判断虽然是主观的和个别的，但它却又有着普遍性和必然性。所以，美只涉及到对象的形式而不涉及到它的内容意义、目的和功用。

在"崇高的分析"中，康德认为崇高与美是审美判断之下的两个对立面，但是它们同时都是审美判断，所以有着很多相同点：美和崇高都不仅是感官的满足，都不涉及明确的目的和逻辑概念，都表现出主观的符合目的性，而这种主观的符合目的性所引起的快感都是必然的、可普遍传达的。但康德更看重崇高和美的差异：首先，就对象来说，

泉 安格尔 1856年 布面油彩 163厘米×80厘米 巴黎奥赛美术馆

美只涉及对象的形式，而崇高却涉及对象的"无形式"；第二，就主观心理反应来说，美感只是单纯的快感，而崇高却是由痛感转化为快感；第三，康德认为最重要的分别还是在于美可以说在对象，而崇高则在主体的心灵。在《判断力批判》的写作过程中，康德的思想在发展，比如在"崇高的分析"中，康德特别强调崇高感的道德性质和理性基础，这就是说他放弃了"美的分析"中的形式主义，因而等到分析崇高之后再回头讨论美时，康德对美的看法有了明显的转变，"美在形式"变成了"美是道德观念的象征"，美的基本要素毕竟是内容。

康德提出人的审美判断力是美和美感的共同本源的思想，在西方美学史上实现了人本主义的转移，而这一美学思想的转移直接影响了20世纪西方美学的方向。

垂死的奴隶 米开朗基罗 1513—1516年 大理石 高228厘米 巴黎卢浮宫

◆ 二、黑格尔美学

黑格尔（Hegel，1770—1830）是德国古典哲学的集大成者和终结者。

黑格尔的美学是建立在他的客观唯心主义哲学体系和辩证法的基础之上的。黑格尔全部的美学思想都来自他的"理念"，也即绝对精神，理念就是最高的真实。他的《美学》分为三部分：一是美学原理，二是艺术发展史，三是艺术种类。他使美学成为一门完整的系统的历史科学。

黑格尔美学思想的核心就是他对美的定义："美就是理念的感性显现。"它包含了三个方面的辩证统一：其一，它是理性与感性的统一。美的定义中所说的"显现"就是"现外形"和"放光辉"的意思，"显现"的结果就是一件艺术作品。在艺术作品之中，人能从艺术作品的感性形象直接认识到无限的普遍真理。黑格尔的定义肯定了艺术要有感性因素，又肯定了艺术要有理性因素，最重要的是二者还必须是一个契合无间的统一体。其二，它是内容与形式的统一，内容或意蕴就是理性因素，形式就是感性形象。他说："艺术的内容就是理念，艺术的形式就是诉诸感官的形象。艺术要把这两方面调和成为一种自由的统一的整体。"[1]其三，它是主观与客观的统一。黑格尔把理性因素看做是主观的，因为就其作为人的生活理想和生活的推动力来说，绝对精神即理念是主观的。存在于人心中的理念必须要在现实世界中得以实现，否定它原来的片面性，才能变成统一的整体，一切有生命的东西都须经过主观与客观的矛盾统一，艺术也是如此。

黑格尔认为艺术发展是精神与物质斗争的结果，并由此把艺术发展划分为三个时期：最古老的是象征艺术，用符号象征理念，它是形式压倒内在观念；其次是古典艺术，如古希腊的雕刻、神像，达到了内容与形式的统一；第三阶段是浪漫艺术，这是指西方的近代艺术，不等同于浪漫主义，它是内容的因素超过了形式的因素，精神性占据了一个突出的地位。同时他还认为浪漫型艺术发展到极端就会终结，最后艺术让位于哲学。

他还根据显现理念功能的不同，区别了艺术的种类。认为建筑是最低级艺术，代表了象征艺术；雕刻比建筑进了一步，代表了古典艺术；绘画、音乐和诗是高级艺术，代表了浪漫艺术。他认为诗是最高级艺术，诗才是真正的理念的感性显现。

可以说，黑格尔继承了康德而对康德进行了切中要害的批判，黑格尔的全部美学思想就是要驳斥来自康德的形式主义和感性主义，强调艺术与人生重要问题的密切联系和理性的内容对于艺术的重要性。黑格尔把辩证发展的道理应用于美学之中，替美学建立了一个历史的观点，他费大功夫讨论艺术的理性内容和艺术的发展史，涉及了狭义美学所不曾摸而且也不敢摸的许多与艺术貌似无关而实际上密切相关的问题，到了黑格尔，美学的天地分外宽阔了。

1.黑格尔：《美学》第1卷，朱光潜译，商务印书馆1979年版，第142页。

教皇英诺森十世 委拉斯贵支 1650年 布面油彩 140厘米×120厘米 罗马多利亚美术馆

第二章 美学的发展

构图七号 康定斯基 1913年 布面油彩 200厘米×300厘米 莫斯科特列恰科夫美术馆

概述

　　在康德、黑格尔的哲学美学终结之后，西方美学的发展进入到多元化的时期，这一时期的美学流派大大增加，迭起纷呈的美学流派给人以目不暇接之感，即使是整本整本的专门介绍美学流派的书，也不可能对这么众多的流派进行详细的讲解。这么艰巨的任务，更不是我们在这么小小的一章里面能够完成的，所以我们首先在第一节中对它进行一个概述，然后在后面两节中选取一些编者认为是最重要的美学流派来进行讲解，这样点面结合，以期使学习者既能对美学发展的流变有一个大致的了解，又能对其中的重要美学派有较详细的考察，培养学习者的美学思辨能力。

▶ 第一节　现代美学的转向

　　以康德和黑格尔为代表的哲学美学的终结，也是古典美学的终结，继而开启的是现代美学的兴起。首先，本章先就现代美学的一些特点做一个梳理。

　　黑格尔建立了庞大精致的美学思辨体系，而现代美学的多元化即是对哲学美学的反叛，也是对美学的扩展与丰富。言其多元化，是因为，其一，在这之后，美学发生了三次转向，其二，美学流派迭起纷呈，各种美学流派相互影响、相互交织，而又各各显现出自己的独特面貌。肇始于19世纪后半叶、兴盛于20世纪的西方美学主要经历了三次大的转向，第一是心理学转向，第二是语言学转向，第三是文化学转向。

◆ 一、美学的心理学转向

　　心理学的转向是一股大潮流，早在19世纪末，就出现了一些"自下而上"的美学追求，这种美学追求从审美与艺术现象本身出发，以期能够摆脱美学大体系的约束。这种情形到了20世纪有了更进一步的发展，美学研究者们不再从哲学大体系来推导对于艺术和审美现象的确切观点，而是从人的心理出发，在心理学上寻求答案。里普斯的"移情说"、布洛的"心理距离说"就是在这样的大背景之下产生的。这些学派从世纪初叶一直到世纪中叶，都有美学与艺术理论的教科书起着重要作用。心理学转向究竟能走多远，究竟能为文学与艺术的研究做多少事，这是20世纪前期美学与艺术理论界普遍关心的问题。"心理距离说"和"移情说"还只是运用内省的方法，与当时的心理学发展并不同步。在此之后，"精神分析"的兴起，则对于文学艺术的研究产生着深远的影响。在艺术中，更为直接的影响来自格式塔学派。美学中的科学主义精神，对于理论家们是一种诱惑。这种诱惑促使他们走出一些形而上学的大体系，这具有积极的意义。但是，一些当时并不成熟的科学手段被强行与艺术研究扭在一起，对于研究并不一定能起积极的作用。

◆ 二、美学的语言学转向

美学的心理学转向之后，另一个更大的转向是美学的语言学的转向，20世纪可以说是语言学的世纪，语言常常被学者们认为是一种"本体"的东西而存在于人类社会的方方面面。这一转向的源头来自瑞士人索绪尔的《普通语言学教程》，它为20世纪的一些重要语言学、哲学和美学思想奠定了基础。在书中，索绪尔提出了一系列极其重要的思想，成为了语言学和哲学、美学等各学科的一个新的出发点。索绪尔认为，思想是离不开语言的，有什么样的语言才能有什么样的思想，语言并不表达一个内在的思想，我们正是用语言来思考的，思想并不是处于语言背后而是处于语言之中。在这种思想的影响下，现象学美学、结构主义美学、符号学美学等，都具有一个共同的倾向，即回到作品本身。在世纪中叶出现的在维特根斯坦哲学影响下产生的"分析美学"，是一段时间内占据着统治地位的美学流派，致力于讨论一些文学艺术批评中的概念，即进行概念的分析。与语言学转向相伴的，是西方艺术的现代主义时期。一些美学与艺术理论家们面临着一个巨大的困难，艺术已经既不是再现，也不是表现了。怎样解释抽象艺术的出现，怎样解释一些挑战既定艺术概念的"艺术品"的出现，面临越来越多的问题，美学家感到越来越难解释。艺术已经不再是原来所设想的那个样子了。于是，一些理论家们提出了"艺术终结论"。这个思

十字架上的基督 达利 1951年 布面油彩 204.8厘米×115.9厘米 格拉斯哥美术馆

想的根源，是黑格尔与马克思关于艺术的思想。促使这些人提出这种思想，却是由于当代艺术的挑战。语言学的转向的影响是深远的。

◆ 三、美学的文化学转向

美学研究的第三个转向，是文化学的转向。长期以来，艺术有着一种"雅"与"俗"之别。这种区分对于理论研究者来说，是与艺术概念联系在一起的。只是"雅"的艺术才是艺术，才能进入理论家的视野。"俗"的艺术并不构成理论研究的对象。这种情况在20世纪后期有了很大的改变。理论家不再对通俗文学与艺术持鄙视的态度，这些艺术成了合法的研究对象。这种已经出现的潮流，由于经济的全球化，文化产业在全球范围内的竞争，而变得更加猛烈。经济因素与社会、政治、文化因素相互影响，

玛丽莲·梦露 安迪·沃霍 1967年 丝网版画 91厘米×91厘米
广岛现代美术馆

普遍主义的经济思维模式与多样性的文化思维模式在相互作用，使艺术理论面临着一个更为复杂的现实，从而对理论的产生提供了更多的制约因素。在20世纪的后期，艺术的理论和批评模式也在发生变化。这些理论和批评模式包括后结构主义、后殖民主义、女性主义、新历史主义，等等。在美学上，也出现了后分析美学、审美文化批判、日常生活审美化研究、环境和生态美学研究，等等。这些研究中有着多种多样的倾向，依据不同的理论资源，其中比较重要的，有来自法兰克福学派的文化批判思路，法国艺术社会学思路，英国文化研究学派，以及美国的新实用主义，等等。

▶ 第二节 黑格尔之后的美学发展（上）

◆ 一、精神分析美学：弗洛伊德

弗洛伊德用意识、前意识、无意识来描述人的心理图式。意识，是在其现象描述上，仍与以前所说的意识一样，是明确地存在于人的头脑中的意识。前意识是隐藏在人的心理深处，但随时都可以召回或浮现到意识中来的意识。无意识是虽然存在于人心理中，但却不能在意识里出现的意

识。前意识之所以能在意识里来去自由，因为其内容是能被意识所接受的，无意识之所以不能在意识里出现，是因为其内容是意识所不能容忍、不能接受、必须坚决反对的。因此，每当无意识出现，就遭到了意识的抵制，并被意识压抑下去了。但是人作为一种生物，他的本能是要追求快乐，而无意识就是和人的本能相关。在人的心理，无意识时刻想冲破意识的防线显露出来，意识则时刻防范、抵制着无意识的显现，人的内心总是存在着意识与无意识的无形且激烈的斗争。后来，弗洛伊德又用本我、自我和超我三个概念来进一步丰富和深化心理动力结构图式。本我是人的原始本能，是生命的活力所在，是人的各种行为的最后根源和决定因素，它只顾自己满足，构成无意识的内容。自我代表人的常识和理性。超我则是一种道德理想。超我既与自我一道压抑本我的原欲要求，而当自我偏离理想时也予以批评，施以控制。

飞舞的蜜蜂引起的梦 达利 布面油彩 51厘米×41厘米 私人收藏

弗洛伊德把他所得出的人的心理图式作为人一生行为的基础，人的一切行为都可以在这个基础上得到最终的说明，由此产生了他的美学思想：艺术来自于被自我和超我压抑的本我（无意识）的性冲动，弗洛伊德把这种性冲动称为"力比多"。艺术家就是一种能借助于他的创作使他的"力比多"压抑转移到作品中去的人，艺术家虽然也和平常人一样无法放弃他那种本能的欲望，但他和平常人不同的地方就在于他能在一种幻想的生活中去放纵他的情欲，借助于他的创造才能，把他的幻想铸就成一个崭新的现实。所以艺术创造也就是艺术家的原始本能冲动转化到一种新的方向上去的升华过程，艺术家与众不同之处就在于他们能在艺术创造的过程中把这种本能纳入到一定的轨道，并转变到另一些事物（比如艺术作品）上去，这些事物是服从于社会的文化生活的，正因为如此，我们就能在艺术家的作品中间接地感受到艺术家无意识本能的影响。所以，艺术家就是一个白日梦者，但艺术家不必去矫正自己的性格，他可以借助于转移，使他的幻想变成一种持久的，甚至是永垂不朽的作品。

强奸 玛格丽特 1934年 布面油彩 73厘米×54厘米 休斯顿迈尼尔基金会

◆ 二、分析美学：路德维希·维特根斯坦

分析哲学是本世纪西方最通行的一种哲学思潮，其代表人物是维特根斯坦。其实维特根斯坦并没有提出一种系统的美学理论，他只不过是从分析哲学出发，从否定方面来对"美"、"艺术"等概念作语义上的分析，他认为，像"美"、"艺术"之类的词完全是

约定俗成的，本身并没有确切的含义。这种从方法到结论的与众不同，使分析美学从各种美学流派中脱颖而出、自成体系。

维特根斯坦认为："凡是能说的事情，都能够说清楚，而凡是不能说的，就应该沉默。"[1]能够说清楚的事物是能够用命题来描画的事物，如"氢是什么"就可以说清楚："是一种化学元素，气态，无色无臭无味，是密度最小的元素"。而"美是什么"则完全不同，"美"这个词虽然常常被使用，但却没有对应的事物，因此显得微妙深沉、错综复杂，任何一本辞书都能指出它丰富含义的某些部分，指出其用法广泛的一些例子，可是也没有哪一本辞书能提供出美学家们所要追寻

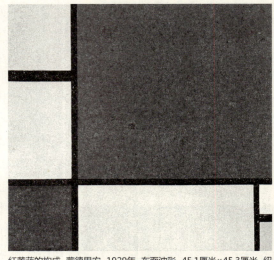

红黄蓝的构成 蒙德里安 1929年 布面油彩 45.1厘米×45.3厘米 纽约古根海姆美术馆

的意义。所以对于维特根斯坦来说，"美是什么"是同其他许多哲学问题一样，是一种无意义的形而上学的命题，是不能够说、也是说不清楚、只能保持沉默的。

既然"美是什么"不可以说，而我们平常又经常牵涉到美的问题，维特根斯坦就主张从实际情况中去考察"美"字是如何被使用的，用他的话说就是"用法即意义"。维特根斯坦在《哲学研究》中提出了"家庭相似"的理论：众多的美的事物之所以被称为是美的，不是因为它们有共同的本质，而是因为它们具有相似点，这种相似点不是只有一个本质统帅的相似，而是"家庭相似"。一个家庭所有的成员都相似，但不是集中在某一点上，而是分散在很多方面上，而且这个家族中的每一个成员与其他成员的相似，不是所有方面都相似，而是某一方面或者某几方面相似。举例来说，这个家族成员的A、B、C、D，A与B只是眼睛相似，B与C只是鼻子相似，C与D只是嘴巴相似，D与A又只是眉毛相似。所以这家族相似，是没有固定的本质的，既然没有固定的本质，也就没有固定的外延，那么它就能够向未来开放，但它又是一个家族，按一定的相似和联系聚集在一起。维特根斯坦就是用这种家族相似的理论来代替美的本质、消解美的本质的。

◆ 三、实用主义美学：约翰·杜威

美国的约翰·杜威是实用主义哲学最重要的代表人物之一，他在1934年发表的《艺术即经验》一书，开创了以实用主义为标志的新的美学派

1.维特根斯坦：《逻辑哲学论》第20页，商务印书馆，1962年版。

2.杜威：《经验与自然》第46页，江苏教育出版社，2005年版。

别。实用主义的核心概念就是"经验"，杜威认为人类思维的使命不在于以一种结构的方式重新制造一种新的宇宙类型，而在于应付人们面临的各种形势，观念是调整的工具，经验是人的有机体与环境相互作用的结果，是人的各种情感和意志的表现，是人对于刺激的一种反应，是某种要加以重新构造的东西，经验之外别无他物。在杜威看来，其他一切哲学都是用非经验的方法，只有他才用了经验的方法。自康德以来，传统看法是要把智力领域、实践领域和审美领域明确地加以划分，也就是要把科学、行为和艺术三个领域加以区分，审美经验被认为是某种非智力的，也非实践的经验。杜威则认为，"从其含蓄的意义方面来讲，把经验当做艺术，而把艺术当做是不断地导向所完成和所享受的意义的自然过程和自然材料"[2]，在经验的范围内，人与自然是连续的、不可分割的，人的活动和社会是一个整体，不能离开社会、离开环境来孤立地研究人，人要对其所生存于其中的环境适应，这就是"协调"。

　　杜威的"艺术即经验"的美学思想，其实他是想表达"艺术即经验"后面隐藏着的"经验即艺术"。杜威的"经验"的范围是相当宽泛的，从人类的科学实验、生产活动、社会劳动到个体的吃喝拉撒等都是经验。他甚至说"科学就是艺术，而艺术就是实践"，他把科学、智慧、思想称为"操作的艺术"，在他看来，医生做外科手术与画家作画具有相同的性质，碗、壶、碟、罐与绘画、音乐、雕刻能相提并论。这样的话，自然界和社会的一切东西都可以称为艺术，人人都可以称为艺术家。但是，这种看法具有明显的漏洞，于是杜威给"经验"进行了一下修饰，说"经验"必须具有"整体性"、"圆满终结"和"满足"、"满意"，这样的"经验"就是审美的，就是艺术的。但是，无论杜威在"经验"面前加了什么样的修饰和限制，无非就是想为其"经验即艺术"

蟹肉早餐　1648年　布面油彩　118厘米×118厘米　圣彼得堡艾尔米塔什博物馆

的思想作出片面性的甚至是荒谬性的辩护，是不能自圆其说的，他的"泛艺术化"的思想一望便知。

◆ 四、现象学美学：米盖尔·杜夫海纳

哲学大师胡塞尔在20世纪早期创立了现象学哲学。这是一种对意识的本质进行新的描述的哲学方法，其核心观念是现象学直观。要成为真正的现象学直观，而不是一般认识过程的感受，首先必须加括号：一方面把主体的各种先入之见括起来，另方面把对象的各种背景知识括起来，使主体直接面对事物本身。由于加括号，主体没有了任何先入之见，成了纯粹的主体，对象也没有了任何背景，成了纯粹的对象，以去除了各种成见的纯粹的主体直观去除了各种背景缠绕的纯粹的对象，得到的就是一种普遍性的本质性的东西。

受胡塞尔的影响，法国当代最著名的现象学美学代表人物米盖尔·杜夫海纳1953年写成了现象学美学公认的代表性巨著——《审美经验现象学》。在这本书中，杜夫海纳强调感觉和知觉的意义，以便为审美经验提供一个坚实的基础。《审美经验现象学》分为四编，第一编"审美对象现象学"，从追问何为审美对象开始美学的现象学直观，杜夫海纳把审美对象在书中归为艺术之后，开始了第二编"艺术作品分析"，清楚地剖析了艺术作品的一般结构，接着就转入第三编"审美经验现象学"，论述艺术作品结构相对应的审美知觉结构，第四编"审美经验探索"，则为美学建立了一种本体论的基础[1]。

杜夫海纳认为艺术品由于被知觉才成为审美对象，知觉是艺术品向审美对象转化的关键性因素，我们感受作品时，不关心其材料的质料而在意材料构成的特殊形式，正是这些形式构成"审美要素"，审美对象就是这些审美要素的组合。但是，杜夫海纳虽然特别看重欣赏者的地位，强调主体审美知觉的重要性，但要求欣赏者对作品的介入必须严格按照现象学原则来进行。对于欣赏者而言，艺术品并不存在什么秘密，因为二者处于同一个层次之上，不能人为割裂主客体关系，人的经验不但构成其思想，也构成其身

威斯敏斯特大桥 德兰 1906年 布面油彩 100厘米×80厘米 巴黎私人藏

体，思想离不开身体我们甚至首先用身体体验世界，这是审美知觉的前提。在审美知觉中，想象起着十分重要的作用，因为想象是身心之间的重要联结环节，审美知觉的各种转换，都是通过想象来进行的。通过想象，呈现过渡到再现，这样就进入到反思和情感阶段，审美知觉的最高峰就是提示作品表现性的那种情感。情感不仅是审美知觉的顶点，而且也是审美知觉的关节点，审美主体于此达到高度的协调和辩证统一。

俄狄浦斯与斯芬克斯 莫罗 1865年 布面油彩
213厘米×126厘米 哈佛大学福格美术馆

◆ 五、结构主义美学：列维·施特劳斯

列维·施特劳斯以《热带闲愁》（1955年）点燃了结构主义之火，又以《结构人类学》（1958年）使之烧旺之后，结构主义就成为了西方人文科学中最耀眼夺目的旗帜。列维·施特劳斯在大量的实地考察基础上，对人类社会的许多现象进行了历史和文化的研究。在整个研究过程之中，他运用了结构主义语言学的基本原理和分析方法，并取得了显著的成就，他的神话研究为结构主义原理可以适用于人文学科各领域做了榜样性的示范。列维·施特劳斯的神话研究具有多方面的意义。就它对语言学原则的运用来说，它显示了西方思想寻求普遍规律的新方向：结构主义方向；就它是人类学来说，它启示了寻求普遍规律在全球化的氛围中的文化对话新思路；就它与美学的关系来说，它预示结构主义美学统一古今、跨越文化的叙事学模式的建立。

人类历史上的神话种类繁多而且又大量重复，要想理解这些复杂的神话内容，列维·施特劳斯认为必须掌握它们的深层结构，这些神话之所以是大量重复的，是因为它们所要表述的意思是一致的，但并不是一个神话能表述所有的意思而只能表述其中的一部分，因此把所有的神话所要表述的意思加起来，就得到了神话所要表述的意思的整体内容，也明白了神话的深层结构。打个比方说，两个人分别在两座高山的顶峰，其中一方对另一方进行呼唤，但由于空间的距离和其他因素的干扰，只有一部分声音能达到对方的耳膜。为了使对方听到完整的话语，呼唤者必须一次又一次重

1.见杜夫海纳：《审美经验现象学》，文化艺术出版社，1996年版。

复地呼唤。接收者则把每一次听到的声音排列下来，就可以显现出完整的话语。如图：

第一次	1		3	4		6		
第二次		2	3		5			8
第三次	1	2		4	5		7	
第四次			3	·	5	6	7	8
第五次	1	2		4		6	7	8

把五次听到的声音全部记录并排列下来，就可以得到全部的内容：12345678。

列维·施特劳斯对神话的分析分为以下三步：第一，拆散，即把众多的神话故事拆散成为基本的情节要素，如上图的1、2、3、4、5、6、7、8。第二，重组，即把这些要素按一定的方式进行新的排列，相似的要素合并在一个序列中，如上图的三个1都排到第一列。第三，从新的排列中得出神话故事的深层结构及其所蕴涵的思想，如上图所表述的意思即12345678的排列。这样，列维·施特劳斯就可以把所有的人类流传下来的神话故事都按照上面的方法排到他的结构当中去，所有的神话都是他宏大结构中的一个小分子，都表述着相同的但其个体并不能完全表述必须依赖众多神话共同表述的意思。

▶ 第三节　黑格尔之后的美学发展（下）

◆ 一、后结构主义美学：德里达

20世纪60年代，结构主义以法国为大本营竖起西方思想的帅旗向各人文学科发动全面进攻，在各个战场上处处凯歌、捷报频频的时候，后结构主义者已消然则生，将结构主义作为攻击的目标，并且更进一步地，后结构主义者把结构主义作为自柏拉图以来的西方思想模式来打倒。所谓后结构主义，就是来自于结构主义，又不同于结构主义，最主要的是，它反对结构主义，要打倒结构主义。后结构主义的旗帜下有众多的大师：德里达、福柯、德勒兹、波德里亚……其中德里达的解构主义是最引人注目的异彩之一。

索绪尔把区分性作为语言符号的基本原则之一，意味着符号的性质是由符号系统内各符号之间的区分性来决定的。结构主义认为词的意义是在句子中被确定的，决定词的意义有两个方面：一是在句子中出现的与该词前后相连的句段关系；二是在句中没有出现的与该词相关的整个符号系统。第一个方面只与具体意义有关，第二个方面既与具体意义相关，又与本质意义相关。正如结构主义的共时性是靠排斥历时性而得到的一样，它的本体意义要靠在符号链的延伸上画一条终止线，结构主义认为，这条线是可以找出来，是可以画出来的。但德里达认为，这条线不可能找出来，也不可能画出来。一个词的意义取决于区分，区分就是把一个符面引入一批符面，而这批符面的符意又要靠引入另一批符面。空间的区分

大玻璃——被光棍剥光衣服的新娘　杜尚
1915—1923年　油彩、玻璃、铅丝等　271.8
厘米×163.2厘米　费城美术馆

于是带入到时间的游移，结果是要想确定的意义不断地被延宕。德里达从区分中提示了共时性的漏洞，并由此引出了历时性的延宕。意义由一个复杂的符号网来决定，里面充满了区分的流动，意义总是被流动所延宕，在流动中不断出现新的区分，这种区分与延宕无休无止，永不停息，而意义的最终获得也是无休无止，永不可得。一个词的意义是这种情况，一个句子的意义也同样是这种情况，一部作品的意义也是如此。

在结构主义者看来，存在、无意识、深层结构既是存在者、意识、表层现象的根源，但又隐而不显，可是无论它怎么隐藏不露、难以捉摸，却免不了要在存在者、意识、表层现象中留下蛛丝马迹。我们只要有了存在、无意识、深层结构确实存在的信念，就可以由留下蛛丝马迹的存在者、意识、表层现象去寻找到那留下印痕的本体之物。但对德里达来说，这一切只不过是虚幻，因为存在者、意识、表层现象之后根本就没有存在、无意识、深层结构的存在，有的只是一个个的印迹，只有一个个无穷无尽的分延之网。印迹不是根源的印迹，带着寻根的目的去寻找，一个词会把你传达到另一个词，一部作品会把你传达到另一些作品，这些作品不是根源，而仍是印迹，无论如何寻找，得到的都只能是印迹的印迹。因为根本就没有所谓的根源，主观上寻找根源的活动客观存在上就成了寻找印迹的活动，从这一个印迹转到另一个印迹，也就意味着已经抹去了前一个印迹，不断地寻迹意味着不断地抹迹，本体、根源的幻象在寻迹与抹迹的重复中，在无穷无尽的分延中悄然逝去了。

下楼梯的裸女　杜尚　1912年　布面油
彩　146厘米×89厘米　费城美术馆

◆ 二、符号论美学：苏珊·朗格

苏珊·朗格的符号论美学是从她的老师卡西尔的艺术符号论发展而来的。卡西尔的艺术符号包括了两个方面：一是外部事物的形式，二是内部生命的形式。苏珊·朗格在建立她的符号论美学时，选择了卡西尔的内部生命形式的一面，而放弃了外部事物形式的一面。在去掉卡西尔关于艺术符号的外在方面，而仅把艺术符号定义为内在生命、情感形式之后，苏珊·朗格避开了很多地方的复杂棘手的问题，以情感形式为逻辑起点，将各门艺术分门别类，排定座次，安好位置，建立起了自己的符号论美学体系。

苏珊·朗格艺术理论的核心概念是幻象的概念，所谓幻象，就是指与现实完全无关的虚幻的形象，这就是艺术中的形象。作品完全与现实无关，它的形象只是一种幻象，幻象不是以现实为尺度，而是以自身为尺度，幻象本身实际上是一种艺术形式。从艺术自身出发，抽象的形式是一种幻象，具象的形式也是一种幻象，幻象是一切艺术门类的总特征。有的艺术门类是综合性的，如电影和戏剧，它们含有好几种幻象，但其中必定有一种幻象是起主导作用的，这就是基本幻象，其他幻象则起次要作用，叫做次级幻象，而艺术种类幻象的性质是由基本幻象决定的。

割掉耳朵后的自画像 梵·高 1889年 布面油彩 51厘米×45厘米 私人收藏

幻象的概念强调艺术与现实无关的自律，从艺术自律来看，艺术就是形式，艺术幻象就是艺术形式，它虽然没有包含现实的内空，但是它却包含有情感的内容，因为艺术形式呈现的是一种情感的形式，它遵照着一条生命的法则，艺术形式与生命的形式结构相同。生命形式有着能动性、不可侵犯性、统一性、有机性、节奏性和不断成长性等基本特征，艺术形式也具有这几个基本特征，所以在苏珊·朗格来说，虚幻意象＝艺术形式＝情感形式＝生命形式。

苏珊·朗格在《情感与形式》中论述了七个艺术门类——音乐、绘画、建筑、雕塑、舞蹈、文学、戏剧和电影。在这七个艺术门类中，苏珊·朗格又总结了一下，把它们分成几种类型，即虚幻的空间、虚幻的时间、虚幻的生活和虚幻的力。其中造型艺术绘画、雕塑和建筑艺术不仅带出空间的形状，而且标志空间的具体形成，包含着对经验空间的取舍，它们把空间

在遥远的北方 希斯金 布面油彩

抢夺普罗赛尔皮那 贝尔尼尼 1622—1625年 大理石 高255厘米 罗马博尔杰赛美术馆

作为一种纯粹的视觉形式呈现出来，因而是一种虚幻的空间。作为时间艺术的音乐，不以钟表来计算物理时间，而是以声音的运动创造出虚幻的时间。与自然的、物理的时间不同，音乐的时间有自己的一套结构模式，它自己组织时间，展开空间，因此音乐不仅包含着时间幻象，而且同时还包含着空间幻象，但是在音乐中，时间幻象是基本的幻象，空间幻象是次级幻象，它是从属于时间的，所以从根本上说，音乐是一种虚幻的时间。对于文学、戏剧和电影来说，从文学作品的第一行、戏剧的第一幕、电影的第一个镜头开始，就显现出了生活的画面，把人带进一种事件当中去，但文学、戏剧和电影里的生活又是现实生活中没有的，是不可能与现实生活完全相同的，所以文学、戏剧和电影只是一种虚幻的生活。舞蹈总是诉诸于视觉，含有造型艺术的因素，但它明显与造型艺术有巨大的差异，舞蹈也有情节，但它与戏剧的情节也大不一样，舞蹈很明显地表现为一种有节奏、有韵律的运动，舞蹈有着自己独特的基本幻象，舞蹈所体现出来的是一种力的模式，这种力的模式似乎并不是来自舞蹈演员的力量，而是舞蹈自身的力，即虚幻的力。

◆ 三、解释学美学：伽达默尔

德国的伽达默尔被公认为是哲学解释学的集大成者，其主要代表作是1960年出版的《真理与方法》。伽达默尔用"游戏"作为阐释艺术作品本体论的基本概念，他认为游戏是艺术作品本身的存在方式，艺术作品与游戏以同样的方式存在。伽达默尔说："当我们在艺术经验的语境中谈论游戏时，游戏不是指游戏者或欣赏者行为的态度或精神状态，更不是指游戏中实现自己的主体性的自由，而是指艺术作品本身的存在方式。"[1]在伽达默尔眼里，游戏包括游戏者、游戏活动和观赏者。游戏的主体不是游戏者而是游戏本身，不是游戏者决定游戏，而是游戏本身决定游戏者的游戏；由游戏者进行的游戏活动是一种被游戏的过程，游戏活动是游戏的表现，游戏具体地表现在每一游戏活动中。作为表现的游戏不是指向具体观众的，但却是在具体的观看中使游戏所表现的存在获得与观众共享的存在。因此，游戏者和观赏者共同构成游戏的整体。游戏者通过忘情于游戏中而表现了游戏，观赏者更恰当地感受到了游戏所表现的意味。在明显的有观众的游戏里，游戏者参与游戏不仅是他们出现在游戏里，而更在他们与整个游戏系统的关系，只有在有观众出场的观赏中，游戏才起到了游戏的作用。这时游戏者和观赏者都在游戏的意义域中去表现游戏。

1.加达默尔：《真理与方法》第215页，上海译文出版社，1999年版。

秀石疏竹图 元 赵孟頫 纸本墨笔 纵27.5厘米 横62.8厘米 北京故宫博物院

　　伽达默尔将艺术作品的存在方式类比于游戏，他认为艺术作品不是一个摆在那儿的东西，它存在于意义的显现和理解活动之中，作品显现的意义并不是作者的意图而是读者所理解到的作品意义。作品的存在具体落实在作品的意义显现和读者理解的关联上，对作品的存在而言，作者的创见已非十分重要，重要的是读者的理解，读者的理解使作品存在变成现实。从解释学的观点看，作者理解的过程也就是作品的表现的过程，同时也是一种再创造。这种再创造不是根据解释者自外于作品的东西，而是根据作品本身的形象，解释者根据他在其中发现的意义使形象达到表现，作品通过再创造并在再创造中使自身达到表现。作品是被不同时间和空间的人解释的，不同的解释过程意味着表现的各种变化，但无论怎么变化，甚至极端的变化仍然是作品的表现，因此作品的表现意味着作品与观赏解释者同在。艺术作品存在于一切可能的阅读理解之中，它将自己的存在展示为被理解的历史。

　　但是任何理解都包含着前理解，前理解是一切理解的基础，人不可能完全摆脱自己的前理解，以一个超历史的纯粹主体进入对象的澄明之境。从根本上说，人是不能摆脱自己的历史性的，恰恰相反，正是人的历史性，构成了理解的基础。理解者带着不可避免的前理解，通过与文本的对话，借着不同于自己历史理解的文本，突破了自己的前理解。而文本带着因作者和各种时空而来的意义，通过与理解者的对话，借着不同于以前理解的新理解者，突破了原来的理解，从而也获得了新的意义。因此，理解是一种理解者和文本的双向突破活动，是两者的对话，艺术作品因而不可能有固定的含义，它的含义和意义是在与读者的对话之中形成的。

阿波罗与达芙妮 贝尔尼尼 1622—1625年 大理石 高243厘米 罗马博尔杰赛美术馆

◆ 四、法兰克福美学：阿多诺

阿多诺最有名的理论是他的否定辩证法。否定辩证法的中心主题就是反体系和反总体性。反总体性在当时的法兰克福学派学者言论中已经成为口头禅，阿多诺在《否定辩证法》的序言中就特别强调反体系。

从概念来说，社会的总体性也是一种体系，思想体系也是一种总体性，当阿多诺在哲学层面上对思想的体系性和总体性进行批判的时候，社会的总体性和体系的批判也已包含在其中了。否定辩证法坚决反对传统哲学同一性中的一多关系，以艺术品为例，"诸艺术作品的统一，不可能是它被认为必然的那样，即多方面的统一，在对多进行综合时，统一就扭曲和损坏了它们，同时也就扭曲损坏了自身"[1]。从根本上说，一和多是没有同一性的，是不能综合为一个整体的。统一要从多样性中统一，必然要否定个别事物的特殊性，但从否定了个别事物特殊性而得到的统一，已经不是"统一"的本来意义了。真正的统一是不可能的，执一以驭万的总体是虚假的，它从来就没有，也不可能被给予。一与多的综合活动其本来面目是一个否定的辩证运动。辩证法不是掌握某类事物的规律，而是内在于事物之内的东西，它不能把自己建立在一般概念之上，不能从事物的总体性出发，它不把分散的特殊事物简单地作为结构严整的总体中的某一类的例证，而是从特殊事物自身出发，以个别化的力量来解答所谓的整体之谜。而从特殊事物自身出发，我们看到的只能是事物自身和事物间的否定的辩证运动。在否定辩证法中，矛盾的双方不能融合为一个有机整体，而且矛盾的双方不断地进行着位置和性质的转换。

从法兰克福学派来说，阿多诺的理论最为激烈、最为有力，也最能切中要害的是对发达工业社会中艺术状态的批判。阿多诺是从印刷文化的现代形式和电子文化的统一来看待发达工业社会中的文化整体性的，把电影、电视、收音机、

霍松维勒女伯爵　1845年　布面油彩　131.1厘米×92厘米　纽约弗里克收藏馆

1.Theodorv W. Adorno. Aesthetic Theory. p212, London: Melbourne and Henley 1984.

报纸和杂志看成一个现存的文化系统。阿多诺把整个文化定义为"文化工业",从而使发达工业社会的文化性质向易于受到批判的方面显露出来。文化工业技术上的标准化和性质上与现实同一,造成了艺术上的公式化、模式化、风格化。公式化是指艺术品成为文化工业内在原则的体现,模式化是艺术按照这种原则形成其具体组织结构,风格化是指这种模式生成为具体的风格类型。因此,文化工业的艺术就具有了以下几方面的特征:其一,它限制了人们认识现实和世界。人们对电子艺术形式、特别是电视和广播所呈现出的现实,图像、声音确然实在,完全认定这就是现实,而不察觉这是经过精心编导和刻意组合过的现实。其二,它使艺术成为娱乐。文化工业在使文化成为工业、成为商品的同量,也使艺术欣赏成为一种消费行为,一种娱乐消费。娱乐消费无法像艺术欣赏一样,它不能唤起人们用另一种方式去看出世界的另一种面貌,人们只有一种生在福中的享乐心情而没有从另一种角度去思想未曾思想过的感悟。其三,文化工业作为社会总体性的体现,是为了把人们再现为整个社会需要塑造出来的那种样子,在艺术模仿现实和现实模仿艺术的不断循环中,现实的人们和艺术的形象都在社会总体性中相互作用、载沉载浮。其四,与艺术形象在本质上凝固化相对应的是,艺术类型上的凝固化。从表面上看,理想的、新奇的、意外的作品到处浮出和涌现,而实际上,各种文化类型没有什么变化,既无增加,也无减少。

第三章 美学在中国

　　如果说西方古代的智者是坚持不懈地探求着如何寻求美的本质，来达到对宇宙、世界的本质的理解的话，而中国哲人们则执著地探求美如何达到一种人生境界、一种高度完善的境界，即一种道德的境界，当这种道德境界感性地、现实地、形式地表现出来，成为直观对象和情感体验的对象时，就成为一种审美的境界(尽善方能尽美)，孔子曰"里仁为美"、孟子曰"充实之谓美"等都是把美看做一种高度完善的道德境界的表现。在中国美论中，真正的美只能存在于个体与社会、人与自然的和谐统一之中。中国美学则是一种生命美学或曰人生美学，即通过审美观照来把握事物的本体和生命，进而把握人自身的本体和生命，换言之，即人生艺术化和艺术人生化。

　　中国古典美学虽没有严密的体系，但这并非表明中国没有对美进行思考，没有美论思想。中国的美论很零散，主要集中于各种诗论、画论、书论、乐论、棋品、茶品等等中，注重的是个体的审美感悟。西方美学有一系列的审美范畴，中国美学的许多审美范畴虽然没以"美"字来标志，但具有自己独特性，如"气"、"神"、"韵"、"味"、"妙"、"意境"、"境界"等等。中国古典美学的美论思想昭示着古代中国人对于美的思考。

▶ 第一节　中国古代美学思想简论

◆ 一、"美"字释义

　　在中国文字中，美，既是审美对象，又是审美感受。这个集美和美感于一身的字源里，可以窥见古人最初对什么感到美。许慎《说文解字》认为，美，"甘也，从羊从大。羊在六畜，给主膳也。美与善同义"。中国

玉凤　商代　高13.6厘米　中国历史博物馆

进入畜牧社会，最先驯养的是羊。"養"字的字源就是羊，《说文解字》"食部"称："養，供养也，从食羊。"许慎之后，有个叫徐铉的人进一步注为："羊大则美，故从大。"上述注释反映了中国先民的美学观。在他们看来，美的东西总是与实用相结合的，不实用的东西无美可言。美就是善，善也就是美，即许慎所谓的"美与善同义"。

从结构上来考察，"美"表达了"羊之大也"、"躯体硕大之羊"的含义，这是对形象丰硕、羊毛浓厚、象征旺盛生命力的羊的感受。"美"字，本义"甘也"。这一味觉的感受，段玉裁的解释是："美"作为"从羊从大"，不是为了表达对于羊大的姿态的感受，而是因为肥大的羊，其肉味"甘"，"美"正是表达了对"甘"这一味觉经验的感受。也就是说，在中国先民的美学观念中，人的美感源于人对于味觉的快感。

在中国美学史上，"味"是一个重要的美学范畴。这与中国的烹饪文化传统有密切关系，早在先秦时期，烹饪就不仅仅是实用，而且已经具有了艺术的内涵。于是，我国古代那些杰出的思想者完全可能实现从"味"的快感到美感的超越。因为，"味"是一种直感，是一种经验的搜寻，并非以概念为中介的理性思维，也非常符合中国人的思维模式。因此，由味觉而来的美感，对中国人来说，就意味着不仅是一种享用饮食，而且是一种具有普遍文化哲学意义的享受。所以，在中国古代美学史上，"味"被广泛地运用于文学或艺术的各种鉴赏之中。"羊大为美"是中国古代美学史上的一种影响较大的美学观。

◆ 二、先秦时期的美论

1. 孔子以前的美论。

能够体现出古代中国人思考美的最为可靠的资料，是中国古代先贤对于"美"的文字表达。说到中国古代先哲的美论，我们习惯于一下子想到孔子的"里仁为美"的论述，似乎这就是中国古典美学关于"美"的文字表达的开端。其实，在孔子以前，也有许多先贤论及"美"，如史伯、单穆公、伍举、吴公子季札等。这些美论都是零散

四羊方尊 商代 青铜 高58.5厘米 中国历史博物馆

象尊 商代 青铜 高22.8厘米 湖南省博物馆

的、片断的，存于《左传》、《国语》、《尚书》、《周易》等古代典籍之中。

从中国古代文献所记载的论美的片断可以看出，最初的美论大致可分为两类：一是美善同一的论述；一是美善相别的论述。

《国语·楚语上》记载："灵王为章华之台，与伍举升焉，曰：'台美乎？'对曰：'臣闻国君服宠以为美，安民以为乐，听德以为聪，致远以为明。不闻其以土木之崇高、彤镂为美，……夫美也者，上下、内外、大小、远近皆无害焉，故曰美。若于目观则美，缩于财用则匮，是聚民利以自封而瘠民也，胡美之为？'"[1]这段话的意思是：楚灵王建造了一个叫"章华"的台子，（"台"是堆土以为台，上面建造亭榭，种植名花异草，专供统治者享用。）一次楚灵王与伍举共同走上"章华台"问伍举："台美吗？"伍举答道："臣只听说国君以自己的服饰为美，以让百姓安居为乐，以从善如流为聪，以高瞻远瞩为明的。"没有听说以土木建筑的雄伟高大、雕梁画栋为美的。这是为什么呢？因为，美是对上下、内外、大小、远近的人都无害的，换言之，就是对百姓有益处的，至少是无害的，才能算是美。若要以高大雄伟、雕梁画栋的建筑看起来为美的话，这样必然要浪费许多钱财，从而使财用匮乏，那就是"聚民利"而"瘠民也"，使民困而无以为生，这还有什么美可言呢？

在上述对话里，伍举的审美观，一言以概之，就是美善同一，美就是善，善就是美。也就是说，对民有利的，至少是"无害焉"，就是美的；对民不利，使民困的，就是不美的。像这种美善同一的理论，在中国古代美学发展史上不胜枚举。伍举关于美的论述，是有文献记载可考的最早的美的定义，这一定义代表了中国古典美学美论的主要思维方向。

在中国古典美学的美论中，还有一些关于"美"不同于"善"的论述。如《左传》载云："宋华父督见孔父之妻于路，目逆而送之，曰：'美而艳'。"这里的"美"就不同于"善"。

2．儒家美论。

儒家美学以孔子美学为奠基，经历了一个漫长的发展历程。在这一发展历程中，不同阶段的先哲们都把一种高度完善的道德境界视为"美"。

孔子(前551—前479)是中国春秋时期伟大的思想家，也是中国美学理论最重要的奠基者。

孔子从其整个思想的核心——"仁"出发来探讨美学问题，根本目的是探求审美和艺术在社会生活中的作用，因此其美学有着鲜明的伦理

1.《中国美学史资料选编》上，中华书局1980年版，第9页。

玉琮 良渚文化 新石器时代

特征。孔子认为，美与善是密切而不可分的。如他所说的："里仁为美"（《论语·里仁》），即是身体力行地实践仁德的就是美的，可见，孔子的"仁"正是道德的"善"，而且是最高的"善"。同时，他还提出了"君子成人之美，不成人之恶"（《论语·颜渊》），即帮助和赞成别人做好事，不帮助和不赞同别人做坏事的人就是君子。这里所谓的"美"和善、德是一个意思。

孔子也认识到美与善是有区别的。如他所说的："恶衣服而致美乎黻冕"（《论语·泰伯》），"有美玉于斯"（《论语·子罕》)等，这里美与善显然是区别的。所谓"致美乎黻冕"，即有纹饰的衣帽，它所以美，不仅在于衣帽有纹饰，而主要在于"黻冕"是古时祭祀时穿的礼服、戴的礼帽。古代祭祀鬼神是非常严肃的，所穿的礼服、所戴的礼帽也是非常庄严而华美的。"黻冕"的美在于它祭祀时所穿戴礼服礼帽。"有美玉于斯"，玉是洁白温润，有一定的色泽。但玉的美不仅在于一定的色泽，而且主要在于君子以玉比德。"夫玉者，君子比德焉"，如"仁"、"知"、"义"、"行"、"勇"、"俏"、"辞"等，玉的美就在于代表了这些品德。

孔子又提出了他的审美理想，曰："子谓《韶》：'尽美矣，又尽善也'。谓《武》：'尽美矣，未尽善也'。"（《论语·八佾》)在孔子看来，艺术不仅要符合美的形式，还要包含道德内容，只有符合道德要求，才能产生美感。这里，美和善是有区别，同时在艺术中要将二者统一起来。其"尽善尽美"的思想与"文质彬彬"是一致的，他说："质胜文则野，文胜质则史。文质彬彬，然后君子。""文"与"质"的统一，就是"美"与"善"的统一，通俗地说，就是形式与内容的统一。

孔子对待具体艺术的审美标准，提出了"乐而不淫，哀而不伤"（《论语·八佾》)的主张。即艺术中的情感应当受到"礼"的节制，如果超过了这个限度，就是"淫"，也就不是审美情感了。换言之，以"中和"为美。

孟子(前390—305)全面继承了孔子的

唐风图（局部） 宋 马和之 绢本设色 纵28.3厘米 横826厘米 辽宁省博物馆

思想，并发展了孔子的"仁"，变孔子的"修身"为"养性"，突出了"人性"的作用。他在美的观点上提出了"充实之谓美"的论点。"可欲之谓善，有诸己之谓信，充实之谓美，充实而有光辉之谓大，大而化之谓圣，圣而不可知之谓神。"（《孟子·尽心下》）所谓"充实之谓美"，即要把仁、义、礼、智等的道德原则扩展贯注到人的容色行为的各个方面，处处都自然而然地符合道德要求。可见，孟子认为善是美的根源，美与善是内在统一的，且超越了善，是善的完满表现。

同时，孟子还提出了共同美的问题。孟子说："口之于味也，有同嗜焉；耳之于声也，有同听焉；目之于色也，有同美焉。"（《孟子·告子上》）孟子认为美感的共同性来源于人的感官的共同性。

荀子(约前313—前238)是先秦时代一位朴素的唯物主义者，而且具有朴素的辩证法思想。荀子主张"人性恶"，将"性"与"伪"区分开来。他认为美不是与生俱来的，而是后天学习和教育的结果。他说："性者，本始材朴也；伪者，文理隆盛也。无性则伪之无所加，无伪则性不能自美。"（《荀子·礼论》）这就是说，人的本性只不过是一种原始的质朴的材料。"伪"即人为的意思，指人为是指通过后天学习礼义、道德教育而说的，所以才能"文理隆盛也"。"无性"，即没有原始的质朴的材料，学习和教育也就无以附加；"无伪"，即不通过道德教育和礼义的学习，则"性"即人的本性是不能单靠它自身而成为美的。所以，美是后天学习和教育的结果，是和社会环境、伦理道德密切相关的。在这里，美和善也是有密切联系。

荀子又说："君子知夫不全不粹之不足以为美也。"（《劝学》）只有从事学习，掌握"全"与"粹"的知识与修养才是美的。什么是"全"与"粹"呢？这就是学习道德与礼义，这是做人的根本。再一次说明了美与善的联系。

人物御龙帛画 战国 纵37.5厘米 横28厘米 湖南省博物馆

3. 道家美论。

道家美学的创始人是老子，但是，使道家美学发扬光大的则是庄子。道家美学致力于从"道"的自然无为的角度来思考美，从而走向把自然、自由视为最"美"的境界。

如果说儒家美学的中心范畴是"善"的话，那么道家美学的中心范畴是"道"，以及与"道"相联的"气"、"象"，而且道家美学更加深刻地把握了美的内在本质及美学精神，那就是"自由"。

老子，道家美学的创始人，而且对中国的艺术和美学起了重要的奠基性作用。要了解道家美学，首先要了解道家之"道"是什么？

"道"是道家哲学和美学的中心范畴和最高范畴。它主要有以下几个方面的性质和特点：

错金银双翼铜神兽 战国 高24厘米 河北省博物馆

第一，"道"先天地生，"道"又产生万物。老子曰："有物混成，先天地生。寂兮寥兮，独立而不改，周行而不殆，可以为天下母。吾不知其名，强字之曰道，强为之名曰大。"（《老子·二十五章》）"道"先天地产生，可以为天下母，即产生万物。老子又说："道生一，一生二，二生三，三生万物。"

第二，"道"自己运动，而且这种运动是永恒的。"独立而不改，周行而不殆。"

第三，"道"是"无"和"有"的统一。老子说："道可道，非常道；名可名，非常名。无，名天地之始；有，名万物之母。"（《老子·一章》）又说："天下万物生于有，有生于无。"（《老子·四十章》）从作为"天地之始"来说，"道"是"无"，就是无规定性、无限性。另一方面，从作为"万物之母"来说，"道"又是"有"。所谓"有"，就是有了规定性、有限性和差异性。千差万别的事物都是"道"产生的，这就是"有"。所以，"无"和"有"并不是两个东西，都是"道"，是"道"的两个方面。因此，"道"是无限和有限的统一，是"有"和"无"的统一。

当然，老子也谈到"美"。"天下皆知美之为美，斯恶矣；皆知善之为善，斯不善矣。故有无相生，难易相成，长短相形，高下相盈，音声相和，前后相随。"（《老子·二章》）在这里，老子将"美"与"善"明确地区分开来，而且，"美"是与它的对立面"恶"（丑）相互依存的，并不能互相独立存在。同时，老子反对纯感官性的世俗之美，"五色令人目盲，五音令人耳聋，五味令人口爽，驰骋畋猎令人心发狂。"从这里可以看出，老子之所以否定世俗之美，是因为这只是刺激感官快感的美，是很容易破灭的美，要追求不会破灭的本质的、本源的、绝对的美，即大美。

老子还谈到了中国古典美学一个重要的美学范畴"妙"，"玄之又玄，众妙之门"，"玄"即"道"，"妙"体现了"道"无限性、无规定性的一面。因而我们常说"妙不可言"。

中国古典美学和艺术就是以"道"作为它的精神底蕴。如"有无相生"、"虚实结合"、"气韵生动"成了中国古典美学重要的原则之一，表现了中国古典艺术不同于西方古典艺术的重要的美学特点。

庄子(前369—前286)，名周，著有《庄子》一书。在《庄子》中，庄子直接说到"美"的言论是"天地有大美而不言"（《庄子·知北游》）。在庄子看来，美存在于"天地"(大自然)之中，而"天地"之间所以存在美，是因为它显现了"道"的自然无为的本质特性。因此，他把自然之美作为最高的美，这是中国美学的一个基本特征。这与西方古典美学一直以艺术美为关注焦点，直到很晚才探讨自然美，有很大的不同。

庄子还关注到审美心胸的问题。人要获得"至美至乐"（《田子方》），必须"游心于物之初"（《田子方》），具体的方法是要真正做到"外天下"、"外物"、"外生"（《大宗师》），不让"死生存亡，穷达贫富"（《德充符》）等世事来扰乱自己内心的安宁，使自己处于"无己"、"无功"、"无名"（《逍遥游》）的精神状态，从而使心境清静洞明。这也是他所说的"心斋"（《人间世》）、"坐忘"（《大宗师》）的精神境界，一种彻底摆脱利害关系的十分自由的境界。这样，审美主体就能"独与天地精神相往来"（《天下》），真正体验到"大美"。

庄子认为，人若能不为利害得失而奔波劳累，像"天地"那样绝对自在自由、那样"无所待"而"逍遥游"，从而获得一种无限的自由和快乐，当然，这种快乐是精神的超脱所获得的快乐。这样就能体会到"道"的自然本性，就能获得最高的自由，也就能获得最高的美。庄子用一个生动的寓言故事"庖丁解牛"来说明审美自由的境界。并且提出了另外一个重要的审美范畴"神"："用志不分，乃凝于神"。道家美学的自然无为的"道"，是对人类生存状态的透彻体悟。首先，道的存在是无目的的；其次，"道"的合乎规律性的运动却又是最高层次的目的的达到。所以，道家美学用"自然无为"来

人物御龙帛画 战国 纵37.5厘米 横28厘米 湖南省博物馆

把握美的本质正是对美的理解的深刻性之所在。

如果说儒家是从人际关系来确定个体的价值，以达到"仁"而得到"美"，那么，道家则是从摆脱人际关系中寻求个体价值，以达到"自然"而得到"大美"。

◆ 三、先秦以后结合艺术来论美

中国从先秦以后，在哲学上研究美的著作很少，而结合艺术创作、艺术鉴赏来谈美的论著却十分丰富。从新石器时代的彩陶、石器，殷商的青铜器，春秋战国的音乐，秦代的陶俑，汉代的文学、帛画、雕刻，特别是到了魏晋六朝时期，在士人的群体自觉与个体自觉潮流的推涌之下，文学艺术走向自觉之旅，并于此时期奠定了中国美学史上一个独特而重要的审美理想：于有限的"形"、"言"之上追求无限的"气"、"神"、"韵"、"味"，即"意境"的创造与传达。从而产生了一代杰出的诗人陶渊明，"画圣"顾恺之，"书圣"王羲之，以及后来的唐诗、宋词及宋代山水画，元代的戏曲，明清的小说等等。不但内容丰富，历史悠久，而且形成了自己独具的民族风格。中国是一个艺术的王国，在长期艺术实践的基础上，形成了中国古代丰富而独特的美学思想，它在世界美学史上占有光辉的地位。

在中国美学史上结合艺术探索美的途径，可以从三个方面来看：

1. 从心物关系上

中国古代艺术家所追求的美的境界是意境。所谓意境就是心与物、情与景的统一，是艺术家主观的思想情感、审美情趣与自然景物的贯通交融。因此，景物不是纯客观的描写自然，而是化景物为情思、为意境。它能引起欣赏者的想象，具有深刻的感染力。我国的诗歌、绘画以及其他艺术中，常常以精练的语言、韵律，创造出感人的美的意境。如杜甫的诗句："随风潜入夜，润物细无声"，既表现了春夜恬静的气氛，又表现了诗人愉悦的心情。唐五代画家张璪提出的"外师造化，中得心源"（见《历代名画记》卷十）的命题，精确地概括了审美创造中的心物关系。他要求以"造化"自然为师，写出自然之"情性"，同时要纳自然万象于胸怀，将其融进自己的情感思想，交融陶铸，化合而成胸中的"意象"。

2. 从文质关系上

用西方的文学术语来说，"文"，是指形式；"质"，是指内容。

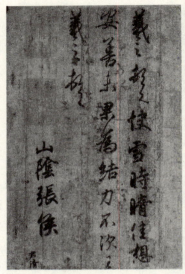

快雪时晴帖 王羲之 东晋 台北故宫博物院

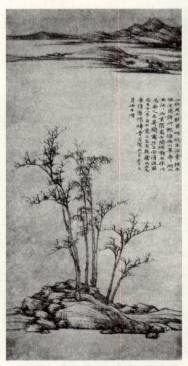

渔庄秋霁图 元 倪瓒 纸本水墨 纵96厘米 横47厘米 上海博物馆

维摩诘像 唐 佚名 壁画 纵95厘米 横80厘米 甘肃敦煌莫高窟103窟

孔子曾说"文质彬彬"（《论语·雍也》），即内容与形式的统一。在文艺作品中要正确处理文与情，文与质，华与实的关系，要求文质相称，既肯定质对文的决定作用，又不忽视文对质的积极影响，这样的作品才是美的。

在造型艺术中所谓形、神，也是讲形式和内容的关系。在中国画论中把"形神兼备"作为艺术美的重要标准。所谓"神"是指人物的思想、感情、性格、精神等，这是属于内容方面的；所谓"形"，是指人物的外部表情特征：言语、动作、表情等，这是属于形式方面的。晋代顾恺之所谓"以形写神"，正是抓住人物形象的特征，表现其内在的精神品质。汉代的陶俑中就有许多传神的杰作。如四川出土的说书俑，刻画了古代民间说书艺人的生动形象。这位民间老艺人眉飞色舞，手舞足蹈，体态肥胖，右手扬起鼓锤，左腋下挟着一面鼓，边击鼓，边演唱，充分表现了一个喜剧情节的高潮。究竟是什么具体情节，就留给人们去想象了，它使我们仿佛身临其境听到说书时的哄笑声。这个塑象生动地体现了神形兼备的美学思想。艺术美离开了形，神就无所寄托；同时，形要是离开了神，艺术美也就变成没有生命的东西。

3．从艺术风格上

艺术风格其实与审美理想有极大的联系，而且风格与时代、个体的个性都密切相关。从整体上说，中国古典艺术风格主要有两种：一是"错彩镂金"之美，一是"出水芙蓉"之美。前者如商周青铜器的厚重狞厉之美，汉赋的铺陈华丽之美，五代花间词派的绮靡艳丽之美；后者如陶渊明、李白的诗歌，王羲之的书法，宋元的文人山水画等等。中国古代历来注重的是第二种风格。

▶ 第二节　中国现代美学研究概况

中国现代美学与20世纪的中国社会变革密切相关，它产生于20世纪初，是中西文化碰撞的产物。对于20世纪初的中国而言，美学同其他学科一样，凝聚着启蒙的内力和现代化进程的节律。

◆ 一、从王国维到蔡元培

中国现代美学当从王国维开始，是王国维最早把西方美学引入中国。他运用当时西方美学的观念来审视中国古典艺术，令人耳目一新，尤其是他的《红楼梦评论》一文，成为中国现代美学的开路者。从王国维以后，西方美学开始系统地进入中国，特别是马克思主义美学在中国的传播，使得中国现代美学进程融思想启蒙与现代化演进于一体。

王国维开时代风气之先，大量译介西方美学思想，打破了传统美学的单一性，为我国美学的发展提供了新的理论资源，也大大拓展了视野，将中国古典美学置于世界文化和美学的大系统中，使美学研究真正走上了中西交汇的发展道路。王国维在当时引进的主要是康德、叔本华、席勒和尼采的美学思想，尤其吸收了康德的审美无功利思想、叔本华的悲观主义思想和席勒的审美游戏思想，强调艺术的纯粹性和独立性，反对作为政治或道德工具的艺术，认为艺术的作用是"无用之用"；艺术的目的和任务是描写人生的痛苦与解脱之途，使人在不自由的世界中，脱离生活欲望所带来的痛苦，获得暂时的平和与宁静。这与传统的"文以载道"的文学、美学观是根本不一样的。

王国维的美学思想中影响最大的是他的"境界说"，这是他在中西文化交汇的视野中对中国古典美学"意象"理论的总结，同时也赋予了它一些新的东西：一是借用西方的主客体二分法，将"情"与"景"作了明确的区分和界定。他说："文学中有二原质焉：曰景，曰情。前者以自然及人生之事实为主，后者则吾人对此种事实之精神的态度也。故前者客观的，后者主观的也；前者知识的，后者感情的也。"（《文学小言》）二是明确地将人的喜怒哀乐等情感作为审美和艺术的客体。他指出，"激烈之感情，亦得为直观之对象、文学之材料"（《文学小言》）、"喜怒哀乐亦人心之一境界"。而这种把情感作为艺术反观的对象是中国古典美学中不曾有的。三是明确地从美学体系的范畴之间的关系角度，把"境界"作为美学的本质范畴，突显其重要地位。他说："言气质，言神韵，不如言境界。有境界，本也。气质、神韵，末也。有境界而二者随之矣。"（《人间词话删稿》十三）四是他将因艺术家审美观照侧重点的不同而把审美意象"以意胜"、"以境胜"和"意境两浑"分成三类："夫古今人词之以意胜者，莫若欧阳公，以境胜者，莫若秦少游。至意境两浑，则惟太白、

窠石平远图 北宋 郭熙 绢本设色 纵120.8厘米 横167.7厘米 北京故宫博物院

青城山色图 黄宾虹 纸本淡设色

后主、正中数人足以当之。"（《人间词话》附录：《〈人间词乙稿〉序》）可见，王国维对传统"境界"或"意境"范畴的论述，是试图寻找新的美学话语以及知识范型的一种艰难努力，为后人留下了许多值得深思的东西。

王国维在世纪之交发出了美学变革的呐喊之声，但其影响多局限于学术圈，而为着使美学在中国得到有力普及的人当属蔡元培。蔡元培一生始终不渝地宣传和普及美学思想，不遗余力地倡导和实施美育。1912年，蔡元培发表《对于教育方针之意见》，把美育作为教育体系的一个重要组成部分而受到强调，同年七月，作为教育总长的他召集全国临时教育会议，推行他的教育主张。1921年始，他还以校长的身份在北京大学第一个开设美学及美学史课程，在北京高等师范学校讲授美学课程。这样，蔡元培不但让美学走进学校，走进课堂，使美学成为现代教育体系的一部分，把美育确立为国家的一项教育方针，而且这对于一门独立学科——美学的普及、提高和研究的深化，以及对于现代美学体系的构建，作出了杰出的贡献。

◆ 二、朱光潜和宗白华

在现代中国美学的形成过程中，以朱光潜、宗白华的成就最为突出。他们一方面有深厚的中国古典文学艺术修养，另一方面长期游历西方，对西方文化和美学有系统深入的了解和研究，这使得他们能够将古今中西思想融会贯通，提出自己的美学思想。其中朱光潜的成就最大，他初步建立起以审美心理为核心即从美感经验出发达到对美的认识的美学体系。他开始在中国建立起心理学美学，作为系统的学科，这是前所未有的。他不仅翻译了大量西方有关心理学美学的著作，也出版了一系列的心理学美学著作：《文艺心理学》（1930年）、《变态心理学》（1933年）、《悲剧心理学》（1933年）等，此外，还开创了美学史学科的研究，他的《西方美学史》一书至今仍是国内权威性的教材。

朱光潜早期接受的是康德、克罗齐一派的美学思想，认为审美是直觉的、超功利的，后来他以批判的态度对早期的思想进行改造并与心理学美学相融合，熔铸出自己美学思想的核心：美不在心，

田横五百士 徐悲鸿 布面油画 纵198厘米 横355厘米 1928年—1930年 徐悲鸿纪念馆

朱光潜先生

即不存在于人的主观意识中，也不在物，即不存在于客观事物中，它存在于心物的关系上。他曾把这种观点简约地表述为：美是物的形象，或者美是意象。这是朱光潜先生早期和晚期一直坚持的观点。如在其《文艺心理学》中指出："作为美感对象时，无论是画中的古松或是山上的古松，都只是一种完整而单纯的意象。""在观赏的一刹那中，观赏者的意识只被一个完整而单纯的意象占住，微尘对于他便是大千；他忘记时光的飞驰，刹那对于他便是终古。"[1]后来在20世纪50年代的美学大讨论中，在《美学怎样才能既是唯物的又是辩证的》以及《论美是客观与主观的统一》等文中，都坚持认为美是意象的观点。

宗白华先生虽然没有建立什么美学体系，但是他在中西艺术的比较研究中，深刻地把握了中国美学和中国艺术的精髓，发表了一系列重要的美学论文，如《论中西画法的渊源与基础》、《中西画法所表现的空间意识》、《论〈世说新语〉和晋人的美》、《中国艺术意境之诞生》、《中国诗画所表现的空间意识》等，后结集为《美学散步》、《美学与意境》、《艺境》出版。

宗白华先生

宗白华美学思想的核心是以生命哲学为基础的天人合一的思想。

宗白华的这种思想是在对中西艺术的比较研究中把握和深化的，他认为西方传统绘画采用透视法，注重写实，精细地描绘人体和外物。而中国传统绘画则采用以大观小法，注重虚灵，是以心灵之眼笼罩全景，将所有的景物纳入胸怀而组成一幅气韵生动的艺术画面。这渊源于中西方空间意识的差异："中国人与西洋人同爱无穷空间（中国人爱称太虚太空无穷无涯），但此中有很大的精神意境上的不同。西洋人站在固定地点，由固定角度透视深空，他的视线失落于无穷，驰于无极。他对这无穷空间的态度是追寻的、控制的、冒险的、探索的。"而中国人"向往无穷的心，须能有所安顿，归返自我，成一回旋的节奏。我们的空间意识的象征

庐山图 近代 张大千 纸本设色 200厘米×1200厘米 台北历史博物馆

山水斗方图 清 朱耷 纸本水墨 纵22.3厘米 横27.8厘米 安徽省博物馆

不是埃及的直线甬道，不是希腊的立体雕像，也不是欧洲近代人的无尽空间，而是潆洄委曲，绸缪往复，遥望着一个目标的行程（道）！"[2]

宗白华先生进而指出，中国的空间意识是以中国的生命哲学为基础的。《易经》说："一阴一阳之谓道。"阴阳二气生成万物，这生生不已的阴阳二气组成一种有节奏的生命世界。因此中国的空间是有机的统一的生命境界，"中国画的主题是'气韵生动'，就是'生命的节奏'或'有节奏的生命'。"[3]中国画的笔法不是静止立体的描绘，而是流动的、有节奏的线纹，借以象征宇宙生命的节奏。这种宇宙生命的节奏是通过一阴一阳、一虚一实的流动表达出来的。所以中国绘画中常有空白和虚空。这种空白不是物理的空间架构，而是最活泼的生命源泉，是用来象征或暗示虚灵的道。中国绘画的回旋往复、仰观俯察、动静结合、虚实结合都是由生命的节奏、由天人合一的精神所决定的。

有学者认为，宗白华"对中国美学的理解和把握，精深微妙，当代学术界没有第二人能够企及"[4]。

1.《朱光潜全集》第1卷，安徽教育出版社1988年版，第212—213页。

2.宗白华：《中国诗画中所表现的空间意识》，《美学散步》，上海人民出版社1981年版，第112—113页。

3.宗白华：《论中西画法的渊源与基础》，《美学散步》，第132页。

4.叶朗：《胸中之竹》，见叶朗主编的《美学的双峰》，安徽教育出版社1999年版，第291页。

▶ 第三节　中国当代美学对美的本质问题的论争

20世纪50年代以来，中国当代在对美的争论中形成了所谓的美学四大派：第一，主张美是主观的，代表人物是吕荧、高尔泰。第二，主张美是客观的，代表人物是蔡仪。第三，主张美是主观与客观的统一，代表人物是朱光潜。第四，主张美是客观性与社会性的统一，即所谓的"实践派"，代表人物是李泽厚。20世纪90年代以来，又出现了一些新的美学观点。

◆　一、美是观念

这一论点是以吕荧为代表的少数论者关于美的本质的看法。吕荧(1915—1969)，安徽天长县人。他明确指出美是一种观念，是人的社会意识。

吕荧在1953年批评蔡仪的"美是典型"论时说："美，这是人人都知

伏尔加河上的纤夫 列宾 1870—1873年 布面油彩 131厘米×281厘米 圣彼得堡俄罗斯博物馆

道的，但是对于美的看法，并不是所有的人都相同的。同是一个东西，有的人会认为美，有的人会认为不美，甚至于同一个人，他对美的看法在生活过程中也会发生变化，原先认为美的，后来会认为不美；原先认为不美的，后来会认为美。所以美是物在人的主观中的反映，是一种观念，而任何观念，都是以社会生活为基础而形成的，都是社会的产物，社会的观念。"[1] 1957年，吕荧在《美是什么》一文中指出，"美是人的社会意识。它是社会存在的反映，第二性的现象。"[2]

在吕荧看来，美只是一种反映存在的意识形态的观念，而不是存在本身，而是主观的认识。

◆ 二、"美是自由的象征"

这是中国当代美学家高尔泰的美论。

高尔泰(1936—)，江苏苏州人。早在建国初期的美学大讨论中，高尔泰就坚持与吕荧相同的美论：美是主观的观念。到了20世纪80年代，历经沧桑的高尔泰和许多美学家一样，开始从人的角度来思考美。

高尔泰认为，研究美就是研究美感，研究美感也就是研究人。于是，美学就是人学，美的哲学也就是人的哲学。在他看来，人是马克思主义哲学的出发点。马克思的《1844年经济学哲学手稿》的"自然的人化"和"人的对象化"被中国当代美学引

荷花小鸟图 清 朱耷 纸本墨笔 纵182厘米 横98厘米 上海博物馆

证为：美是人的本质力量的对象化。高尔泰则将人的最高本质概括为自由，并认为"美是自由的象征"[3]。

富春山居图 元 黄公望 纸本水墨 纵33厘米 横636.9厘米 台北故宫博物院

◆ 三、美是典型

这一论点是美学家蔡仪提出来的。蔡仪(1906—1992)，湖南攸县人，中国著名美学家。

蔡仪的美学思想在他的《新美学》中有系统的论述。他认为，美是客观的，美在事物本身，无论它是否被感受到，它始终存在。他说："美的东西就是典型的东西，就是个别之中显现一般的东西；美的本质就是事物的典型性，就是个别之中显现着种类的一般。"[4]如一棵树木显现着同类树木的典型性，或者说是一般性，它就是美的；一座山峰显现着同类山峰的一般性，它就是美的。

为了论证美是典型，而典型是事物的常态，蔡仪先生举了宋玉《登徒子好色赋》中"东家之子"的一个例子来说明，"东家之子"，增之一分则太长，减之一分则太短，着粉则太白，施朱则太赤。最充分地体现了美人的典型，所以是最美的。

典型说有两个要点：一是主张在客观事物本身中寻找美，而不是在人的心中寻求美。二是典型是在个别之中显现着一般，其中一般性是根本的、决定性的。

◆ 四、"美是主观与客观的统一"

这一观点是由朱光潜先生提出来的。朱光潜(1897—1986)，安徽桐城人。

朱光潜在《谈美》中认为，"美不仅在物，亦不仅在心，它在心与物的关系上面；……世间并没有天生自在、俯拾即是的美，凡是美都要经过心灵的创造。"中国当代的美学大讨论是以朱光潜的自我批判为开端的，在大讨论中，他将自己早期的"美是心灵的创造"的美论转变为"美是主

1.吕荧：《美学问题》，见《吕荧文艺与美学论集》，上海文艺出版社1984年版，第416页。
2.吕荧：《美是什么》，见《吕荧文艺与美学论集》，第400页。
3.高尔泰：《美是自由的象征》，人民文学出版社1986年版，第46页。
4.蔡仪：《新美学》，群益出版社1948年版，第68页。

观与客观的统一"的美论。朱光潜把"物的形象"与"物"相区别，他认为美感的对象是"物的形象"而不是"物"本身。我们来看朱光潜先生自己常举的一个例子。一朵红花，只要是视力正常的人，都会说花是红的，时代、民族、文化修养的差别不能影响一个人对"花是红的"的认识。但是，对于花的美，不同的人会有不同的看法，就同一个人，今天认为这朵花美，明天可能就认为它不美。为什么会出现这种情况呢？因为"花是红的"是科学认识，"花是美的"是审美认识，这两者之间有本质的区别。科学认识的对象是自然物，"红"只是自然物的一个属性，完全是客观的。审美认识的对象已经不是纯粹的自然物了，而是夹杂着人的主观成分的物。

为了表明科学认识的对象和审美创造的对象的区别，朱光潜先生把它们分别叫做物甲和物乙。物甲就是事物本身，它是客观存在的，不以人的意志为转移。物乙是自然物的客观条件加上人的主观条件的影响而产生的，它是物的形象。物甲和物乙的区别就是"物"和"物的形象"的区别。首先，物甲具有产生物的形象的某些条件。但是，"物的形象"的产生，却不单纯靠物的客观条件，还须加上人的主观条件的影响，所以是主观和客观的统一。俗话说："情人眼里出西施。"被情人称为西施的女子

庐山高图 明 沈周 纸本淡设色 纵193.8厘米 横98厘米 台北故宫博物院

淮扬洁秋图 清 石涛 纸本设色 纵89厘米 横57厘米 南京博物馆

愚公移山 徐悲鸿 纸本设色 纵421厘米 横144厘米 1940年

是物甲，她要成为物的形象，除了自身的客观条件外，还要有欣赏者的主观条件（情人的眼睛）。而在其他人眼里，她未必就是西施。

朱光潜先生还引用了苏轼的《琴诗》来说明自己的观点：

> 若言琴上有琴声，放在匣中何不鸣？
>
> 若言声在指头上，何不于君指上听？

说要有琴声，就要既有琴（客观条件），又要有弹琴的手指（主观条件），总之，要主观与客观的统一。这既是苏轼的观点，也是朱光潜先生的观点。

◆ 五、美是客观性与社会性的统一

这种观点以李泽厚为代表。

·李泽厚（1930—　），湖南长沙人。当代中国极具影响的美学家。

李泽厚认为，美是客观存在的，是不依赖于人类的主观意识的客观存在，这就是美的客观性。但美又不在于事物的自然属性，而在于事物的社会属性。这就是李泽厚先生的客观性与社会性统一说。

他指出，"美的基本特性之一是它的客观社会性"，"所谓社会性，不仅是指美不能脱离人类社会而存在，而且还指美包含着日益开展着丰富具体的无限存在，这存在就是社会发展的本质、规律和理想"[1]、"美是现实生活中那些包含着社会发展的本质、规律和理想而用感官可以直接感知的具体的社会形象和自然形象"[2]。这种社会的规律、本质是客观的，因此美一方面是善，是合目的性，另一方面体现着客观性，是合规律性的，美因之是客观性与社会性、合规律性与合目的性、真与善的统一。他举例分析道，古松、梅花与老鼠、苍蝇为什么有美和不美呢？这是由它们的社会性、由它们和人类生活的关系所决定的。李泽厚先生还举过国旗美的例子。他认为国旗的美在于它的社会性，即它代表了中国这个伟大的国家，

1.李泽厚：《论美感、美和艺术》，《哲学研究》1956年第5期。

2.李泽厚：《美的客观性与社会性》，《人民日报》，1957年1月9日。

至于一块红布、几颗黄星本身并没有什么美的。这个例子曾遭到许多人的批评。

◆ 六、美是自由的形象

这一观点以蒋孔阳为代表。

蒋孔阳（1922—1999），重庆万州人，当代著名美学家。

他认为"美的形象，应当都是自由的形象。它除了能够给我们带来愉快感、满足感、幸福感和和谐感之外，还应该给我们带来自由感。比较起来，自由感是审美的最高境界，因此，美应当是自由的形象。"[1]由此可见，自由与形象是美的两个要件。他还说："美的理想就是自由的理想，美的规律就是自由的规律，美的内容和形式就是自由的内容和形式。美是人的本质力量的对象化，人的本质力量离不开自由，因此，我们说，美的形象就是自由的形象。"[2]

除此之外，还有许多学者提出了他们关于美的定义，如刘纲纪："美是自由的感性表现。"叶朗："美在意象。"朱立元："审美是一种基本的人生实践，广义的美是一种特殊的人生境界。"周来祥："美是和谐。"陈望衡："美在境界。"吴炫提出"否定主义美学"，杨春时提出"美在超越"等等。

苍翠凌天图 清 髡残 纸本设色 纵85厘米 横40.5厘米 南京博物院

1.蒋孔阳：《美学新论》，人民文学出版社1995年版，第188页。

2.蒋孔阳：《美学新论》，第196页。

3.马斯洛：《动机与人格》，许金声、程朝翔译，华夏出版社1987年版，第44页。

第四章 审美主体

概述

在现实生活中，审美活动的开展需要有三个方面的前提条件：一是客体方面的条件，即首先要有审美对象的存在，且对象要有鲜明生动的形式和吸引人的内容。二是主体方面的条件，这是审美活动进行的关键因素，因为"对于没有音乐感的耳朵来说，最美的音乐也毫无意义"。三是需要一定的审美环境。审美环境是人与审美对象能否展开审美关系的外部客观条件。这一点有时也相当重要，因为它会影响到主体的心境和对审美对象的看法。白天鹅从小呆在鸭窝里，恐怕脱不了丑小鸭的尴尬和蹒跚的步态。这一章，我们具体探讨审美活动展开的审美主体所需要具备的条件。

▶ 第一节　审美发生所需要具备的主体条件

◆ 一、审美需要

审美的发生是以人的审美需要为前提的。

人具有多种多样的需要，美国心理学家马斯洛将人的需要按照从低到高、从普遍到稀少的顺序分为五个层次：生理的需要、安全的需要、归属和爱的需要、自尊的需要、自我实现的需要。[3]其中生理需要是受最基本的生理本能的驱动，譬如本能性的饥饿、性欲等而产生的需要。同时，生理的需要强于安全的需要，安全的需要强于爱的需要，爱的需要又强于尊重的需要，而尊重的需要又强于自我实现的需要，换言之，前者比后者更基本、更普遍、更广泛，但后者比前者更具有精神性。因此，无论从人类个体还是人类总体来说，高级需要总是迟于低级需要，如人一生下来就有基本的需要如饥饿等。越是高级的需要，对于维持纯粹的生存就越不迫切，因而个体主观上对于高级需要有先后主次的考虑。

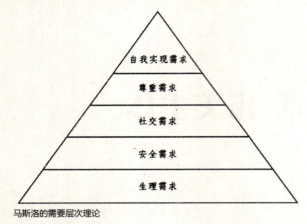

马斯洛的需要层次理论

　　顶级的需要是自我实现的需要，即指人对于自我发挥和完成的欲望，也就是一种使人的潜力得以实现的倾向。这种倾向可以说是一个人越来越成为独特的那个人，成为他所能够成为的一切。在马斯洛那里，审美是人的一种高级需要，是人类的一种"高峰体验"。

　　人的这种审美需要是审美得以发生的一个前提，因为一个人如果还只是处于低级的生理需要，没有审美需要，那他就不会去审美，得不到审美感受，正如马克思在《1844年经济学哲学手稿》中所揭示的，对于饥饿的人来说，面包没有形式只有内容，"忧心忡忡的穷人甚至对最美的景色也没什么感觉"。所谓审美需要，就是人想要通过对审美对象的体验获得精神享受的一种生命要求，这是人进行审美活动的驱动力，它是人的一种高级心理活动的产物。人要从对象形式中直接获得美的享受，就必须超越对对象的物质占有的要求。

　　审美需要的基本特征是：第一，它是人的一种内在必然性的生命需要，植根于人的生命活动本身的独特性，即只有人才懂得去追问自身存在的意义并自觉创造自己生命的价值。黑格尔因此说，只有自为的存在，人才有心灵。第二，审美需要是人的一种高级的精神需要，而不仅仅是感官欲求的享受。审美需要推动人在有限的人生中去实现无限的意义和价值。

◆ 二、审美态度

　　审美主体必须具有审美态度是审美发生的又一前提。

　　所谓审美态度，主要是指一种非实用功利的、非抽象逻辑的态度，即从实用功利和科学探索目的中解放出来，在自由的心态下欣赏事物的内容

夏日山居图　清　王鉴　绢本设色　纵149.1厘米　横85.5厘米　南京博物院

向日葵 梵·高 1889年 布面油彩 100厘米×76厘米
东京安田葛西美术馆

与整体外观，在自己的直觉感知活动和想象、情感、理解活动中获得精神的陶醉与愉悦。

为了更好地理解什么是审美态度，我们不妨借用朱光潜常用的一个例子——对一棵古松的三种态度——来加以说明：

假如你是一位木商，我是一位植物学家，另外一位朋友是画家，三人同时来看这棵古松。我们三人可以说同时都"知觉"到这一棵树，可是三人所"知觉"到的却是三种不同的东西。你脱离不了你的木商的心习，你所知觉到的只是一棵做某事用值几多钱的木料。我也脱离不了我的植物学家的心习，我所知觉到的只是一棵叶为针状、果为球状、四季常青的显花植物。我们的朋友——画家——什么事都不管，只管审美，他所知觉到的只是一棵苍翠劲拔的古树。我们三人的反应态度也不一致。你心里盘算它是宜于架屋或制器，思量怎样去买它，砍它，运它。我把它归属到某类某科里去，注意它和其他松树的异点，思量它如何活得这样老。我们的朋友却不这样东想西想，他只是在聚精会神地观赏它的苍翠的颜色，它的盘曲如龙蛇的线纹以及它的昂然高举、不受屈挠的气概。[1]

木材商人取实用态度，以利润多少来衡量；植物学家取科学态度，以获得"真"来衡量；而画家采取审美态度，以获得美感来衡量。这里的审美态度就是一种脱离了木商的功利"心习"和植物学家科学探索的"心习"，而以画家的自由心态（"什么事都不管"）去欣赏古松，看到的是一棵苍翠劲拔的古树，感受到它的是"昂然不举、不受屈挠的气概"，即发现古松本身的美。当然，我们每个人都可能在不同的时刻对古松采取实用的态度、科学的态度和审美的态度。但当我们取审美态度时，必须放弃实用的态度和科学的兴趣，哪怕只是暂时地放弃。

这种审美态度也就是王国维所说的"超出乎利害之范围外"，"可爱玩而不可利用者"。他在《古雅之在美学上之位置》一文中说："美之性质，一言以蔽之曰：可爱玩而不可利用者是也。虽物之美者，有时亦足供吾人之利用，但人之视为美时，决不计及可利用之

牧马图 唐 韩幹 绢本设色 纵27.5厘米 横34.1厘米 台北故宫博物院

1.朱光潜：《谈美》，安徽教育出版社1997年版，第15—16页。

点。其性质如是，故其价值亦存于美之自身。" 很显然这是一种"游戏"的态度，而非功利的态度。[1]固"苟吾人而能忘物与我之关系而观物，则自然界之山明水媚、鸟飞花落，固无往而非华胥之国，极乐之土也。"[2]如果能够做到忘我、忘物、忘利，则无往而不美。

◆ 三、审美能力

主体的审美能力是审美发生的重要前提。

一个人的审美能力包括先天的感官感受能力和后天的审美辨识能力。审美活动的进行首先要通过感官去感知到美的对象的存在，然后才能有生理、心理的反映，基本的生理感官的感受能力是审美活动得以发生的一个重要前提。比如要欣赏绘画的美，就需要有欣赏形式美的眼睛；要欣赏音乐的美，就需要有欣赏音乐的耳朵。所以，生理感官先天有缺陷的人，特别是视听感觉有缺陷的人，是不能欣赏这种美的。瞎子不能欣赏绘画的美，聋子不能欣赏音乐的美，因为他们缺少这方面的感官。如英国十九世纪画家琼·米莱斯的画《盲姑娘》，表现一位双目失明的姑娘坐在野外的土坡上，身后的天空出现一道美丽的彩虹，盲姑娘身侧的另一女孩在给她描述彩虹的美丽，但是从盲姑娘面部盲然的表情来看，说明她很难体验这彩虹的美。在盲姑娘身边的土地上开着一些野花，还有一只彩色的蝴蝶落在她上身的披巾上，这些视觉形象，对于这位瞎眼的姑娘来说似乎都失去美的意义。因为她失去了为她提供视觉方面审美经验的生理基础。

盲女 米莱斯 1985—1856年 布面油彩 82厘米×61厘米 伯明翰美术馆

还有我们都听说过"瞎子摸象"的故事：各个人所得到的印象是不一样的，有的说大象似一根绳子，有的说像一把大蒲扇，有的说像一根大柱子等等，所以盲人欣赏事物只能限于触觉，但却不能反映事物的完整形象，至少事物的各种色彩和表情是不能反映出来的。所以，盲人欣赏美的事物，他的

鱼的循环 克利 1926年 布面油彩 46.7厘米×63.8厘米 纽约现代艺术博物馆

手的触觉再灵敏，也只能欣赏一部分，而不能欣赏它的完整形象的美。因此，先天失明的人，即使生活在山水如画的桂林，也不能给他带来美的享受。因为桂林山水对他来说不是对象，没有审美意义，因它超越了主体感觉所及的程度。马克思就曾经在《1844年经济学——哲学手稿》说过，"只有音乐才能激起音乐感；对于没有音乐感的耳朵来说，最美的音乐也毫无意义，不是对象"。但是盲姑娘却有着敏锐的听觉，在她的怀里放着一架小小的手风琴，表现了她对音乐的爱好。虽然瞎子凭着特别发达的听觉可以欣赏和爱好音乐的美，聋子凭着他特别敏锐的视觉，可以欣赏绘画的美，但是由于他们看不到彩色所表现的热烈和鲜艳，听不到声音所表现的高亢与低沉，感觉不到喧闹或幽静的美，所以，他们欣赏音乐和绘画与正常人比起来，其美感的程度仍然是有相当的局限。

后天的审美辨识能力主要体现为主体的审美修养，它包括知识储备、文化教养以及生活阅历等等。朱光潜先生说："物的意蕴深浅和人的性分密切相关。深人所见于物者亦深，浅人所见于物者亦浅。比如一朵含露的花，在这个人看来只是一朵平常的花，在那个人看或以为它含泪凝愁，在另一个人看或以为它能象征人生和宇宙的妙谛。一朵花如此，一切事物也是如此。……我们可以说，各人的世界都由各人的自我伸张而成。欣赏中含有几分创造性。"[3]如在中国古代，钟子期是俞伯牙的知音。伯牙鼓琴，钟子期听出高山流水的清韵，"巍巍乎志在高山"，"汤汤乎志在流水"。钟子期凭着"音乐感的耳朵"，欣赏到俞伯牙琴声的美。另如伯牙抚琴吊子期时，乡人不以为悲，反而鼓掌大笑而散，这说明乡人没有这种审美修养，正如子期之父所说，"乡野之人，不知音律。闻琴声以为取乐之具，故此长笑。"难怪伯牙发出了"春风满面皆朋友，欲觅知音难上难"的感叹。这正如刘勰在《文心雕龙·知音》中说的："音实难知，知实难逢，逢其知音，千载一乎！"还有，比如中国人对菊花，日本人对樱花，都是作为一种别具情味的传统文化加以欣赏的：菊花那种外在的圣洁状貌及内在的耐霜寒性质所融会成的圣洁"品格"，不是中国人，很难领略；樱花所蕴涵的对易逝生命的眷恋和怜惜之情，不是日本人，也终究隔膜。因此有时并非审美客体不美，而是主体没有相应的审美能力而影响了他审美活动的发生。正如宋玉在《对楚王问》中说：

客有歌于郢中者，其始曰《下里》、《巴人》，国中属而和者数千人。……其为《阳春》、《白雪》，国中属而和者，不过数十人……是其

1.王国维：《古雅之在美学上之位置》，选自《王国维遗书》第5卷，上海古籍出版社1983年版，第57页。

2.《王国维文集》第一卷，中国文史出版社1997年版，第3页。

3.《朱光潜全集》第2卷，安徽教育出版社1987年版，第25页。

曲弥高，其和者弥寡。

这说明了不具备欣赏阳春白雪的审美能力的人是不能从阳春白雪里得到审美感受，而并非阳春白雪本身不如下里巴人美。没有审美能力，在再好的审美对象面前也得不到美的享受。

◆ 四、审美心境

一定的审美心境也是审美发生的另一个前提。

所谓心境，指的是在一定时间内影响主体整个心理和行为的一种比较稳定的情绪状态。心境往往左右审美发生活动以及情感体验。情绪不佳，什么样的审美客体，也不可能使其感兴趣。如同荀子所说的："心忧恐，则口衔刍豢而不知其味，耳听钟鼓而不知其声，目视黼黻而不知其状，轻暖平簟而体不知其安。故向万物之美而不能嗛也，假而得间而嗛之，则不能离也。……"（《荀子·正名》）这是说人在心情忧郁、恐惧时，即使是美味佳肴也尝不出什么味道，动听的音乐也不觉得悦耳，美丽的服饰也不觉得好看。这说明了审美的发生受到人的主观心境的影响。

主体心境能够强化或弱化审美感受，甚至可以引起完全相反的情感体验。也就是说审美心境能影响审美主体从特定的心境去看待事物，使事物也着上了不同心境的色彩。所谓"感时花溅泪，恨别鸟惊心"是也。另外如《红楼梦》中咏柳絮词时，林黛玉和薛宝钗就有很大差别。林黛玉是"一团团逐对成毬。漂泊一如人命薄，空缱绻，说风流"、"嫁与东风春不管，凭尔去，忍淹留。"而薛宝钗则是："万缕千丝终不改，任他随聚随分。韶华休笑本无根，好风凭借力，送我上青云。"林黛玉因是寄人篱下，其诗词总带有悲戚之感，薛宝钗有母亲在身旁疼爱，自然有"好风凭借力，送我上青云"的欢悦之感。

超市夫人 汉森 美国 1969年 综合材料 166厘米×70厘米×70厘米 亚琛路德维希国际美术论坛

▶ 第二节 审美主体的多样性

审美主体从本质上说是一种社会历史的产物，其所具有的审美经验都是来自特定社会的，由这种审美经验综合而成的审美观念、审美趣味、审美理想更是直接地与一定的社会生活、一定的社会价值意识相联系，因而渗透着这种审美价

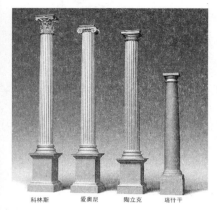

希腊柱式

科林斯　爱奥尼　陶立克　塔什干

教堂彩色玻璃窗 1243年 巴黎圣夏佩尔教堂

值意识的审美主体必然随着社会生活、文化心理的发展变化而发展变化，具有十分鲜明的时代、民族、阶级的历史具体性；同时，作为个体的自我，又具有其独特的个体性。因此，审美主体就不可避免地具有这双重特性。审美主体的多样性主要包括两个方面，即审美主体的历史具体性和审美主体的个体性，前者侧重从主体的共同性方面着眼，后者则侧重从主体的差异性方面着眼。审美主体的历史具体性主要表现在三个方面：审美主体的时代性、审美主体的民族性、审美主体的阶级性，而审美主体的个体性则主要表现在审美个体的独特性方面。

◆ 一、审美主体的时代性

不同时代的人们，受着特定社会实践内容和社会思想的影响和制约，形成各自不同的审美理想，并在这种审美理想的指导下从事美的欣赏与创造，其审美主体自然而然地表现出时代的特点来。这就形成了审美主体的时代性。

原始人类在狩猎时期，往往用动物的皮毛、脚爪、牙齿来装饰自己；进入农耕时期，才用鲜花装饰自己，这表明审美主体的趣味是与一定时代的生产状况相适应的。正如19—20世纪德国艺术史家格罗塞所指出的，"从动物装潢变迁到植物装潢，实在是文化史上一种重要进步的象征——就是从狩猎变迁到农耕的象征。"[1]

以西方审美主体对建筑的审美理想为例。如古希腊的"多利安"式的神庙建筑，全用大理石为材料，四周环以高大的廊柱，内部神殿呈开放型结构，厚重、静穆而又开朗，充分反映了古希腊神与人"同形同性"的宗教观念，跟当时盛极一时的奴隶主民主制的政治氛围完全协调。这表明古希腊时期审美主体的审美理想是厚重、静穆和开放。到了中世纪，哥特式大教堂成为其审美理想的集中体现。哥特式教堂一般外形高耸、峭拔，暗含向天国伸展的寓意。其作为封闭式的结构，内部空间设计也体现出向上飞腾的思想：廊顶是尖拱形，门窗也呈尖拱形，极其高大，须仰视方可见，力求使观众目睹建筑空间向上飞腾的气势而产生超现实的神秘感。哥特式建筑艺术，从12到16世纪初，盛行了四百年之久。从苏格兰到西西里，几乎遍及整个欧洲。同时，不仅是大的教堂，即使是民用和公共建筑，以至要塞和城堡，都显现着这种风格。这种具有鲜明时代性的建筑的出现，显然与基督教在中世纪的欧洲具有至高无上的地位有着

1.格罗塞：《艺术的起源》，商务印书馆1987年版，第116页。

极为密切的关系，也凸现了审美主体的历史共同性。到了文艺复兴时期，随着封建经济基础的走向解体，人性在神学笼罩下的逐步觉醒，崇尚人性的审美意识的萌生，哥特式的建筑就被质朴稳定、富有安全感的"罗马式"建筑取代了。

另外如在我国古代有"环肥燕瘦"的俗语，西汉成帝的宠后赵飞燕就以纤细轻盈之美而著称。据说她身轻如燕，简直可以在手掌中舞蹈。因而汉代的画像大多为"瘦骨清相"，可见，汉代人是以清瘦为美的。《后汉书》记载："楚王好细腰，宫中多饿死。"楚灵王偏好腰细的女子，结果宫中女子为了争宠，拼命节食，竟有不少饿死的。就连朝中大臣也一天只敢吃一顿饭，一个个饿得面黄肌瘦的。他建造章华宫，供后妃居住，章华宫又称细腰宫；而唐代则以肥为美，而且其画像也都是雍容富贵的。到了现在又是以瘦为美了，苗条成了对一个女孩、女人最动听的赞美，其减肥药、苗条霜更是风起云涌、层出不穷，甚至有人因为减肥而生病，更有因之而死的。二十世纪六七十年代（"文化大革命"时），女孩们是不爱红装爱武装，即穿军服、戴军帽、着中山装、军鞋等，而现在的女孩们是要把自己打扮得摇曳多姿，越是与众不同越是有个性。现在要是有谁还穿那时的红军服，肯定要被视为"土老帽"，甚至是"神经病！"

可见，在不同的历史时期，审美主体随社会历史的发展而发展，从而表现出其历史的具体性。

◆ 二、审美主体的民族性

审美主体的民族性，也是审美主体的历史具体性的表现之一。审美主体的民族性是每一民族共同历史生活的结果。每一个民族都长期生活在共同的地域，过着统一的政治经济生活，形成统一的生活习惯，接受共同的语言和文化传统，历史地凝结为一个民族共同体，这样就逐渐形成了具有

簪花仕女图 唐 周昉 绢本设色 纵46厘米 横180厘米 辽宁省博物馆

摘练图 唐 张萱 绢本设色 纵37厘米 横147厘米 美国波士顿美术馆

民族审美意识或审美心理特征的审美主体。

不同民族之间，其审美主体在文化心理、生活习惯、审美理想上也就多有差异。黑格尔就曾说过："中国人的美的概念和黑人的不同，而黑人的美的概念和欧洲人的又不同，如此等等。如果我们看看欧洲以外各民族的艺术作品，例如他们的神像，这些都是作为崇高的值得崇拜的东西由他们想像出来的，而对于我们却会是最凶恶的偶像。他们的音乐在我们听来会是最可怕的噪音，反之，我们的雕刻、图画和音乐在他们看来也会是无意义的或是丑陋的。"[1]以色彩为例，欧洲人视白色为纯洁的象征，因而他们的婚纱是白色的；而我国则以红色为喜庆的颜色，结婚时常常以红色来装扮，从红盖头到红鞋、花轿到红地毯、红蜡烛、红被子、红双喜等等；审美主体的民族性在艺术领域表现得更为鲜明。如古希腊雕塑，大都是裸体或半裸的，它注重人体比例、匀称、和谐等，以表现出一种内在的静穆、伟大。而几乎与古希腊同时的秦代兵马俑塑像，排列整齐，形体粗犷，神态威武庄严，洋溢着一种雄浑气势，显示出一种阳刚之美。从而，一个民族共同的审美趣味，就促使该民族的艺术创造形成独特的民族作风和民族气派。这正是构成该民族艺术审美价值的重要方面。

审美主体的民族性，是一个民族多方面的共同影响形成的，特别是共同的审美实践和审美教育造就了一个民族的审美意识和审美心理，它具有相对稳定性和延续性。每一个民族成员，在其审美个性中总渗透出本民族的审美意识，而与其他民族的审美意识相区别。当然，在现当代，随着审美交往的扩大和增强，也将促进各民族审美意识的互渗与互补，这不仅无损于审美主体的民族性，而且会对人类审美意识拓展和提高作出贡献。

◆ 三、审美主体的阶级性

不同阶级以经济利益为基础，形成自成一体的政治、思想、伦理道德观念，同时也就影响和制约着本阶级主体的审美理想和审美趣味。这种审美主体的阶级性、阶层性、集团性，是阶级社会审美的特有现象，也是审美主体历史具体性的表现之一。

在中国历史上，剥削阶级那种锦衣玉食、养尊处优的生活，形成了

1.黑格尔：《美学》第1卷，商务印书馆1979年版，第55页。

他们特有的审美观念、审美趣味。如《后汉书》记载："楚王好细腰，宫中多饿死。"再如五代南唐的末代君主李煜，在位时贪图享受，宠妃窅娘纤丽善舞，李煜为她建造了金莲花台，又令她用帛缠足，窅娘以"三寸金莲"回旋于莲花台上，有凌空蹈虚、飘飘欲仙之感。后来，这种缠足就逐渐从宫廷蔓延到民间。在宋代以后的封建社会里，女子从四五岁开始，就开始缠足，结果脚成了畸形，走起路来一摇一摆的，这就是中国特定时代封建地主阶级的审美趣味。

阿尔诺芬尼夫妇像 扬·凡·艾克 1434年 木板油彩 81.8厘米×59.7厘米 伦敦国家美术馆

另外，在17世纪的欧洲，女子束腰很流行，束腰服装成为一种时髦。束腰可以使女性形体特征放大、突出，因为腰细可以使臀部更宽而增强女性的曲线美。很多女性为了追求细腰，请求医生取下最后一根肋骨以缩小腰围。据记载，正常高度的成年女性最小腰围是33厘米。33厘米是个什么概念呢？一只塑料壳的热水瓶的腰围还有42厘米，33厘米就是一尺。束腰会使肋骨变形、内脏移位，阻碍呼吸和血液循环。这是对人体的极大摧残。

艺术作为一定时代、一定社会的审美心理结构的对应物，在阶级社会鲜明地反映了审美主体的阶级性特征。《水浒传》以悲壮的审美意象揭示了官逼民反，造反有理的情感逻辑，反映了广大农民的审美观念和理想；而《荡寇志》则把起义农民的形象和行为加以丑化、卑琐化，极力宣扬封建剥削阶级的审美观念。

市场归来 夏尔丹 1739年 布面油彩 47厘米×37.5厘米 巴黎卢浮宫

审美的阶级性，是处于不同经济地位、政治生活和文化生活的人们，在共同的审美实践中形成的，同审美主体的时代性、民族性一样，都是特定的历史文化现象。

◆ 四、审美主体的个性

审美个性，是体现一定审美需要并渗透一定审美意识的个体审美心理结构和经验所具有的相对稳定的特征总和，也就是个体审美素质的独特性。

托莫斯四世墓壁画 公元前1410年 彩绘 托莫斯四世墓室 壁画

审美个性一般表现在审美欣赏、审美创造和审美批评这三个方面，是这三个方面综合起来相对稳定的特征总和。一般说来，欣赏者作为审美个性，主要表现在审美欣赏方面；艺术家作为审美个性，主要表现在审美欣赏和审美创造方面；批评家作为审美个性，主要表现在审美欣赏和审美批评方面。

审美个性是审美共同性在个体的落实和折射。而艺术作为审美经验的对应物，最清晰最集中地展现了现实的审美个性，人们不但把艺术品看做审美个性表现，而且常以艺术品的审美特性为例去论证审美个性的存在及

维纳斯的凯旋 布歇 1740年 布面油彩 130厘米×162厘米 德累斯顿国家美术馆

农民的午餐 路易·勒南 1642年 布面油彩 97.2厘米×121.9厘米 伦敦维多利亚和阿尔伯特博物馆

人间乐园 博斯 1510—1515年 木板油彩 220厘米×195厘米 马德里普拉多美术馆

1.鲁迅：《致颜黎民》，《鲁迅全集》第13卷，人民文学出版社1981年版，第346页。

2.《德意志形态》，《马克思恩格斯全集》第3卷，人民文学出版社1972年版，第459页。

其多样性的表现。

审美个性的差异性，主要表现在两个方面：一是形象感知的差异性，一是内容领悟的差异性。在审美感知方面，个体之间存在着很大的差异，有的人具有较好的听觉方面的感知力，如对声音的节奏、旋律比较敏感；有的人具有较好的视觉方面的感知力，如对线条、形体、色彩比较敏感。在这方面，音乐家、画家比一般人要敏感得多。如是否经历过战乱的人，同读杜甫的诗《春望》，在领悟和体验的深度上，也会大不一样。鲁迅说："拿我的那些书给不到二十岁的青年看，是不相宜的，要上三十岁，才很容易看懂。"[1]此外，对某门艺术的形式、技巧及表现手法的熟悉程度，也直接影响到对这类艺术的具体作品的体验和领悟的深度。而这无疑是与个人的爱好和修养直接相关的。如人们常说的"外行看热闹，内行看门道"，比如你喜好书法，那么你对笔墨纸砚就有一定的了解，就对书法的表现形式及由此反映的情感就有更深的理解和感悟。

审美个性还体现在艺术的审美情调和风格上。例如有人喜爱杜甫，有人喜欢李白；有人欣赏激昂热烈的进行曲，有人则欣赏优美舒缓的抒情曲；有人喜好中国的山水画，有人则喜好西方的油画，等等。

审美主体在美的欣赏和判断之中，逐渐对某些对象或对象的某些方面表现出特殊的喜好和偏爱，表现出一定的审美趣味。审美主体的个性特征，是由先天与后天、生理与社会等多种因素的复合所造成的，因而是千差万别的。

首先，人的遗传因素、天赋素质等，是构成个性差异的生理基础。如初唐的王勃，十岁能赋；明末的夏完淳，九岁善文；奥地利的莫扎特，三岁发现三度音程。

其次，后天环境，如特定的社会物质生活、文化教育以及特定的社会实践、经历等等，对于个性的形成则具有决定性的作用。"像拉斐尔这样的个人是否能顺利地发展他的天才，这就完全取决于需要，而这种需要又取决于分工以及由于分工产生的人们所受教育的条件。"[2]这说明，先天因素能否得到发挥以及发挥到什么程度，完全是由后天的社会条件决定的。如五四时期，那些留学欧美的人，明显地受到欧美的自由主义、个性主义的影响，例如胡适、林语堂、梁实秋、徐志摩、朱光潜、宗白华等等。

即使是对于同一对象，由于欣赏者的个人生活经历和环境的不同，所引起的美感也是各不相同的。正如梁启超分析的，"'月上柳梢头，人约

65·········

黄昏后'，与'杜宇声声不忍闻，欲黄昏，雨打梨花深闭门'，同一黄昏也，而一为欢愁，一为愁惨，其境绝异。'桃花流水杳然去，别有天地非人间'，与'人面不知何处去，桃花依旧笑春风'。同一桃花也，而一为清净，一为爱恋，其境绝异。"甚至，同一个人，在不同的心境下，也会表现出大相径庭的美感。比如我们高兴时花欢草笑，哀伤时云愁月惨，便是常见的美感现象。杜甫有诗云："感时花溅泪，恨别鸟惊心。"其实花不会溅泪，鸟也不会惊心，都是由于不同的心境，才有了个人的独特感受。马克思曾说"忧心忡忡的穷人甚至对最美丽的景色都没有什么感觉"，这是因为穷人处在饥寒交迫中，他迫切要求解决的是维持生存本身的吃穿问题，没有情趣和心境去欣赏美丽风景，但并非风景本身不美。

　　总之，带着个性特征的千差万别的个体美感，总是这样那样地和时代的、民族的、阶级的共同审美趋向和审美理想联系在一起。审美一方面带有个人的、偶然的东西，一方面又包含时代的、民族的、阶级的普遍而必然的东西。前者是后者的具体表现，后者制约和规范着前者。但是，后者只能大致包括前者而不能代替前者。

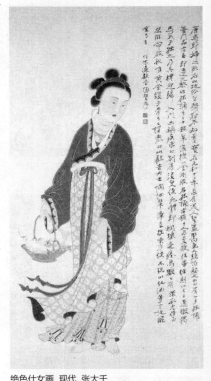

绝色仕女画 现代 张大千

▶ 第三节　主体审美修养的培养和提高

　　前面已经提到，审美活动的发生必须以人的审美能力的存在为前提，因而提高主体的审美能力和审美修养有着十分重要的意义。审美修养是主体的一种自我审美教育，是审美教育的一种自觉形式。

◆ 一、审美修养的含义

　　修养是一个运用得相当广泛的概念，通常指个人的文化心理和行为的自我锻炼、培养和陶冶的活动，以及经过不断努力所取得的能力、品质和境界。

　　从中国传统文化的角度去考察，"修养"主要指人格、道德、学问等的锻炼和培养，虽然有时也指性情、心性的陶冶，却不具备严格意义上的审美含义。如孔子重视自我修养，一再强调"修己"、"修己以敬"、"修己以安百姓"，同时又提出如何进行自我修养，如"己所不欲，勿施于人"、"求诸己"、"有恒"等等，所讲的主要是针对学问、道德和人

采薇图 宋 李唐 绢本水墨 纵27厘米 横90厘米 北京故宫博物院

格的修养。

审美修养是指个体按照一定时代、社会的审美价值取向，自觉进行的性情、心性的自我锻炼、陶冶、培养、提高的行为活动，以及通过这些行为活动所形成或达到的审美能力和审美境界。从这个意义上说，审美修养包括两个互为因果的因素，一是审美修养的行为活动、行为过程，一是审美修养的行为结果。

审美修养的实质是个体审美心理结构的自我塑造、自我完善，它表现为通过自觉的审美塑造和陶养，求得审美能力的提高、审美需要的形成、审美观念的确立、审美态度的生成、审美境界的呈现。同时，审美修养也是通过个体审美心理结构的自我完善，去实现人与社会、自然的和谐统一。"审美的特征正在于总体与个体的充分交融，即历史与心理、社会与个人、理性与感性在心理、个体和感性自身中的统一"，"在主体性系统中"，"审美成了归宿所在：这便是天（自然）人合一"[1]，这就说明了活动所取得的成果，是个体的统一，个体与社会、自然的统一。这种审美成果，在人类是通过社会历史实践取得的，而个体则是通过审美教育和审美修养实现的。可见，审美修养就在于自觉地求得个体素质的全面发展，自觉地求得个体与社会与自然的协调发展。

◆ 二、审美修养活动

审美修养作为个体性情、心性的自我锻炼、陶养活动，同样是一个系统性的活动，是由多种因素综合构成的系统结构。

一要具备一定的知识经验。
审美修养必须以一定的文化素养作为基础，如果缺乏一定的文化素

1.《李泽厚哲学美学文选》，湖南人民出版社1985年版，第176页。

戴珍珠耳环的少女 维米尔 1665年 布面油彩 45.6厘米×40厘米 海牙毛里茨故居

养，就不能有效地进行审美修养，也难以达到较高的审美境界。文化素养就包含各种各样的知识，很多知识都与审美修养有关系。比如对审美对象不了解，或者所知甚少，那么就很难深入体验和享受它所带来的审美愉快，也就难以有好的审美修养效果。有些绘画、音乐、戏曲、歌舞、电影以及工艺品等，只是因为缺少对它们的必要认识，或知道得较少，所以就难以领悟、体验个中意味，也就很难说得上什么审美修养。因此，必须从多方面吸取知识营养，为审美修养活动的进行打下必要的知识基础。

美学基础理论知识是审美修养的专业基础。美学研究的最基本的任务就是把美学理论知识应用落实到个体的审美修养、审美教育中来。如果能系统地掌握美学基础理论知识，知道什么是审美对象、审美经验、审美活动、审美趣味等，那么就更有利于指导自我进行审美修养、审美教育。

生活经验也是审美修养的重要条件，生活经验是否丰富在很大程度上影响审美修养，没有一定的生活经验不但谈不上审美欣赏，也谈不上审美修养。相应的生活经验总是构成审美感受和进行审美修养的必不可少的条件。谁的耳朵都可以接触音乐，谁的眼睛都可以接触绘画，但并非一接触，它们就构成了审美对象，接受者就一定会获得审美感受，心灵就得到塑造和培养，只有具有相应生活经验的人，才可望得到审美享受。

二要有丰富的审美实践活动。

审美实践活动是审美修养的最根本的途径。大体可分为两种方式：一是审美观照活动，一是审美操作活动。

审美观照活动，是指一种审美感受、鉴赏活动。它以对现实和艺术中的审美对象的静观为主要形式，进入审美经验过程，从而陶冶性情和心性。如在现实生活中"春游芳草地，夏赏绿荷池，秋饮黄花酒，冬吟白雪诗"，突破、超越审美对象形式的局限，充分自由联想，主客互融，获得高层次的感悟和享受：见大河奔逝，似有自强不息、不断奋进之情；看山峦起伏，似有超越奔腾之态；遇星空静谧，似有安

急就章 明代 宋克

溪山行旅图 北宋 范宽 绢本水墨 纵
206.3厘米 横103.4厘米 台北故宫博
物院

米若斯的维纳斯 古希腊 大理石 高
204厘米 巴黎卢浮宫

宁宽广之感等等。

审美操作活动，是指具有一定创造性的审美行为活动。它是以动态的实际操作形式，进入审美经验过程，感受到主体心意与外在客体对象的和谐统一，从而陶养性情和心性，因此是创造性活动中的审美修养方式。审美操作形式很多，如文艺、体育、游戏、劳动等等，从审美角度看，只要涉及造形，有意味、有情感的造形，都是一种审美操作活动。文艺活动，诸如唱歌跳舞、书法绘画等，都是在实际操作活动中进行审美修养，有助于个体情感得到净化，从而使人性得到自由和完善。另外如文物收藏、剪贴刺绣、谜语对联、木雕泥塑、盆景栽培等，都是审美操作活动，均不失为个人审美修养之一途径。

第三是形成的审美修养成果。

审美修养的积极成果，就是个体审美能力的不断提高和发展，审美境界的逐步形成和完善，从而导致审美个性的确立。审美个性的确立，标志着审美修养活动的成效，对人生有积极的价值和意义。审美修养成果主要包括三个方面：纯正审美情趣的确立、审美能力的全面提高和审美超越境界的形成。

1. 纯正审美情趣的确立

审美情趣是指个体在审美活动中所表现出来的主观爱好与倾向、品味等。审美情趣既具有社会性又具有个体性，既具有民族地域性又具有普遍性。因此审美情趣具有鲜明的主观性和个体性，如对于音乐，有人喜欢贝多芬，有人却喜欢巴赫；对于颜色，有人喜欢热烈的，有人喜欢幽静的；对于花朵，有人偏爱荷，有人嗜好菊。

同时，审美趣味又具有社会性、民族性、地域性和多元化，是人类审美发展的产物，也是对客观存在的审美属性的反映。如古希腊以和谐优美为时代审美趣味，所以那时的艺术大多典雅、宁静而显得庄严、高贵和静穆，这我们可以从古希腊的雕塑中比如《米洛岛的维纳斯》中看出。而17世纪荷兰画家鲁本斯的人体画则显得丰满甚至充满了肉感，这是和文艺复兴后人们追求自然生命的享受，以自然人性反对神性分不开的，这和古希腊的审美趣味是明显不同的。

每个人都有自己的审美趣味，但审美趣味有高低、粗细、浓淡、强弱之别。高尚纯正的趣味就可以从审美中获得愉悦和享受。当然，高尚纯正的趣味也是多样化的。在趣味理论方面，朱光潜先生提出"纯正的趣味"问题。在艺术欣赏中牵强附会，一味寻求微言大义，这不是纯正的趣味。欧阳修的《蝶恋花》"庭院深深深几许……泪眼问花花不语，乱红飞过秋

鹊华秋色图 元 赵孟𫖯 纸本设色 纵28.4厘米 长93.2厘米 台北故宫博物院

千去"写的是被封闭于庭院内的孤独少妇的悲春之感。然而有人却比附政治，将它说成是为受到朝廷贬斥的韩琦、范仲淹所作，"乱红飞去"表示被贬逐的人不止一个。这是在艺术欣赏中看不到作品的审美意义，而专注于作品的其他内容，这不是纯正的趣味。

2．审美能力的全面提高

审美能力的全面提高主要包括审美感受力、审美鉴赏力和审美创造力的提高。人要从事审美活动，总是要凭借自己的眼睛、耳朵和身心去感受大千世界的美才行。尽管在整个审美活动过程中，审美感受只是其中的第一步，但这却是非常重要的一步，一切审美活动都是以主体对美的感受作为起点的，没有这第一步，也就没有整个审美活动的全过程。因此，审美感受能力的提高，对于开展正常的审美活动具有重要的意义。

审美鉴赏力的提高，是审美感受能力的进一步提高和深化。主体在审美感受的基础上通过对审美对象的欣赏、品味、领悟，从而获得精神上、情感上的愉悦和满足。比如，许多人在审美活动中往往局限于对象的色彩是否好看，声音是否好听，画得像不像，表演得是否滑稽等，而不能更深层地去领略对象的美。当然，对象的美总是离不开形式的，如果没有一定的可看性，那当然是无法唤起人们的美感的。但是美决不是一个纯粹的形式问题，它既与形式有关，又与内容有关。中国传统美学中的所谓气韵、意境、风骨、神韵等都是内容和形式的统一。更何况某些艺术品种已形成一套固定的程式，它的色彩、声音、动作已经成了一种"有意味的形式"。如果欣赏者不懂得这套程式，那是很难领略其中的美的，比如京剧。所谓"内行看门道，外行看热闹"和"曲高和寡"的说法，这里的界线就在于是否具有较高的审美鉴赏力。有了较高的审美鉴赏力，我们就能进入美的殿堂，领略和品评各种各样的美，指出它们各自的特点、长处和

六祖斫竹图 宋 梁楷 纸本墨笔 纵73厘米 横31.8厘米 日本东京国立博物馆

马踏飞燕 东汉 青铜 高34.5厘米 甘肃省博物馆

不足。否则，就只能在形式层面前止步，看看"热闹"罢了。

审美创造力的提高。美的领域是十分宽阔的，美的层次也是各不相同的，一个人的审美创造能力也可以表现在不同的领域和水平上。比如，能够写诗、作画、谱曲，能够进行各种设计是创造；能够表演、弹奏、歌唱，能够制作各种美的精品也是创造。应当说这是一种高层次的创造，从事这种创造也要具有相当高的水平。但是，审美创造力是多方面的，除了艺术以外，还可以表现在服饰打扮方面、环境美化方面、产品造型方面、社会交往方面、文化活动方面等等，凡是在我们的日常生活中，在我们所从事的实践活动中，在人与人之间的各种交往中都可以通过自己的双手去美化自身的形象和我们所处的世界，去创造审美的人生。

3. 审美超越境界的形成

审美超越境界主要表现为对待生活的审美态度，即摆脱日常生活功利的束缚、困扰而趋向一定的或暂时的超脱，获得心灵自由的愉悦体验。如果主体审美达到了这种境界，对待生活，就不会时刻为单纯的生活功利目的所左右，就会超脱一点，而多以生活本身为乐趣，减少苦恼，执著于生活过程。以这种态度对待困难、艰险、死亡等就会淡然从容，不计利害，迎难而上，具有一种无畏精神。以这种态度对自己和别人，就会摆脱人际关系的利害困扰，缓解心中的焦虑，宽和待人，从而获得人际关系的和谐。主体形成了超越境界，也就有了一种审美人生、超越的人生，从而拥有了一种现实的自由生活。

第五章 审美客体

▷ **概述** ···

　　审美客体也称"审美对象"，是与 "审美主体"相对的概念。审美客体是被审美主体认识、欣赏、体验、评判、改造的具有审美性质的客观事物， 具有形象性、丰富性、独特性、感染性或美的潜能的事物。它与人确立了特定的审美关系，就是人的审美对象，也就是说它是审美主体的审美客体。

　　根据所在领域的不同，美的客体可以分别称为自然美、社会美和艺术美。但是这几个领域又总是相互渗透，难以明确界限。为了避免不必要的纠缠，本书主要讲一讲自然美、人的美和科学中的美。至于艺术美则在后面有专章探讨。

▶ 第一节　自然之美

　　自然有两个层面的涵义。一是大自然，是指现在最常用的涵义，与人们建造的城市环境相对的自然环境。二是哲学上的"自然"，在中国道家思想里面有"自然而然"、"天然"，甚至天地宇宙最根本的规律法则的意思。虽然二者有着很多联系，但在这里以第一种涵义，即"大自然"为讨论对象。

赤壁图 金 武元直 纸本水墨 高50.8厘米 长136.4厘米 台北故宫博物院

睡莲 莫奈 1904—1905年 布面油彩 89厘米×92厘米
丹佛美术馆

关于自然美的性质，历来有不同的说法：1. 自然美在于自然事物本身，如日月星辰、鸟兽虫鱼、山川草木等自然事物的形状、颜色、质感等呈现出的美；2. 自然美由于被当做人的生活的暗示，在人看来才是美的。如俄罗斯美学家车尔尼雪夫斯基所说："构成自然界的美的是使我们想起人来（或者，预示人格）的东西，自然界的美的事物，只有作为人的一种暗示才有美的意义。"[1] 3. 自然美是人的心灵的反映。著名美学家黑格尔就这样认为，自然本身不可能有美，他说："但是人们从来没有单从美的观点，把自然界事物提出来排在一起加以比较研究。我们感觉到，就自然美来说，概念既不确定，又没有什么标准，因此，这种比较就不会有什么意思。"[2] 实际上，黑格尔美学排除了自然美。

我们认为，自然美是有它的客观属性和审美价值的。它与人的心灵息息相关，但同样具有不可排除的独立性。下面，我们就来谈谈关于自然美的一些看法。

◆ 一、自然美的发现与自觉

自然美的观念并不是人类一开始就存在的，而是随着社会历史实践的发展，人类审美领域、审美视野逐渐扩大，才得到发展的。按照凌继尧先生的说法，自然美欣赏的历史发展在我国经历了致用、比德和畅神三个阶段。[3]

1. 致用

致用，指人类从实用的、功利的观点看待自然。最初，人们对待大自然，还处在基于生存需要的基础上的。比如，狩猎活动是原始人的重要生产活动，对巨型动物的形象的把握也是对自身能力的肯定。先辈们把野牛等动物画在岩壁上，可能是为了增加信心，也可能是为了祈求狩猎的成功。后来这些形象就演变成了被欣赏的对象。同时，在巫术时代也存在着审美的因素。在现代挖掘出来的远古墓葬中，死者的身上往往有金属权杖、象牙、兽骨、玉器之类的装饰物。这些可能最初只是处于一种身份或信仰，比如是首领的标志，或是辟邪的灵物。当最初的需要逐渐消失，它们便沉淀为带来愉快情感的装饰了，成了美的形式。朱光潜先生谈到："在起源阶段，美与用总是统一的"。[4]

1.车尔尼雪夫斯基著，周杨译《生活与美学》，北京人民文学出版社，1957年版，第10页。

2.黑格尔著，朱光潜译《美学》第1卷，北京商务印书馆，1976年版，第5页。

3.请参看凌继尧《美学十五讲》，北京大学出版社，2003年版，第29—33页。

4.《朱光潜全集》第10卷，安徽教育出版社1993年版，第224页。

2．比德

比德，即以自然景物的某些特征来比附、象征人的道德情操。

走过被利用的历史阶段，春秋战国时期的孔子把自然美与人格品德等方面紧密联系起来。《论语·雍也》中记载："子曰：智者乐水，仁者乐山；知者动，仁者静；知者乐，仁者寿。"朱熹解释说：知者达于事理而周流无滞，有似于水，故乐水；仁者安于义理而厚重不迁，有似山，故乐山。[1]很显然，孔子是从道德角度来欣赏山水的。与其说他是醉心于自然山水本身，不如说他欣赏的是由眼前的山水引起的一种道德品质的联想。"岁寒，然后知松柏之后凋也"，"子在川上曰：逝者如斯夫，不舍昼夜"（《论语·子罕》）[2]。自然景物是否能成为审美对象，取决于它是否符合审美主体的道德观念，能不能对人生有积极的意义。最终，美的境界还是理想的政治理想。

墨竹图 宋 文同 绢本水墨 纵131.6厘米 横105.4厘米 台北故宫博物院

《论语·子路、曾皙、冉有、公西华侍坐章》里面的故事极具代表性，当曾子谈到他的理想时，孔子一句"吾与点也"，回味深长。"暮春者，春服既成，冠者五六人，童子六七人，浴乎沂，风乎舞雩，咏而归。"[3]这种胸次悠然、物我同流的春游境界，不正是举止从容、各有所安的大同世界的象征么？一言以蔽之，简言之，在孔子那里，美是伦理的，美是善。

3．畅神

畅，徜徉飞翔；神，精神气韵。畅神，精神的自由徜徉飞翔。指自然景物本身的美可以使欣赏者心旷神怡，精神爽朗。与比德不同，畅神专注于审美对象本身的欣赏，不要求用自然景物来比附道德情操。是在比德说上的进步。

大自然真正作为审美对象，在我国是魏晋南北朝时期的事情，在西方则更晚了，在中世纪末文艺复兴之初才到来。魏晋南北朝400余年，是我国历史上极其残酷的一个乱世，而乱世往往造就思想和文化的精彩和深刻转型。当时，社会动乱让大批文人通过清谈玄理和纵情山水的主要方式来寻求解脱。他们试图以山水的宁静和玄远哲思来获得精神上的洁净和自由。

著名的《兰亭集序》就记录了这样一个场景：

群贤毕至，少长咸集。此地有崇山峻岭，茂林修竹；又有清流激湍，映带左右，引以为流觞曲水，列坐其次。虽无丝竹管弦之盛，一觞一咏，亦足以畅叙幽情。是日也，天朗气清，惠风和畅，仰观宇宙之大，俯察品

兰亭修禊图 明 文徵明 金笺纸本 青绿设色

类之盛，所以游目骋怀，足以极视听之娱，信可乐也。[4]

　　大自然的造化，在和睦的春光中是何其美妙！这些风流名士们，对着"千岩竞秀，万壑争流，草木蒙胧其上，若云兴霞蔚"（《言语》）[5]，享受着巨大的快乐。谢灵运遍寻山水之美，常带着一大帮家奴，现开出一条路来去登高山看风景，他是着力山水入诗第一人。晋人宗炳更甚，他一生"好山水，爱远游"，其《画山水序》是中国美学史上最早讨论山水画的一篇文章。史载他"凡所游履，皆图之于室，谓人曰：'抚琴动操，欲令众山皆响！'"宗炳将所游山川画下来，并边抚琴边舞动肢体，妄图把画中的群山都唤醒了，震响了。后来，他"老病俱至，名山恐难遍睹，唯当澄怀观道，卧以游之。"（《宋书·隐逸传》）。一个人的身体失去了远游的能力，就把它们画在记忆的卷轴上，卧在家中，游览不绝。何尝不是呢？晋人把山川写画成诗，自己也融化成了诗，他们做了自己的主人。

　　朱光潜先生把对自然美的欣赏分为三层：一是感观愉悦，即爱微风以其凉爽，爱花草以其气香色美，爱鸟声泉水以其对于听官愉快，爱青天碧水以其对视观愉快；二是与自然情趣默契忻合，如李白"相看两不厌，惟有敬亭山"；三是把自然看做神灵的表现，在其中看出不可思议的妙谛，如"一花一世界"的佛理和老庄对宇宙天道的领悟。对中国文人来说，多属于第二种层次。朱光潜先生说，晋人对自然有着一股新鲜发现时身入化境浓酣忘我的趣味。其实，又何止是趣味呢？他们在自然山水中"托身得所"，找到精神慰藉，化为青山脉脉。

　　西方人对自然的意识也同样经历着一个逐渐显现的过程。从史诗神话、雕塑建筑等古希腊艺术作品的情况来看，审美对象早期主要存在人们生活的社会界和人们想象的神话界，到了中世纪中则存在绝对的上帝那里，而直到被誉为中世纪最后一人和文艺复兴第一人的但丁出现，才发现了自然。但丁在他的《神曲·炼狱篇》中有描绘山顶的文字，后人评价说这是为了远眺景色而攀登高峰的第一人。诗人不是为了神圣使命，也不是

1.【宋】朱熹：《四书章句集注》，中华书局，1983年版，第90页。

2.【宋】朱熹：《四书章句集注》，中华书局，1983年版，第113—115页。

3.【宋】朱熹：《四书章句集注》，中华书局，1983年版，第129页。

4.王红、周啸天主编《中国文学·魏晋南北朝隋唐五代卷》，四川人民出版社，1999年版，第143页。

5.徐震堮：《世说新语校笺》，北京：中华书局，1984年版，第81页。

干草车 康斯太布尔 1821年 布面油彩 130.5厘米×185.5厘米 伦敦国家美术馆

为了与命运斗争，仅仅为了大自然自身的美，为了内心对美的朴素的冲动，这才能说自然成为美的了，成为审美的对象了。文艺复兴时期也是"人的发现"的重要时期。从思想文化的整体意义上来说，只有人真正成了他自己，才能把自己和对象分离开。人发展了强烈的自我意识，才能把大自然做为一个异己的独特的事物来欣赏。人是通过发现大自然而发现了自己的，体会一种超越实用价值的心神愉悦的美感。以西方绘画为例，风景画独立成科是15世纪的事情，主要表现地方风俗景观，19世纪开始，画家才把视线投向了高山、大海、晚秋、晨雾等前人未描绘过的自然风景。同样的思想背景，浪漫主义诗人崇尚自然，极力歌颂自然的雄壮之美。湖畔诗人华兹华斯在他著名的《丁登寺赋》里写到：

> 这些树篱哪里是树篱——倒不如说是
> 恣意蔓生的枝条：这些绿色一直铺到
> 田庐的门边；这些在寂静里
> 从树林中升起的袅袅炊烟！
> 它们的来源飘忽难辨，仿佛是
> 浪游者在没有屋舍的林中点燃，
> 或来自隐士幽居的洞穴，他正
> 独自坐在炉火边。[1]

◆ 二、现代旅游业中的自然美

旅游是现代社会才兴起的产物。旅游业兴起以前，人们的远行并不是为了远行本身，而是有着很深的目的性，也就是说，旅游是依附于别的需要的。我国传说中的大禹游览大好河山是为了疏浚九江十八河；春秋战国时的老子骑青牛西去是为了避世，意外地传了道，留下一部五千精妙的《道德经》；孔子讲学周游列国是为了宣扬仁政，为了拯救"礼崩乐坏"的社会；汉时张骞出使西域则出于地缘政治和军事战略需要，联合同盟对

1.顾子欣译《英国湖畔三诗人选集》，湖南人民出版社，1986年版。他们向往自由，重视天才，天才，把工业文明带来的肮脏的世界统统抛在身后，在诗作里转而拥抱"天性"纯粹的大自然去了。

波浪形峡谷

九寨沟

付匈奴；唐时玄奘为了求大乘佛教的经典到印度，意在对真理的执著。明时郑和为宣扬天朝大国的威仪等政治需要七下西洋；徐霞客为研究著书考察名山大川；"读万卷书，行万里路"，李白杜甫等文人为壮丽人生而游。西方的民族远游更具经济目的，商业文明本来就是一种不断寻找市场，寻找货源，往来交换的文明。意大利人马可波罗，据说也是听说了古代印度和中国的富足神奇而上路的。

大自然的美丽是难以言说的，它来自开天辟地的杰作，因此有着无可替代的魅力。内蒙的草原牧场、新疆的大漠天山、海南的碧海沙滩、云南的七彩阳光、九寨沟的水、张家界的山、西藏的与世隔绝，等等等等，早已在人们心中成为旅游的经典对象，都满足了人们的审美需要。另外，对自然美的感动不单单在于外部形式特征的奇特瑰丽，还出于一种对大自然本能的回溯。现代社会中，人们通过科学技术建立了现代城市体系，钢筋混凝土的森林郁郁葱葱，而与大自然的距离越来越远。也许正是人与自然的剥离，才又一次产生回到大自然怀抱的冲动，类似于一种乡愁。现代旅游业审美活动中，大自然的美像被放在博物馆里面一样被人们寻访欣赏。自然的美不是远行时擦肩而过的风景，而成了旅游的目的：享受悠闲时光，在大自然的美景中徜徉自得。人们在日常生活中离开了大自然，又通过游览的方式，重新回到了大自然，感受到她的美与神秘。归根到底，人在大自然的美景中，找回了另一个被长久遗忘的自己，或许是更加真实宁静的自己。

◆ 三、居住景观中的自然美

"花褪残红青杏小，燕子来时，绿水人家绕"（《蝶恋花》），大文学家苏东坡曾如此描写古人的居住环境。青山绿水，桃红柳绿，是古人生活的日常景象，但在工业社会却变得异常难得。为了领略大自然的美，人们需要走出户外，但这是不能满足人们对日常生活中对自然美的需要的。一个只有高耸的摩天大楼，光亮玻璃幕墙的城市是不健康的。缺少植物会造成空气污浊，缺少天然的绿色可能造成都市人心理的荒芜。但是由于城市的人工性，自然美只能以元素的形式加入到城市规划和建设中。居住质量是社会文明的指标之一，如何给人们营造一个方便、清洁又贴近大自然的居住环境，这属于现代景观研究的领域。在欧洲，"景观"一词最早出现在希伯来文本的《圣经》旧约全书中，它被用来描写梭罗门皇城(耶路撒冷)的瑰丽景色。这时，"景观"的含义同汉语中的"风景"、"景致"、"景色"相一致，等同于英语中的"scenery"，都是视觉美学意义上的概念。对一个优秀的城市景观来说，自然美的设计必不可少，甚至是城市的重要功能。

流水别墅 奈特

另外，居住是一种感性需要。它超越了单纯的物理空间概念，也超越了基本的物质生活实际需要。人们在苍茫的大地上，无法像大树一样扎根到泥土深处，只能选择一个地方，做为栖息的场所，为的是不再流离失所，无家可归。所以，一座城市，一个居民社区，一座教堂或一个广场，更是人们情感上的归宿。对自然美的渴望早已与生俱来了，能够在闹市中享受栽种法国梧桐的林荫大道，聆听如云的树叶间鸟儿的鸣唱，是何等的美事呢？在此，自然似乎就在都市的中间，触手可及。

瓦赞村口风景 1872年 布面油彩 46厘米×55厘米 巴黎奥赛美术馆

19世纪美国著名作家梭罗可以称为这方面的先行者。他从哈佛大学毕业多年后，只身一人跑到自己家乡的一个无人居住的瓦尔登湖旁，用借来的一把斧头砍树伐枝，为自己盖了一座木屋。他每天耕作、在树荫下休息、读书，过了两年这样自耕自食的生活。后来他回到城市，在1859年提出，每个城市应该保留一部分森林和荒野，让人们能从中得到"精神的营养"。梭罗看出了自然美对于净化人的心灵的价值，也亲身实践了人类皈依大自然的内在理想。

▶ 第二节　人物之美

比起自然美，人的美更早地进入了人们的审美领域。人物之美，一是外在形体外貌，二是内在精神气质。前者是天生的，是自然的造化，后者除了先天，也是社会的产物，两者实在难以泾渭分明。

◆ 一、西方人体之美

在西方，最美的神是维纳斯，她是按照最美的人的形象来塑造的。而希腊世俗女性的雕塑与女神的雕塑没有什么区别。希腊艺术普遍呈现出神与人的互通和同形同性，这区别于其他文化雕塑中对神与人之间、神与神之间和人与人之间的等级区别。不难看出，美不是靠一些神性的符号，比如相随的动物、身上的装饰、手中的武器，而是靠人的肉体本身。古希腊人以展示自己的天生丽质为美。

戴冠的年轻人 公元前1500—1450年 壁画 高222厘米 古希腊 克里特伊拉克林考古博物馆

众所周知，奥运会起源于古希腊，古希腊人崇尚健美的体魄。赤裸的身体，把上天赋予的完美线条展露无遗。古希腊解剖学发达，也为人们对人体的研究提供了方便，同时，遗留下来大量的人体雕塑作品至今都让我们惊叹。相传古希腊著名学者亚里士多德有专著《体相学》，研究灵魂和身体、内部和外部面貌的相互关系。他通过人的运动、外形、肤色、面部特征、毛发、皮肤的光滑度、声音、肌肉以及身体的各个部位和总体特征来分析人的性情。他认为男人的体魄比女人的更完美，而女人的身体却比较富有魅力，女子的眼睛容易眼眶蓄泪，目光温柔，富有青春活力。

中世纪是禁欲的历史时期，美只属于上帝，宗教统治者反对世俗人情的美，更无法容忍人体尤其是女性人体的美。尽管如此，宗教绘画中大量美丽的圣母像表明，人们并没有忘记对美的形貌身体的渴望。当时著名神学家、美学家奥古斯丁（4—5世纪）就曾为人体美辩护。在他看来，女性的身体是美的，如果不作为享乐和繁殖的对象时，她会更美，具有新的、超功利的美。文艺复兴，Renaissance，人的重生之意。莎士比亚在《哈姆雷特》中赞叹到：人是多么了不起的一件作品！理性是多么高贵！力量是

大教堂 罗丹 法国 1908年 大理石 64厘米×32厘米×35厘米 巴黎罗丹博物馆

多么无穷！行动多么像天使！了解多么像天神！宇宙的精华！万物的灵长！蒙娜丽莎的微笑异常亲切动人，那双手更是闪耀着人性美的光泽。这一时期人们热衷于人体比例研究，达芬奇、米开朗基罗、阿尔伯蒂等画家都在此列。19—20世纪的雕塑家罗丹可谓是人体比例和雕塑艺术相得益彰的杰出代表。他的《吻》、《手》、《永恒的偶像》等作品，把人们再次带到一种难以言传的审美体验中：大理石高贵光洁的质感，流

沉睡的维纳斯 乔尔乔内 1510—1511年 布面油彩 175厘米×108.5厘米 德累斯顿国家美术馆

畅而痛苦的线条，人物深邃细腻的神情，都内在具有一种韵律，如在一首流动的歌谣中徘徊，忧伤，婉转。

洛神赋图（局部）东晋 顾恺之 宋人摹本 绢本设色 纵27.1厘米 横572.8厘米 北京故宫博物院

◆ 二、中国形貌风度之美

在我国也很早就有表现人物美的传统。《诗经·硕人》里说："手如柔荑，肤如凝脂"，东汉文人蔡邕《青衣赋》则有"盼倩淑丽，皓齿蛾眉"的赞美。比较集中文献上的记载主要保存在南朝宋临川王刘义庆编撰的《世说新语》里面。书中记载了汉末、三国、两晋世族阶层的遗闻轶事，其中大量的人物品藻反映了他们对人物的审美趣味。两晋名士好美容。他们为了脸色红润，喜欢擦粉，甚至服用含金属物质的"五石散"。据说当时引领潮流的何晏长得姿仪俊美，面色非常白。有一次魏明帝怀疑他傅粉，趁夏天大热天赐他热汤饼吃。何晏吃完后，满头大汗，用衣服一擦，面色又变得皎洁光亮了。

与西方对人体的推崇不同，我国古人对人物的美更加关注形体容貌的内蕴和人物所流露出来的气质风度。而这一点，通过中国人擅长的文学语言达到了一种妙境。就是说，比起绘画和雕塑的具象，中国的诗文发挥了语言的模糊性，把丰富的内涵引导渲染出来，增加了想象的空间和妙不可言的美感。

我们都知道曹雪芹笔下的林妹妹是个美人，但是至于林妹妹身高多少，是柳叶眉还是吊梢眉，眼睛是杏眼还是丹凤眼，恐怕都不清楚，而给我们留下最深刻印象的是林妹妹长着一对"似蹙非蹙笼烟眉"，一双"似泣非泣含露目"，"娴静时如娇花照水，行动处如弱柳扶风"。通过这些勾勒，一个活生生的林妹妹便出落在每个读者的面前了。再如写美人的笑脸和眼神，并不是做十分逼真的描绘，而是力图达到传神之境。如《诗经》里的"巧笑倩兮，美目盼兮"，楚辞中《湘君》描写湘夫人："目眇眇兮愁予"。对眼神的描写可以更好传达人物神韵，难怪东晋时期的大画家顾恺之说："四体妍蚩，本无善于妙处，传神写照，正在阿堵中。"[1]

曹植的《洛神赋》可算把美人写到了极致：

其形也，翩若惊鸿，婉若游龙，荣曜秋菊，华茂春松。仿佛兮若轻云之蔽月，飘飖兮若流风之回雪。远而望之，皎若太阳升朝霞；迫而察之，

1.徐震堮：《世说新语校笺》，中华书局，1984年版，第388页。

2.朱东润主编：《中国历代文学作品选》上编第二卷，上海古籍出版社，2006年版，第190页。

3.宗白华，《宗白华全集》第2卷，安徽教育出版社，1994年版，第278页。

灼若芙蕖出渌波。襛纤得衷，修短合度，肩若削成，腰如约素。……明眸善睐，靥辅承权，瑰姿艳逸，仪静体闲。柔情绰态，媚于语言。[2]

　　曹植对美人的铺陈描写主要是从人物的整体精神气韵入手的。形体如惊起的鸿雁一样翩跹，婉转如蛟龙游走，精神比秋菊明丽；姿态如薄云蔽月般若隐若现，又如风中飘转的白雪轻盈飞动；远观如旭日东升于朝霞之中，光芒万丈，近看又像红色芙蓉出绿水，艳丽端庄。由此可见，之后的晋人对人物美的痴迷到了怎样的境地。

　　以写《悼亡诗》著名的大才子潘岳就姿容姣好神情风流，年轻时走在洛阳大街上，妇人们无不手拉手把他围在中间。而长相绝丑的左太史，效仿潘岳出游，结果引起妇人们公愤，只好灰溜溜回去了。这个故事虽然滑稽，但却从中看出了人的形貌魅力是多么重要。人物品藻著名的《世说新语》里面关于人物美的例子比比皆是。如《容止》篇：

　　裴令公有隽容仪，脱冠冕，粗服乱头皆好，时人以为"玉人"。见者曰："见裴叔则，如玉山上行，光映照人。"（12则）

　　时人目夏侯太初，"朗朗如日月之入怀"，李安国"颓唐如玉山之将崩"。（4则）

　　玉的温润细腻，光洁照人，是独具中国特色的美感的东西，它能给人温和、韵味悠长的雅致。孔子说"君子比德于玉"。谦谦君子，温柔敦厚。玉有生命的灵性，人亦能有天地精华的玉性。另外，"濯濯如春月柳"、"萧萧肃肃，爽朗清举"、"蒹葭倚玉树"，这些人物品题，可以说是把人的形态、气质、神韵，与自然的林林总总、千姿百态的美融为一体了。

　　总之，人物的品评要形神结合，人外在的姿容、品貌、体态、举止和内在的才情、智慧、精神、心灵相结合。宗白华先生称晋人风神潇洒、心灵超脱，故在当时产生了行草，体现了心灵自由的意味。在那时，"行草艺术纯粹一片神机，无法而有法，全在于下笔时点画自如，一点一拂皆有情趣，从头至尾一气呵成，如天马行空，游行自在"。[3]

洛神赋图（局部）东晋 顾恺之

▶ 第三节　科学中的美

从常识上来理解，科学是理性的，美是感性的，科学中有美吗？科学和美有什么关系？科学和美能并存吗？其实，在现代学科逐渐呈现交叉渗透的态势下，科学美学已经是一门独立的学科了。它研究科学活动中一切与美有关的问题，属于社会美的范畴。在科学技术高速发展的时代，科技是重要生产力，是现代社会赖以存在和发展的基础，同样也是人类作为本体存在的基础。在这样的背景下，科学美学和技术美学成为学者们关注的新领域。

帕台农神庙　古希腊　公元前5世纪

蝴蝶

回溯古老的文明，美和科学有着亲缘关系。宇宙是古希腊人很早就关注的研究对象，而"宇宙"一词的本义在古希腊语里面就是"秩序"。哲学界毕达哥拉斯宣扬数的和谐就是美，这个命题既是一个美学命题，也是一个科学命题。传说毕达哥拉斯曾经听到打铁的叮当声响，并请人称量了一下铁锤的比例得出一组数据，回去后通过实验，证实了音乐的和谐是由数的比例造成的。后来，毕达哥拉斯学派用数的和谐来解释宇宙构成和宇宙的美，把数学、音乐和天文学结合了起来。可以说，比例的适度是美的，其中隐含着美的形式规律，也符合客观事物美的某些条件。

《庄子·知北游》说："天地有大美而不言，四时有明法而不议，万物有成理而不说"。[1]天地万物本身就是至大的美，四季更迭，周流往复，这不是自然规律之美吗？屈原饱含激情发起的天问，也包含着探求科学真理的意图："九天之际，安放安属？隅隈多有，谁知其数？"九天的边际，安放在何处，依托在哪里？多少的角落多少的弯曲，谁能弄清它们的数字？[2]

◆ 一、科学美的表现

科学美的表现可以概括为三点：对称、和谐、简洁。

对称，是自然中普遍存在的现象：人体天生是对称的，由于光的反射现象，一棵树和它水中的倒影是大致对称的，人和镜子中的影像是对称的。古希腊人认为，在各种图形如正方形、长方形、圆形中，圆形最美。巴门尼德道破其中玄机：圆形从各个角度都体现了对称的原则。从圆周到

1.【清】郭庆藩：《庄子集释》三卷本，中华书局，1961年版，第735页。

2.萧兵《楚辞全译》，江苏古籍出版社，1998年版，第64页。

3.李政道《李政道文录》，浙江文艺出版社，1999年版，第191—192页。

圆心的距离相等，围绕中心旋转是不变，而正方形、长方形则不具有这样的特质。其实，从数学的角度来说，相同条件下，圆形的面积最大，球形的容积也最大。人类沿用了几千年的水缸、陶罐、餐具等都是圆形的，它们在科学上是满足了节省材料的实用性，在美学上可以说是曲线的柔和与人的手更契合而更舒适。有趣的是，中国古人最崇拜的天"似穹庐"；连通用的货币也是圆形。智慧的最高境界是"圆融"；高僧大德去世称"圆寂"；为人处世要"圆通"等。

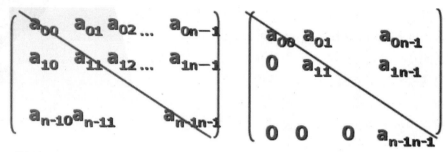

对称矩阵

　　除了旋转对称，还有反射对称。我们在照镜子时看到镜子里面的图像左右是相反的。当我们举起右手时，镜子里显示的是我们的左手。这种现象在物理学上称为宇称，是一种左右对称。我们的眼睛和耳朵左右对称便于立体接受，双手的左右对称有便于劳作和身体平衡，双腿对称便于直立行走。

　　1994年，著名物理学家李政道先生在西安博物馆参观的时候，看到汉代竹简上将"左右"写成"左式"，他由此赋诗一首："汉代式系镜中左，近日反而写为右；左右两字不对称，宇称守恒也不准"[3]。李先生认为，"式"完全是"左"的镜像，比"右"字要科学得多，"左式"比"左右"更符合对称。

　　除了形象上的对称，在物理学中还指作用量的对称。美国科学家阿·热在《可怕的对称》一书中举过一些通俗的例子来说明这个问题。能量守恒表明，作用量在时间平移下保持不变。物质系统的能量不随时间变化，这是时间移动下的对称性。对称和守恒深刻地联系在一起。能量守

泰姬陵 印度 17世纪

恒，可以理解为作用量上的对称。

和谐是一个古老的美学概念。之前多次提到的毕达哥拉斯是古希腊明确提出数字的和谐是美的哲学家。他认为天体的距离和运动之间存在一个完美的比例，天体运动从而是一首优美的音乐。中世纪时期，上帝是至美的，上帝创造的世界也应该有着完美的比例。这种对数、比例的分析应用等科学思维的发达，从某种程度上成就了欧洲的工业革命。

量子学的创立人之一海森堡指出，精密科学中美的含义就在于"各部分之间以及各部分与整体之间固有的和谐"。曾为贝多芬和牛顿撰写过传记的沙利文写道："由于科学理论的首要宗旨是发现自然中的和谐，所以我们能够一眼看出这些理论必定具有美学上的价值。一个科学理论成就的大小，事实上就在于它的美学价值。因为，给原本是混乱的东西带来多少和谐，是衡量一个科学理论成就的手段之一。"[1]

红绘风格双耳陶瓶　公元前460年　高54厘米　古希腊　巴黎卢浮宫

简言之，科学旨在给我们纷乱的世界表象寻求一种秩序，这种秩序应该是美的，让人们身心愉悦的。科学中规律秩序到达了某种美感，才能带给研究者和学习者快乐和动力。古人遥望星空时一定会醉心于乌蓝神秘的宁静，优秀的植物学家应该能感受到造物主对生命的形式美学设计，数学家归纳的公式往往也具有均衡整一的美感效果。

20世纪初期，建筑设计界流行一股"简约主义"风潮。简约主义风格的特色是将设计的元素、色彩、照明、原材料简化到最少的程度，但对色彩、材料的质感要求很高。因此，简约的空间设计通常非常含蓄，往往能达到以少胜多、以简胜繁的效果。大家熟悉的宜家家居，就是北欧简约风格的代表。

简洁美，不是单一，而简约凝练中的清爽整饬，包含着丰富的意义空间。古代典籍《周易》中就只用了两条短线（一实一虚）组合出八卦，推导出众多的相，从而象征世界的纷繁芜杂。道家讲"一阴一阳之谓道"，"一生二二生三三生万物"。世界是由阴和阳两两相生的，它们被概括成一、二、三这样的简单数字。围棋只为黑白两色，而其中的玄妙仍然不可穷尽。《庄子》说"虚室生白，吉祥止止"。从建筑的角度来说，留白的处理方法既环保又别有韵味。

简洁常常带给人们明晰单纯的美感。简洁的形式，具有爽利干净的审美风格，使人们在认识和把握一个事物的时候充分显示出自身归纳概括的能力。表现在科学上指科学理论、定律和公式的外在形式上的简单与内

1.转引自德拉赛卡《莎士比亚、牛顿和贝多芬——不同的创造模式》，湖南科学技术出版社，第68—69页。

2.李政道《李政道文录》，浙江文艺出版社，1999年版，第198页。

在内容的深广度的有机统一。李政道先生谈道："科学是追求自然界的规律，人类运用思维发现并归纳先（外）于人类存在而存在的规律，去把它抽象和正确地表达出来，这是人的创造力；假如归纳的方法最简单，影响和表述自然的现象越广泛，从而作为自然界的一部分的人类的推行和改变也就越巨大，科学也就越深刻。"[2]

牛顿的万有引力公式表明，非常复杂的天体运转现象，可以由准确的数学语言非常简洁地描述出来，难怪开普勒说："数学是美的原型"。在物理学界，也是由一系列精准的方程式来做理论构架。比如牛顿的运动方程，海森堡方程，狄拉克方程等。杨振宁先生在表达科学的简洁美时曾用"一砂一世界，一花一天国"来形容。确实，以有限把握无限，以刹那凝定永恒，科学何尝不是美妙的享受呢。

◆ 二、科学与情感

科学是诉诸理性的，科学活动中有情感的地位吗？知之者不如好之者，好之者不如乐之者。情感上的满足是学习知识的较高境界。如果没有热爱，科学的探索之途是走不长的，谁肯为它废寝忘食，上下求索呢？

2001年，美国电影《美丽心灵》讲了1994年诺贝尔经济奖得主约翰·纳什（JOHN F.NASH）(1928—　)的故事。其中我们可以看到一位数学家的艺术家的感情。纳什会痴迷于穿透玻璃酒杯的阳光的美妙变化，会

大碗岛的星期天下午 修拉 1884—1886年 布面油彩 205.7厘米×305.8厘米 芝加哥艺术学院

与爱人在对话时讨论上帝是不是一位绝妙的画家。一往情深，是艺术创作的灵魂，也是科学道路上的动力。

科学理论的情感性还体现在科学的用词上。1930年，瑞典化学家塞夫斯德朗从一种砂子中提炼出一种稀有金属，他把它命名为"钒"，是该国民间传说中的一位女神。化学元素中，氮的希腊语含义指"不实际的"，铁来源于拉丁语"堡垒"，金的渊源则是拉丁语"朝霞"。更有诗意的是，杨振宁先生文学造诣不凡，他形容狄拉克的文章是"秋水文章不染尘"，具有"性灵出万象，风骨超常伦"的审美风格。

圣维克多山 塞尚 法国 油画 19世纪

西方启蒙运动之初，人们津津乐道于自然科学、技术将人类带出了蒙昧状态。工具理性代替了神成了新时代的主宰。但科学毕竟不是看待世界的唯一方法，它有它的局限。相对论告诉人们没有绝对的真理，测不准理论质疑了科学工具的精确性，模糊理论把我们重新带回神秘的感性世界。这些科学理论承认了科学的不足，也显示了科学背后的美学秘密。沙利文说得好："没有规律的事实是索然无味的，没有理论的规律充其量只有实用意义，所以我们可以发现，科学家的动机从开始就显示出是一种美学的冲动……科学在艺术上不足的程度，恰好是科学上不完善的程度。"[1]

1.转引自德拉赛卡《莎士比亚、牛顿和贝多芬——不同的创造模式》，湖南科学技术出版社，1996年版，第68—69页。

第六章 审美过程

·· 概述

　　审美过程是审美活动发生的过程，是审美心理活动的过程。在美学史上，美学家们常常用"美感"、"审美意识"、"审美情感"等范畴来表示审美心理的基本课题。但是，这些范畴都容易把审美心理过程的动态特征名词化，从而遮蔽了审美过程实际上是一系列心理活动的动态事件，是在不断变化运动的。因此，本章用"审美感兴"这个概念作为核心来描述和考察审美过程。

▶ 第一节　什么是审美感兴

　　"感"和"兴"作为两个分开的词，当然是早就有了的，但"感""兴"连起来，最早可以追溯至唐代，如《文镜秘府论》中有"感兴势者，人心至感，必有应设，物色万象，爽然有如感会"，王昌龄《诗格》中有"起首入兴体十四：一曰感兴入兴"，著名唐代诗人李白也有以"感兴"为题的诗。

　　所谓"感"，首先指的是人体对外界的各种感觉。人有五种感觉，即视觉、听觉、味觉、嗅觉和肤觉，而肤觉也常被称为触觉。视觉负责各种色彩和形状的感知，如色彩的红、橙、黄、绿、青、蓝、紫和形状的各各不同；听觉负责各种声音的感知，如声音的长短、高低、强弱和各种音色的变化；味觉负责各种味道，如酸、甜、苦、辣、咸、鲜等；嗅觉负责各种气味的感知，如花草的芬芳、雷雨过后空气的清新等；肤觉负责各种触感，如冷、热、硬、软等。"感"另外一层意思

韩熙载夜宴图局部　五代　顾闳中　绢本设色　纵28.7厘米　横335.5厘米　北京故宫博物院

舞蹈纹彩陶盆 新石器时期 彩绘陶盆 盆高14厘米 腹径29厘米
底径10厘米 中国历史博物馆

是心有所动，"感者，动人心也"，感与"撼"相通。这种心有所动是人的生理所感知到的东西直接引起人的某种心理反应，这其中没有大脑的进一步理解，是不必以大脑的理解作为中介，由外界的色、形、声、味、温、力所产生的直接情感反应。

所谓"兴"，就是人在接受外界各种刺激之后所作出的一定的反应，这就是"感于物而动"。这种"动"要表现出一定的行为方式，或形之于色，或发之于声，更有甚者，"言之不足，故嗟叹之；嗟叹之不足，故咏歌之；咏歌之不足，故不知手之舞之足之蹈之"。所以"兴"首先是直承"感"而来的人的发抒行为和发抒方式，以及由这种发抒行为和发抒方式所带来的精神愉悦，所谓的"兴，起也"，"举也"，"动也"，"悦也"，"情往似赠，兴来如答"，都可以作这种理解。每当人"感于物而动"且又对应之以一定的行为方式的时候，人就会沉浸于这种行为方式之中，这种行为也就成了自我体验的对象，于是又产生了"兴"的另外一层含义，即主体的自我体验。这种自我体验实际上是被自己所感动，被自己的行为和行为方式所感动，所谓的"自我陶醉"就是这个意思。

在人类还处在"结绳记事"没有语言文字或者语言文字还很不发达的时代，人类感受到的东西无法说出来，便形之于肢体行为或者大喊大叫，一旦有了语言文字，人类就可以通过语言文字来进行表情达意。但人类感受到的东西总是会比语言文字所能表达的更多，这正如陆机所说的"意不称物，文不逮意"。另一方面，艺术以感性的完整形式所表达的东西往往又能比语言所要努力说出的东西多得多。所以，"兴"作为一种艺术的表达方式，又会具有审美直觉的含义，它不仅与情感相关，而且与直觉相关。

从以上看出，"感兴"不是简单的、被动地接受，而是一种感性的直接性，是人的精神在总体上的感发与兴发，是人的生命力和创造力的显现和表达，是人的感性的充实和完满，是人的精神的自由和解放。

审美感兴的诞生是以人类诞生为前提的。人自身是由劳动创造的，既以动物性本能为基础，又超越了动物。工具的制造和使用是人区别于动物的开始，也是美感的开始。人的生存和生殖本能随着工具的制造与使用而升华、进化，进而超越了动物本能。

舞蹈 马蒂斯 1910年 布面油彩 391厘米×260厘米 圣彼得堡阿尔塔米什博物馆

模拟动物为美、反感祖先的形象（超越动物）、包含着超自然的精神和朦胧。总之，审美感兴的历史起源是和人类的社会实践紧密相联的。首先，审美感兴是适应了人类社会实践需要，在工具的制造和使用中产生的。工具分清了人和自然、主观和客观，从而产生出反映客观世界的主观的心理活动。其次，审美感兴不同于一般的实践活动，它不需要改变客观对象，不必满足我们的实际需要，仅仅是欣赏一种多形式的组合形象，仅仅是一种精神上的满足。再次，随着人类实践活动的不断扩大和发展，审美感兴也会不断地扩大和发展。审美感兴有一个起点，却没有终点。

审美感兴是由心与物（人与世界）相遇的那一刹那不知缘起的感动，继而达到一种感性的极端兴奋，以至于审美主体在对象的感性外观上流连往返，似乎直观到一个独特的整体（意象），呈现出某种意蕴，并伴随着强烈的情感运动。这个被审美欣赏活动创造出来的"世界"，便是"意象"。比如"在风和日暖的时节，眼前尽是蕉红柳绿，你对着这灿烂浓郁的世界，心旷神怡，忘怀一切，时而觉得某一株花在带着阳光微笑，时而注意到某一只鸟的歌声格外清脆，心中恍然若有所悟。有时夕阳还未西下，你躺在海滨的一个崖石上，看着海面上金黄色的落晖被微风荡漾成无数的细鳞，在那里悠悠蠕动。对面的青山在蜿蜒起伏，仿佛也和你一样领略晚兴。一阵凉风吹过，才把你猛然从梦境中惊醒。'万物静观皆自得，四时佳兴与人同'"[1]。

▶ 第二节　审美感兴的三个阶段

审美感兴是一个包含许多因素的复杂系统和动态过程，孤立地抓住其中的个别因素或若干因素进行研究，并不能从整体上揭示它的真正奥秘。因此，我们尝试着把审美感兴作为一个完整的心理体验过程，在动态中展开对它的探讨。

我们认为，审美感兴作为一个完整的动态的过程，可以分为三个阶段：准备阶段——兴发阶段——延续阶段。首先是审美准备阶段。这个阶段包括审美注意和审美期待两种心理活动，这两种心理活动集中反映在主体的审美态度和审美距离上（审美态度在前已述，这里不再叙述）。其次

1.《朱光潜全集》第1卷，安徽教育出版社1987年版，第205页。

是审美兴发阶段。这是审美欣赏的高潮。这个阶段包括审美情感、审美知觉、审美想象及审美领悟等互相渗透的心理活动，这些心理活动集中反映在兴发过程的"心物互融"上，即大致相当于中国美学上的"感会"说或西方美学上的"移情"说。最后，是审美延续阶段，即审美高潮退了以后，这种情感并不会立即消失，它往往会在一种非常特殊的心理状态中持续一个时期。这个阶段主要包含审美领悟和审美创造等心理活动。

◆ 一、审美距离

　　距离说是瑞士心理学家和美学家布洛提出来的。他所说的距离指的是事物与人的实际利害关系之间的分离。美的事物往往有一点"遥远"，只有当事物脱离与日常生活的联系时，人对它的审美态度才会产生。

　　距离产生美。朱光潜先生曾说："同是一棵树，看它的正身本极平凡。看它的倒影却带有几分另一世界的色彩。我平时又欢喜看烟雾朦胧的远树，大雪笼盖的世界和更深夜静的月景。本来是习见不奇的东西，让雾、雪、月盖上一层白纱便见得很美丽。"[1]为什么树的倒影比它的正身美呢？因为树的正身是实用世界中的一个片段，它容易使人想起实用上的意义，比如避风乘凉或者盖房或者烧火。而树的倒影是幻境的，与实际人生没有关联。我们一看到它，就立即注意到它的轮廓、颜色和线纹等，好比看一幅画一样。

　　古代女诗人郭六芳有一首诗《舟还长沙》：

　　　　侬家家住两湖东，十二珠帘夕阳红。

　　　　今日忽从江上望，始知家在画图中。

　　诗人平日生活在家里，没有能够感受到家的美。因为家里的环境她太熟悉了，习见的东西都变成了实用的工具。这间房子是卧室，那张桌子是餐桌，注意力不能专心致志地去看房子、桌子是什么样子，而迁想到别的意义上去。一旦和实用的意义拉开了距离，从远处看，才发现在红色的夕照下，十二珠帘光辉闪烁，原来家在画图中，融汇在自然的一片美的形象里。

北齐校书图 北齐 绢本设色 美国波士顿美术馆

　　因此，烟云、细雨、薄雾、月色、帘幕、疏篱等总有一种美的意味。拿帘来说，它在中国古代建筑中具有独特的审美作用，它能营造出一种距离感。中国古典诗词中有不少涉及到帘的佳句，如："帘卷西风，人比黄

驯养牲畜 旧石器时代中期 西班牙列文特岩画

花瘦"，"垂帘不卷留香住"，"珠帘暮卷西山雨"等。这些都赋予帘以超凡绝俗的诗情画意，帘的形象和由帘引起的遐想令人销魂。帘后美人，帘底纤足，帘掩美人，帘卷西风，隔帘双燕，掀帘出台，等等，没有一件不叫人遐想，引人入画。

以上所说的是空间距离产生美，此外，时间距离也能产生美。如西汉时，卓文君不守寡而私奔司马相如，在当时的人看来，卓文君失节是一件丑行，我们现在却把这段情史传为佳话。唐朝诗人李贺在《咏怀》诗中写道："长卿怀茂陵，绿草垂石井。弹琴看文君，春风吹鬓影。"在春风的吹拂下，卓文君美丽的鬓影轻轻晃动。这是多美的一幅画！"它们在当时和实际人生的距离太近，到现在则和实际人生距离较远了，好比经过一些年代的老酒，已失去它原来的辣性，只留下纯淡的滋味。"[2]

有些人只看重实际功利的需要，不能站在适当的距离之外看人生，不能聚精会神地观赏事物本身的形象，于是这丰富的世界，除了饮食男女的实用目的外，便了无生趣。所以，"美和实际人生总有一个距离，要见出事物本身的美，须把它摆到适当的距离之外去看。"[3]

从西方美学史上看，距离说起源于审美不涉利害的理论。所谓审美不涉利害，就是说审美与功利、欲念无关。18世纪的英国美学家博克在《论崇高与美两种观念的根源》中使用了"距离"这个术语。德国美学家康德对这一理论作了著名的阐述。他区分了美感和快感。一般快感都要涉及利害计较，都只是欲念的满足，如渴了喝水，饿了吃饭等。这时候主体只关心对象的存在而不关心它的形式。而美感不涉及利害计较，不是欲念的满足，这时候主体只关心对象的形式而不关心它实际的存在。康德认为，美感是"唯一的独特的一种不计较利害的自由的快感"。20世纪初期的王国维接受了康德关于审美不涉利害的观点，反对文学艺术"以惩劝为旨"和"为道德政治之手段"，应该具有纯粹审美的目的。

1.《朱光潜全集》第2卷，第14页。

2.《朱光潜全集》第1卷，第17页。

3.《朱光潜全集》第1卷，第15页。

审美主体和审美客体要保持距离，这种距离不能不及，也不能太过，这是一种适当的距离，即不即不离。距离不及，容易和实用功利相联；距离太过，又使人不能欣赏和理解对象。距离使

匡庐图 五代 荆浩 绢本水墨 纵185.8厘米 横106.8厘米 台北故宫博物院

主体和客体在实用功利方面相分离，然而另一方面，在审美活动中，客体最能打动主体情感，主体往往与客体融为一体，两者在情感上距离又最近。这种情况被称为"距离的矛盾"。

◆ 二、"感会"说

审美欣赏中的"感会"（陆机《文赋》中所说的"应感之会"），中国古代美学中又称为"会心"、"应目会心"等等，指的是审美主体与审美客体之间心物两契，产生情感上的共鸣状态。这大体相当于西方美学中的审美"移情"。但审美移情是作为一种完整的美学理论提出来的，包含着美及美感等方面的广泛内容，而"感会"说则仅仅指审美欣赏中的一种心理活动，一种物我相融的情感愉悦和精神自由的状态。所以这里我们还是分开述之。

早春图 北宋 郭熙 绢本水墨 纵158.3厘米 横108.6厘米 台北故宫博物院

首先，让我们来举个例子，宋祁的词《玉楼春》有一名句："红杏枝头春意闹"。清代著名戏曲家李渔在其《笠翁余集》卷八《窥词管见》中则别抒己见，加以嘲笑："此语殊难著解。争斗有声之谓'闹'；桃李'争春'则有之，红杏'闹春'，余实未之见也。'闹'字可用，则'吵'字、'斗'字、'打'字皆可用矣！"现在我们都知道，这里的"闹"字用得好，王国维说："着一'闹'字，而境界全出。"这就是外物有了人的思想感情。《庄子·秋水》篇中讲了这样一个故事：

> 庄子与惠子游于濠梁之上。
>
> 庄子曰："鯈鱼出游从容，是鱼乐也！"
>
> 惠子曰："子非鱼，安知鱼之乐？"
>
> 庄子曰："子非我，安知我不知鱼之乐？"

浔阳琵琶图 仇英 明代 绢本设色

庄子不是鱼，但是他根据自己"出游从容"的经验，推己及物，设身处地地认为鯈鱼（白条鱼）很快乐。鱼是否能像人一样快乐，这没有人能给出答案。庄子拿"乐"来形容鱼的心境，其实不过是把自己"乐"的心境投射到鱼身上而也。

另外如常建的《江上琴兴》也很好地说明了审美欣赏中的"通感"、共鸣：

> 江上调玉琴，　一弦清一心。
>
> 泠泠七弦遍，　万木澄幽阴。
>
> 能使江月白，　又令江水深。

始知梧桐枝， 可以徽黄金。

冷泠的琴声，非但可以清心，而且能令江上的一切自然景物都产生感应，诗人的心灵，和着宇宙的节律，共同奏响一曲恬淡、静穆而略显凄清的乐曲。在《宋书·隐逸传》里记载了我国山水画的开创者宗炳的一则故事："（宗炳）以疾还江陵，叹曰：'老病俱至，名山恐难遍游，惟当澄怀观道，卧以游之。'凡所游履，皆图之于室，谓人曰：'抚琴动操，欲令众山皆响！'"

宗炳所说的"澄怀"，即前述的"虚静"的审美态度；而他所说的"观道"，则涉及我国古代"天人感应"的哲学思想。这一思想的理论前提是：万物皆有生命，有意、神、气、性等；万物的生命运动，可以同人的情意活动相契合，使人领悟到天地自然的某种永恒的"道"。这是原始巫术思想的产物。宗炳认为，自己抚琴时，图画中的山水能与琴音通感共鸣而融为一体，从而体悟到宇宙万物的生命秩序或生命活力，即"道"，从中获得莫大的审美愉悦。

审美欣赏中的"通感"、共鸣，意味着审美主体体验到"物我两忘"、"身与物化"、"天地与我并生，万物与我合一"的最高审美境界。庄子在《齐物论》中记载了庄子梦蝶的故事，提出"物化"一语，就是这种物我两融、我与万物化为一体的心理境界。这是精神上的大解脱、大超越、大自由，这时审美主体感到天地间的浩气充满胸间，似乎与造物主神游天外。如陶渊明体验的"此中有真意，欲辨已忘言"，王维的"行到水穷处，坐看云起时"等等。

荷花鸳鸯图 明 陈洪绶 绢本设色 纵184厘米 横99厘米

◆ 三、移情说

所谓移情，就是我们把自己的情感移置于外物身上，于是觉得外物也有了同样的情感。用朱光潜先生的话说就是："它就是人在观察外界事物时，设身处在事物的境地，把原来没有生命的东西看成有生命的东西，仿佛它也有感觉、思想、情感、意志和活动，同时，人自己也受到对事物的这种错觉的影响，多少和事物发生同情和共鸣。"[1]

1.朱光潜：《西方美学史》下卷，人民文学出版社1979年版，第597页。

在西方美学史上，移情说最著名的代表是19世纪德国心理学家立普斯。不过，古代美学家早就注意到移情现象。如亚里士多德在其《修辞学》中指出，荷马常常把无生命的东西说成是有生命的东西，比如"那些无耻的石头又滚回平原"，"矛头兴高采烈地闯进他的胸膛"。石头、矛头这些没有生命的死物，在荷马的笔下成了有生命、有情感的活物，这是因为它们被移入了感情。这是原始巫术活动中在构建它们生命世界的方式在审美活动中的凝结。

比立普斯稍早的德国哲学家洛兹虽然没有使用过移情的术语，但他用非常清晰的语言说明了移情的两个主要特征，即把人的生命移置到物和把物的生命移置到人。

立普斯提出了比较系统的"移情"说。在说明移情作用时，他所举的例子就是希腊建筑中的多立克石柱。多立克石柱是希腊三种主要的建筑柱式之一。圆柱下粗上细，柱身刻有凹凸相间的纵向槽纹，直立于基座之上。立普斯认为，人如果从纵向看，下粗上细的柱身和柱身上凹凸的纵向槽纹，使人感到石柱耸立上腾。如果从横向看，它抵抗着建筑物顶部的重量压力，仿佛凝成整体。因此，无论"耸立上腾"还是"凝成整体"，都是观察者设身处地的体验，都是将自我的情感投射到石柱上去的结果。

当然，立普斯所说的移情作用，是审美的移情作用而不是实用的移情作用。我们看见一个人笑，自己也喜悦，也有笑的倾向，这是实用的移情作用。而审美的移情作用的特征表现在三个方面：1. 审美的对象不是对象的实体，而是对象的形象。以庄子所说的鱼为例，使我们产生审美移情作用的不是鱼存在的实体，而是鱼在水里从容自由的游动形象。由于庄子的移情作用，这种形象成了自由的快乐。2. 审美主体不是实用的主体，而是观照的自我。主体对对象的欣赏其实也就是对自我的欣赏。3. 主体和对象的关系不是对立的关系，而是统一的关系，是物我混融的关系。

移情现象普遍地存在于自然美的欣赏中。"大地山河都是死板的东西，我们往往觉得它们有情感，有生命，有动作，这都是移情作用的结果。比如云何尝能飞？泉何尝能跃？我们却常说云飞泉跃。山何尝能鸣？谷何尝能应？我们却常说山鸣谷应。"[1]"自己在欢喜时，大地山河都在扬眉带笑；自己悲伤时，风云花鸟都在叹气凝愁。惜别时蜡烛可以垂泪，兴到时青山亦觉点头。柳絮有时'轻狂'（贺铸《青玉案·题横塘路》："一川烟草，满城风絮，梅子黄时雨"），晚峰有时'清苦'（姜夔"数峰清苦，商略黄昏雨"）。陶渊明何以爱菊呢？因为他在傲霜残枝中见出孤臣的劲节；林和靖（即宋初诗人林逋（bū））何以爱梅呢？（《梅花》："众芳摇落独喧妍，占尽风情向小园。疏影横斜水清浅，暗香浮动

1.《朱光潜全集》第1卷，第236—237页。

2.《朱光潜全集》第2卷，第22页。

3.《朱光潜全集》第3卷，第372—373页。

月黄昏"之诗句）因为他在暗香疏影中见出隐者的高标。"[2]

移情现象同样普遍存在于艺术的创造和欣赏中。如中国书法是线条的艺术，横、直、点、竖等笔画原本是墨涂的痕迹，然而我们却在中国书法中见出"骨力"、"气势"、"神韵"，原因就在于中国书法表现了作者的性格和情趣。看颜真卿的字，仿佛对着巍峨的高峰；看赵孟頫的字时，仿佛对着临风浩荡的柳条等。在西方美学史上，还有两种理论是用来说明移情作用的，一种是格式塔同形同构说（格式塔：是德语Gestalt的音译，含有"完形"、"整体"的意义，所以，格式塔理论又叫完形理论），它开始于20世纪初的德国，但最主要的代表是美国的美学家阿恩海姆，其代表作是《艺术与视知觉》。他认为万物是力的作用的结果，而人的内在的情感活动也受到力的支配。如果外物中展示的力的样式和人的心理中展示的力的样式相类似，换言之，就是外物的运动和形状同人的心理生理同形同构，那么，外物就能引起人的相应的情感活动。即人不是把自己的感情移置到外物上，而是外物的运动和形状本身与人的心理具有同形同构的关系，其本身就表现了某种人类的感情。移情说与同形同构说的根本区别在于：在主体和客体的关系中，移情说更重视主体，而同形同构说更重视客体。

还有一种理论是内摹仿说。它的主要代表是19世纪德国心理学家和美学家谷鲁斯。他举例说：例如一个人看跑马，他就不知不觉地摹仿马的跑动，似乎要站立起来，当然这时真正的摹仿不能实现，他不愿意放弃座位，而且有许多其他理由不能跟着马跑，所以他心领神会地摹仿马的跑动，享受这种内摹仿的快感。谷鲁斯认为这就是一种最简单、最基本也最纯粹的审美欣赏。还有如你欣赏高山时也不知不觉地肃然起敬，挺起腰杆，仿佛在摹仿山的那雄伟峭拔的神气。你在欣赏花瓶时，仿佛自身变成了一只花瓶。如"读'西风残照，汉家陵阙'，我们觉得气象伟大，似乎要抬头，耸立肩膀，张开胸膛，暂时停止呼吸去领略它。读'一川烟草，满城风絮，梅子黄时雨'，我们觉得情景凄迷，似乎要眯着眼睛用手撑着腮，打一点寒颤去领略它。读'疏影横斜水清浅，暗香浮动月黄昏'，我们觉得神韵清幽，似乎要轻步徘徊，仰视俯瞻，处处都觉得很闲适。"[3]那么，内摹仿说与移情的主要区别在哪呢？从总的方面说，移情作用侧重于由我及物的方面，而内摹仿则侧重于由物及我的方面。

墨葡萄图 明 徐渭 纸本水墨 纵116.4厘米 横64.3厘米 北京故宫博物院

星夜 梵高 1889年 布面油彩 73.5厘米×92厘米 纽约现代艺术博物馆

◆ 四、审美领悟和审美创造

所谓审美领悟，是指在审美活动中，主体在与对象的互相融合互相贯通后，对客体某一方面所包含的意蕴有直接的、整体的把握和领会，或者说是直观到客体某一方面所包含的意蕴。审美创造就是指在审美欣赏过程中，审美主体获得的美感并不一定是重演作者的感受和体验，而是由自己的审美再创造。因为艺术作品的内容不可能像从一个水罐倒进另一个水罐的水那样，从艺术作品转移到欣赏者的头脑中。它是由欣赏者本人的再现和再造。当然这种再现和再造是根据艺术作品本身所给予的方向进行，但是最终结果取决于读者精神的和智力的活动。这种活动就是创造。

苏轼（《书晁之所藏与可画竹》）曾说："其身与竹化，无穷出清新。""身与竹化"，是指审美主体在对象（竹子）的生命中达到超然忘我的境界，然后有审美领悟和创造，即"无穷出清新"。古人登高临远时往往悲从中来，就是因为面对一片广远茫茫时，形神俱往，将自我融于天地宇宙之中，同时，又想到宇宙浩瀚无穷、历史绵延不绝，可个体却是沧海一粟，人生苦短、功业难成，不禁悲从中来。我们不由得想到了初唐诗人陈子昂，他可以说写尽了中国士大夫那登高望远时惆怅的审美领悟："前不见古人，后不见来者，念天地之悠悠，独怆然而涕下！"但杜甫的登高则另有一番志趣："会当凌绝顶，一览众山小。"这真是山登绝顶我为峰的意气风发和凌云壮志。

万壑松风图 宋 李唐 绢本双拼 纵188.7厘米 横139.8厘米

接受美学的代表人物尧斯在《文学史作为文学理论的挑战》一文中指出："在作家、作品和读者的三角关系中，后者并不是被动的因素，不是单纯作反应的环节，他本身便是一种创造历史的力量。"尧斯举了法国同时问世的两部文学作品为例：一部是费陀的《芬妮》，刚出版时红极一时，一年中重印13次，可是很快就无人问津；另一部是福楼拜的《包法利夫人》，开始只在很

华山图局部 明 王履 纸本设色 纵34.6厘米 横50.6厘米 北京故宫博物院、上海博物馆等

快乐女神游乐场的酒吧 马奈 1881—1882年 96厘米×130厘米 伦敦科特尔德艺术研究中心

小的读者圈内流行，可是后来赢得越来越多的读者，最终成为世界文学名著。因此，艺术作品的价值和意义不仅是作者赋予的和作品本身所具有的，而且也是读者欣赏所增补的。

接受美学的另一位代表人物伊瑟尔认为，艺术作品只有在欣赏过程中才能成为真正的审美对象。在没有被欣赏之前，艺术作品只是一种物质存在，如画布上的色彩和线条，书上的印刷符号。为此，伊瑟尔提出了艺术作品的新概念。艺术作品在被欣赏之前还不是艺术作品，而只是艺术本文。艺术本文只有和欣赏者结合才形成艺术作品。艺术欣赏不仅挖掘艺术本文的客观意义，而且调动欣赏者的能动性和创造性。

▶ 第三节　审美感兴过程的特点

◆ 一、审美感兴的无功利性

功利性本来是指运用某些工具和手段以达到某种目的的活动所具有的特性，这些活动的主体以满足一定的主观欲望、取得一定的实际利益为其目的。审美感兴的无功利性，就是指审美主体暂时放弃对审美客体的实用功利考虑，相对于对象形式进行非功利性的观照。审美感兴的无功利性意味着：任何一个对象成其为审美对象，它就必定是当下脱离了实际功利的东西；审美主体之所谓审美心胸，就是用非实用功利而不是实用功利的眼光来观照对象。

关于审美感兴的无功利性，中外美学史上都有许多明确的表述。在中国，老子就已提及审美是无功利要求的，他反对过分贪恋色、声、味等而落入功利性的羁绊之中，要求人们能"涤除玄鉴"，也就是在保持内心纯净的前提下

梅石溪凫图 马远

卢昂的教堂 莫奈 1893年 布面油彩 106厘米×74厘米 巴黎奥赛博物馆

观道、审美。庄子提出"心斋"、"坐忘"、"乘物以游心"以臻于自由自在的审美境界。禅宗提出"无念为宗"的思想，其法理是因行者必须破除分别我执、法执，俱生我执、法执，始能实契"无念为宗"，此时"真如自性起念"属于无我之念，而非凡夫妄念。苏东坡主张"不可留意于物"而应"游于物之外"。王国维则有"出乎其外"、"轻视外物"等说法。在西方，关于审美感兴的无功利性的论说也源远流长。如托马斯·阿奎那说："美在本质上是非关欲念的。"康德更是认为，"美是无一切利害关系的愉快的对象"，"我们必须对事物的实存没有丝毫倾向性，而是在这方面完全抱无所谓的态度，以便在鉴赏的事情中担任评判员"。

事实证明，摆脱了实用功利性束缚的审美感兴可以使人暂时忘却乃至在很大程度上解除劳苦之感，从而进入一种自由的精神境界之中。审美感兴是一种精神性的活动，它所追求的是永恒的价值而不是实际的利益，它所满足的不是浅表的物质性需求，而是深刻的精神性需求，它所产生的作用及其效果因而是长久的。

◆ 二、审美感兴的直觉性

直觉性是审美感兴的一个重要特征，它是不经过严密的逻辑思维而直接认识事物或现象的本质规律的思维活动，是直接的洞察、迅速的理解和瞬间的判断。审美感兴的直觉性有如下的特点：

1. 直接性和瞬间性。在审美感兴中，审美主体调动自己的全部经验，通过丰富的想象对审美对象进行整体性把握，迅速地做出判断。它不是通过概念、判断、推理等逻辑方式一步步地分析、归纳和总结出来的，而是通过顿悟的方式，依循于事物的感性形式而捕捉到事物的意蕴。

圣拉扎尔火车站 莫奈 1877年 布面油彩 59.7厘米×104厘米 巴黎奥赛美术馆

有乌鸦的麦田 梵·高 1890年 布面油彩 50.5厘米×100.5厘米 阿姆斯特丹梵·高美术馆

2. 情感性和自由性。审美对象是浸染了人的情感的存在物，在审美感兴中，审美主体以充满着情感的心灵，以自己的人生体验以及文化积累去感受审美对象的形式从而把握其意蕴。在主体的审美感兴过程中，主体和客体达到了全方位的沟通，原本潜藏于主体内心深处的某种记忆被激活了，或某种心绪被触动了，或某种意趣被强化了，主体从而得到畅快淋漓的情感释放。

3. 整体性和模糊性。审美感兴的直觉不是对事物的分散的、局部的、片面的、细节上的细推慢敲，而是对对象的整体地瞬间把握。它具有无意识性，因而其穿透力难以估量；它无法用明晰的语言准确无遗地表达出来，或者说，任何语言表达都只是近似的，与审美直觉本身有距离，所以具有相当的模糊性。只有在审美感兴的直觉中，感性世界才能保持它的全部丰富性和多样性，才能充分显示出它的诗意的光辉。

◆ 三、审美感兴的创造性

审美感兴无论从动力、过程还是结果来看，它都趋向于新形式、新意蕴的发现与创造，更难得的是审美感兴的结果总是不可重复的"这一个"，具有唯一性和一次性，所以审美感兴具有创造性。

审美感兴的创造性首先表现在审美感兴是对感性世界的发现。以海德格尔的观点看，发现就是从"大地"让"世界"呈现，为之赋予意义。审美感兴所把握的不是概念，不是逻辑，而是一个感性的世界，而且这个感性的世界决不是对原先已有的某种东西的简单复制，它是真正名副其实的发现。"烟光凝而暮山紫"，王勃发现了夕阳光照下烟雾缭绕的江南群山是紫色的。莫奈发现了伦敦的雾

奴隶船 透纳 1840年 布面油彩 91厘米×138厘米 波士顿美术馆

是紫红色的，而在莫奈之前，生活在伦敦的成千上万的人谁也没有发现这种紫红色的雾。所以，审美感兴就是对感性世界的发现，而这种发现就是一种创造。正如卡西尔所说："如果艺术是享受的话，它不是对事物的享受，而是对形式的享受。喜爱形式是完全不同于喜爱事物或感性印象的。形式不可能只是被印到我们的心灵上，我们必须创造它们才能感受到它们的美。"这就是说，审美感兴对于感性世界的发现，本质上就是一种创造。

审美感兴的创造性，从更深一层来说，就在于审美感兴创造了一个独特的东西——审美意象。审美想象是在审美想象中诞生的，因而审美想象最能体现审美感兴的创造性。审美想象往往并不离开当前的知觉对象，但是审美想象最终创造完成的审美意象不会与眼前的知觉对象相等同，它们总会有某种程度的"似与不似"的对应关系。

◆ 四、审美感兴的超越性

人的个体生命是有限的、暂时性的存在，但人在精神上却有一种趋向无限、趋向永恒的要求，所以人是具有超越愿望的。正因为人处在生命有限的必然性和无限自由的意志矛盾之中，这样的悲剧性使得人希望获得超越。中国古代艺术家都在审美活动中追求一种天人合一的境界，就是要把人的个体生命投身于无限的宇宙之中，从而超越个体生命存在的有限性和暂时性。

审美感兴的超越性与宗教体验的超越性很相似，因为它们都是对个体生命的狭隘的存在时空和有限意义的超越，通过皈依一个绝对无限的存在，个体生命意义与永恒存在的意义合为一体，从而达到一种绝对的升华。但是，审美感兴的超越性与宗教的超越性是不一样的。真正的宗教超越是不自由的，因为它首先要受制于一定的宗教仪式，其次它要遵循一定的宗教教义信仰，第三它最后皈依于某个人格神，因而它必然会包含着对神的绝对依赖感。而审美感兴的超越，是真正自由的、积极的超越，可以真正满足人的超越个体生命有限存在的精神需求。

◆ 五、审美感兴的愉悦性

审美感兴的愉悦性是审美感兴最明显的特征，它是我们前面所说的审美感兴的无功利性、直觉性、创造性、超越性所带来的一个特征，所以愉悦性是审美感兴的综合效应或总体效应。

1．审美感兴与生理快感的关系

审美感兴的愉悦与生理快感是不同的，但是它是一种包含有生理快感的精神愉悦，或者说审美愉悦是生理快感和精神愉悦的复合体。但是，审美愉悦产生的生理快感与占有并消耗某个实在对象所引起的生理快感是不同的，因为审美感兴中的生理快感主要依赖视听这两种感官，这两种感官是认知性的感官，所以包含有一定的认知性的因素。另外，审美感兴愉悦中，生理快感并不占主要地位，占主要地位的是精神愉悦。

2．审美愉悦性的情感色调是复杂的，多彩的和丰厚的

审美感兴愉悦不是一种单一的情感色调，它是指人的精神从总体上得到一种感发、兴发，它的情感色调是复杂的，不仅仅有和谐感，也有不和谐感，不仅仅是快感，也有痛感，不仅仅是喜悦，也可能有悲愁。中国古代音乐常常使人悲哀，使人在悲哀中获得审美愉悦，中国古代诗歌也多哀怨之美，所谓"诗可以怨"，所谓"悲歌可以当泣"，明末清初的金圣叹评《水浒传》时常说"骇杀人，乐杀人，奇杀人，妙杀人"，"读之令人心痛，令人快活"，可见审美愉悦并不是某种单一的情感色彩，而是可以包括惊、吓、疑、急、悲、忧等各种情感反应，是一种复杂的心理过程。

3．审美愉悦包括了两个层次：审美意象层和审美意境层

审美感兴所产生的愉悦不但情感色调是复杂的、多彩的和丰厚的，它所包含的层次也不是单一的，它至少包含有两个层次：审美意象层和审美意境层。在审美意象层中，要求主客观之间的交融并行，在物我相融，物我两忘的境界中获得愉悦。审美意境层是更高的层面，在这个层面中，是主体对于象外之境的领悟后获得的超然、平和的高层次愉悦感。后面这一个层次，包含了一种对于人生、历史、宇宙的本体和生命的领悟，中国古典美学称之为"玄鉴"、"朝彻"、"见独"、"观道"，在西方思想家中，尼采称之为"形而上的慰藉"，因为"艺术是生命的最高使命和生命本来的形而上的活动"，马斯洛称之为"高峰体验"，把它描述成一种"属于存在价值的欢悦"，"它有一种凯旋的特性，有时也许具有解脱的性质"。

命运之轮 伯恩·琼斯 1883年 布面油彩
200厘米×100厘米 巴黎奥赛美术馆

第七章 审美范畴

概述···

　　范畴是人的思维对客观事物的普遍本质的概括和反映。各门科学都有自己的一些基本范畴，即共同使用的最普遍、最基本的概念。审美范畴则是指人们在长期审美活动中形成的，帮助人们认识和掌握审美现象的一些最普遍、最基本的种类概念。常见的审美范畴有美感、丑感、优美、崇高、悲剧、喜剧等。它们表征了人们对社会生活中的审美现象的普遍认识。

▶ 第一节　美感与丑感

　　美感与丑感是一对具有相反特征的审美范畴。美感和丑感一样，都是审美感受。所谓审美感受，是指主体在对客体的审美感知过程中出现的一种特殊心理状态。审美感受实际上就是由对象的刺激所引起的一种心理感奋状态。存在于事物身上、名叫"美"或"丑"的东西是不存在的，人们平常所说的事物的"美"或"丑"是指大脑受到形象刺激后产生的一种积极或消极的情感状态。人们之所以看到事物身上有"美"或"丑"是由于人们在审美的时候只注意事物的形象，没注意内心产生的审美感受，当形象伴随审美感受出现在大脑中时，就觉得这种形象与没有激发审美感受的形象有所不同，像是多了件叫"美"或"丑"的事物。下面，我们从几个方面对美感和丑感的特性进行一些阐述。

欧米埃尔　罗丹　1885年　青铜 50厘米×30厘米×27厘米　巴黎罗丹博物馆

◆ 一、美感的特性

　　美感具有形象直觉性。美感是人面对对象时直觉到的一种愉悦。

啼髪图 明代 陈洪绶 纸本设色 105厘米×58.1厘米
重庆市博物馆

蒋孔阳先生在《美学新论》中指出："无论是欣赏自然美或艺术美，我们首先都是在直觉中为对象的形象所征服。"美的事物和现象常以具体可感的、富于感染性的形式、形象直接引起人的美感，美感活动始于对这些形式、形象的直觉并始终不脱离这种生动的直觉，这就是美感的形象直觉性。就如雪花没有洁白的色彩、轻舞飞扬的妙姿，则不能被我们直接感知，不能引起我们生动的体验和美感。

审美欣赏与科学研究不同。科学研究往往从理智上的概念分析人，运用推理、判断等进行逻辑思维，它排斥掉了一切具体的感性材料，直接以抽象的概念、推理和判断的形式表达出来。审美欣赏则不同，它不需要概念，而是直接面对对象，以直觉的方式捕捉和赏玩形象，正是这个形象首先征服了欣赏者，使其得到美感。审美欣赏的心理特征，首先应当是形象的直觉性。所以，美感首先是以直觉的形式发生，这是一种很普遍的现象。

美感的形象直觉性与生理快感也不同。生理快感是物质满足生理感官的需要所引起的舒适、畅快，例如炎热的夏季口渴时，喝一杯清凉的饮料，就会产生舒适凉爽的快感。美感自始至终不能脱离具体的感性形象，是深刻理解了形象的感觉，美感的理性认识以感性形式表现出来。

美感具有精神愉悦性。车尔尼雪夫斯基说过："美感的主要特征是一种赏心悦目的快感。"美感会让人们在精神上产生愉悦。这种精神愉悦，可以是形象、形式的优美、和谐给审美主体感官带来的直接愉悦。早在古希腊，毕达哥拉斯学派就注意到了美感是对象的和谐、多样统一等形式美给审美主体带来的愉悦。亚里士多德则认为美感是"求知"得到满足后的愉悦。

对于美感的精神愉悦性，历史上很多美学家都有过不同的描述和分析。斯宾诺莎认为，美感是美的对象作用于主体神经所产生的一种舒适。缪越陀里把美感规定为主体体验到的快适与喜悦之情。[1]但是，真正把精神性愉悦看成是美感的重要特征的是康德。康德认为美感是主体内心的一种"满意"之情。它和善以及其他感官的快适根本不同。李斯托威尔从精神愉悦性的角度将美感界定为："当一种美感经验给我们带来的是纯粹的、无所不在的、没有混杂的喜悦和没有任何冲突、不和谐和痛的痕迹时，我们就有权称之为美的经验。"[2]现象学的理论代表，德国的莫里茨·盖格尔在其著名著作《艺术的意味》中通过分析一般刺激引起的愉悦和美感状态下的愉悦的区别，更深刻地解释了美感的这种精神愉悦性。他指出，美感

1. 叶朗主编《现代美学体系》，北京大学出版社，1999年版，第222页。

2.《近代美学史评述》，蒋孔阳译，上海译文出版社，1980年版，第238页。

中山出游图 宋 龚开 纸本水墨 纵32.8厘米 横169.5厘米 美国弗利尔美术馆

虽然以愉悦或快乐为表征，但愉悦或快乐并不就是美感本身。日常生活中的愉悦是人们对外界事物刺激的一种情绪性的反应，通常停留在生理性比较明显的感性生命的领域；而美感却是人们对艺术作品的价值的认同、赞赏而出现的一种心境，常出现在精神性比较明显的人格领域；前者比较短暂，后者却持久。美感的精神愉悦性指审美主体在欣赏活动中在精神上所体验到的一种综合了满足感、愉快感、幸福感、和谐感和自由感的感受。

美感具有想象性。美感是一种赏心悦目、怡情悦性的心理状态，是对美的认识、评价和欣赏，渗透着知觉、想象、理解等心理因素。尤其是想象在美感的获得中起着极为关键的作用。梭罗描绘瓦尔登湖："生长在杂草蔓生的林间小路上的香蕨木和木蓝上的露珠会把你下半身打湿。丛生栎的叶子泛着光，好似有液体在上面流过。透过树木看见的小塘像天空一样满是光亮。……你见到月光从森林深处一个个树桩上反射回来，仿佛她在照耀万物时有所选择，她的星星点点的光芒使人想起一种叫做月亮籽的植物——似乎是月亮把它们种在这些地方……"，没有想象和理解，对于梭罗的描绘，你不会产生美感。只有展开丰富的联想和想象，并充分理解梭罗的生活哲学，我们才能够感受到瓦尔登湖的美，才能在梭罗所描绘的平静、自在、坦然、简单而又不苍白的生活中涤荡尽内心的世俗渣滓，获得精神的愉悦。

美感具有社会功利性。美感作为一种特殊的反映形式，是形象的直接性和情感的愉悦性的统一，是有社会功利目的的。美感的功利性是潜伏的，它不同于个人的实用功利。美感需要想象，并通过想象迸发新的美的形象。就如名画《蒙娜丽莎》，人们通过画中人物安详的微笑，可以产生许多美感的想象，从而丰富人们的思想境界，让人在这种想象中感悟到生活的真谛。美感的功利性是无私的和自由的，没有个人的欲望，不受物质利益的束缚和约束，它是精神上的享受，是以一种潜移默化的形式陶冶人的性情，提高人的精神境界。美感是人们对美的感受、体验、观照、欣赏的评价，以及由此而在内心生活中引起的满足感、愉快感和幸福感，外物的形式契合了内心的结构所产生的和谐，暂时摆脱了物质束缚后精神上的自由感。这是人类精神生活中所获得的最高享受，也是人类心灵所达到的最高境界。美感是一种情

1.《近代美学史评述》，蒋孔阳译，上海译文出版社，1980年版，第233页。

感，一种使人精神愉快的、心融意畅的情感。它不单纯是生理欲望的满足，更主要的是精神上的审美需要的满足。当我们欣赏一幅美的油画，一道美丽的风景时，我们感受到精神上的满足和享受，而没有物质上的满足。美感中潜伏着人对美感形象的不自觉的理性认识和思想，体现了人的心理反映和认识，对人的精神世界产生深刻的影响。

◆ 二、化丑为美

丑感的特征和美感不同。丑感是一种让人不愉快、厌恶的心理感觉。德国剧作家施莱格尔认为丑是"恶的令人不愉快的表现"，德国美学家谷鲁斯也说，丑感是高级感官感到不快。不仅如此，丑感并不是像美感那样是一种单纯的感觉，而是一种包含了多种内容的复合感觉。其中也有愉快，但是一种带着苦味的愉快。李斯托威尔就说丑感是"一种混合的感情，一种带有苦味的愉快，一种肯定染上了痛苦色彩的快乐"[1]。

丑和美是可以相互转化的，正如罗丹所说："在自然中一般人所谓丑，在艺术中能变成非常美"，"在艺术中，有性格的作品才算是美的"；"自然中认为丑的，往往要比那认为美的更显露出它的性格，因为内在的真实在愁苦的病容上，在皱蹙秽恶的瘦脸上，在各种畸形和残缺上，比在正常健全的相貌上更加明显地呈现出来"；"在艺术中，只有那些没有性格的，就是说毫不显示外部和内在的真实的作品，才是丑的"。也就是说，在自然界中丑的事物进入艺术描写，经过艺术家富有个性的创造，就能给人带来美感。闻一多《死水》中，那一沟绝望的死水，死水中漂浮的破铜烂铁、剩菜残羹，都是作者对丑的描绘，它带给我们丑感，让我们产生厌恶、绝望之情，同时也给我们带来带着苦味的愉快，让我们发

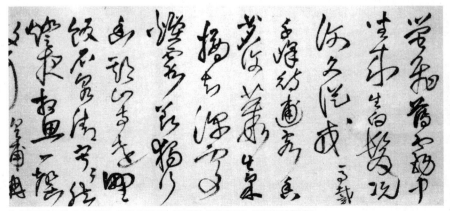

为葆光张老亲翁书（局部） 王铎 1065年 30厘米×364.5厘米 北京故宫博物院

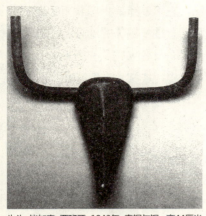

牛头 毕加索 西班牙 1943年 青铜与钢 高44厘米
巴黎毕加索纪念馆

现在诗人尽情地讽刺、诅咒、揶揄背后一种渴望彻底扫荡旧世界的如火的激情和热切的呼唤：呼唤一种光明美好的新生活，呼唤一个充满生机与活力、充满希望正义的新世界。在这种理解中我们获得了一种带着希望的满足感——美感。

美感与丑感作为两种相互对立的审美范畴，表征了审美主体对世界的普遍感受力，从美感向丑感的拓展，也表现了审美主体审美感受能力的发展和完善。既会审美又会审丑，才能看到感性世界丰富多彩的面貌，也才能领悟到世界的深层意蕴。简言之，丑感是属于美学上更广义的美感的，是对美感的拓展和丰富。

▶ 第二节　优美与崇高

◆ 一、美学史上对优美和崇高的探讨

优美的观念是早在古希腊就已经受到人们重视的。古希腊毕达哥拉斯学派从万物最基本的元素——数出发，认为音乐、建筑、雕刻等艺术的美都在于一定的数的和谐。如他们认为形式和谐的圆球形最美，提出"黄金分割"，造型艺术总讲求和谐匀称，讲求明媚窈窕（如各种女神的造像）。赫拉克利特以朴素的辩证法，对美在和谐思想作了补充。他认为，"自然趋向差异对立，协调是从差异对立而不是从类似的东西产生的"，"差异的东西相会合，从不同的因素产生最美的和谐，一切都起于斗争。"

亚里士多德在《政治学》里说：

美与不美，艺术作品与现实事物，分别就在于在美的东西和艺术作品里，原来零散的因素结合成为一体。

有机整体、秩序、匀称、明确是亚里士多德对美的一般形式的归结，这正是一种优美的观念。十八世纪英国美学家荷迦兹着眼于形式，认为蛇形线是最美的。他提出了美的六条原则：适宜、变化、一致、单纯、错杂和量——所有这一切彼此矫正、彼此偶然也约束、共同合作而产生了

图拉真纪念柱 公元110—113年 大理
石雕刻 高4000厘米 罗马图拉真广场

涅菲尔蒂 公元前1360年 高 48厘米
石灰岩 柏林 国立埃及博物馆

美。"[1]荷迦兹所说的美，实际上就是优美。

崇高的概念则直到晚期罗马朗吉努斯（Longinus）才提出，而后遂成为美学上的一个重要范畴和标准。在《论崇高》中，朗吉努斯从修辞学的角度论证了崇高，他说："所谓崇高，不论它在何处出现，总是体现于一种措辞的高妙之中，而最伟大的诗人和散文家得以高出侪辈并在荣誉之殿中获得永久的地位总是因为这一点，而且也只是因为有这一点。"又说："但是一个崇高的思想，如果在恰到好处的场合提出，就会以闪电般的光彩照彻整个问题，而在刹那之间显出雄辩家的全部威力。"[2]

自17—18世纪，优美与崇高成为当时哲学界流行的论题。十八世纪英国美学家爱狄生（Joseph Addison，1672—1719）在《论想象的快乐》一文中将"美、新奇、伟大"作为三项有区别的审美范畴，认为非常大、非常强烈的东西，如一片广阔郊野、荒芜的大沙漠、悬崖峭壁和浩瀚江河等使人产生伟大、崇高感。深受爱狄生的影响，博克(Edmund Burke，1729—1797)明确地将崇高作为一个审美范畴，并把崇高与优美并立起来，从生理学的角度，分析了崇高感和优美感的客观性质、生理心理基础等问题。博克把人的基本情欲分为两类：一类是"自我保存"的情欲，即维持个体生命的本能；一类是"社会生活"的情欲，即要求维持种族生命的生殖以及一般社交愿望和群居的本能。崇高感涉及"自我保存"的情欲。崇高的对象都具有可恐怖性。其感性性质主要是体积的巨大（如海洋）、晦暗（如宗教的神庙）、力量（如猛兽）、空无（如空虚、黑暗、孤寂、静默）、无限（如瀑布的吼声）、壮丽（如星空）等等。博克以为，当这些巨大、无限的事物威临我们，我们的心灵为它们所震慑，在情绪上便表现出恐怖、惊惧、痛苦，"自我保存"的情欲本能随之自然涌起，而这正是崇高感的主要心理基础。崇高感的产生则是一方面我们仿佛面临危险，另一方面这危险又不太紧迫或受到缓和。对实际生命危险的恐怖只能产生痛感，而崇高感则来自恐怖和畏惧的消除，是痛感向快感的转变，是克服了痛感之后的某种程度的愉快。优美则涉及"社会生活"的情欲。优美的原因何在呢？博克以为优美是因为物体具有

1.荷迦兹《美的分析》，《古典文艺理论译丛》第5期，第25页。

2.《文艺理论译丛》1985年第2期，第34页。

春 波提切利 1476—1478年 木板蛋彩 203厘米×314厘米 佛罗伦萨乌菲齐美术馆

这样一种性质：它通过感官的中介作用，引起人的爱或类似爱的情欲，它包括异性间的性欲和一般人与人之间的社交要求。因此优美的事物的性质首先是小，或与小类似的性质，如柔滑、娇弱、明亮等。这样，博克从生理学的观点，将崇高与优美对立起来：

> 崇高是引起惊羡的，它总是在一些巨大的可怕的事物上见出。爱的对象却总是小的、可喜的。

> "爱"所指的是观照任何一个优美的事物时心里所感觉到的那种喜悦。

> 崇高……所引起的情绪是惊惧。在惊惧这种心情中，心的一切活动都由某种程度的恐怖而停顿。……惊惧是崇高的最高效果，次要的效果是欣赏和崇敬。

> （《崇高的与优美的观念之起源的哲学研究》）

随后，康德从哲学高度深刻发展了优美与崇高理论。关于优美与崇高的分野，康德这样界定：

> 崇高的感情和优美的感情，这两种情操都是令人愉悦的，但却是以非常不同的方式。

> 崇高使人感动，优美则使人迷恋。

> 崇高必定是伟大的，而优美却也可以是渺小的。崇高必定是纯朴的，而优美则可以是着意打扮和装饰的。[1]

康德不仅从主体的审美感受上区分了优美和崇高，还指出崇高对象的特征是"无形式"，即对象的形式无规律、无限制或无限大，他说："它们却更多地是在它们的大混乱或极狂野、极不规则的无秩序或荒芜里激引起崇高的观念，只要它们同时让我们见到伟大和力量。"[2]康德又把崇高分为"数学的崇高"和"力学的崇高"，前者指对象的体积和数量无限大，后者表现为一种力量上的无比威力，二者都表现为"无形式"。这种"无形式"，带给主体强烈激动、震荡的审美感受，"对于崇高的愉快不只是含着积极的快乐，更多地是惊叹或崇敬"，是一种"消极的快乐"[3]。但康德又指出，"真正的崇高只能在评判者的心情里寻找，而不是在自然对象里"[4]，这就显现出康德哲学的主观唯心主义倾向。

黑格尔从客观唯心主义出发，认为美是理念的感性显现，崇高则是绝对理念压倒感性形式。美与崇高都以理念为内容，以感性的表现为形式。在美里绝对理念渗透在感性形式里，

贺拉斯兄弟的宣誓 大卫 1784年 布面油彩 330厘米×425厘米 巴黎卢浮宫

成为其生命，使内外两方面互相配合、互相渗透，成为和谐的统一体。崇高却不然，内在理念不能在外在事物里显现，而是溢出事物之外。在这里，黑格尔所谓的美，类似于优美。车尔尼雪夫斯基批判了流行的黑格尔关于崇高的定义，强调了崇高在客观事

卢舍那大佛 唐代 石刻 高1714厘米 河南龙门奉先寺

物本身，而不是观念或"无限"引起的。他认为崇高是"一件事物较之与它相比的一切事物要巨大得多，那便是崇高"，"一件东西在量上大大超过我们拿来和他相比的东西，那便是崇高的东西；一种现象较之我们拿来和它相比的其他现象都强有力得多，那便是崇高的现象"，"更大得多，更强得多——这就是崇高的显著特点"[5]。车尔尼雪夫斯基从客体形式和主体感受上强调了崇高的特征，但忽略了它与人类社会实践的关系。

中国美学史上，尽管没有明确提出"崇高"概念，但有"崧高"、"大"、"雄浑"、"阳刚之美"、"壮美"等众多具有崇高观念的审美范畴。《诗经·大雅·崧高》云："崧高维岳，骏极于天。"再现了中岳嵩山雄伟峥嵘，气势壮阔的崇高美。孔子、孟子用"大"来指称人的崇高。《论语·泰伯》云："大哉！尧之为君也。巍巍乎！唯天为大，唯尧则之。"尧这样的君主，在中国人的心目中，是与天一样伟大、崇高的人物。孟子进一步发展了孔子的"大"美思想。孟子说："充实之谓美，充实而有光辉谓之大。"所谓"充实"，指仁、义、礼、智等道德品质完备，所谓"大"，是指充实的道德品质发扬光大，光辉万丈、气势非凡，这是一种德行上的崇高，它与天地共美："夫天地者，古之所大也，而黄帝，尧，舜之所共美也。"[6]唐代司空图还提出了"雄浑"、"劲健"、"豪放"、"悲慨"、"旷达"等具有崇高特征的审美形态，如"雄浑"：

大用外腓，真体内充。反虚入浑，积健为雄。具备万物，横绝太空。
荒荒油云，寥寥长风。超以象外，得其环中。持之非强，来之无穷。

描绘了雄浑所表征的力量的刚健而进于雄强无限的崇高美。

中国古代优美的观念蕴涵在"和"、"美"、"雅"的思想中。从"和"之中寻找美，一直是中国古代美学的重要思想。早在公元前八百年，郑国史伯就针对当时"去和而取同"的思想提出美在"和"之中的观点。据《国语·郑语》记载，史伯对郑桓公说："夫和实生物，同则不继。以他平他谓之和，……声一无听，物一无文，味一无果，物一无

1．康德《论优美感和崇高感》，何兆武译，商务印书馆，2004年版，第2—4页。
2．康德《判断力批判》，第85页。
3．康德《判断力批判》，第84页。
4．康德《判断力批判》，第95页。
5．《车尔尼雪夫斯基选集》上卷，第18页。
6．《庄子·天道》，转引自《中国美学史资料选编》，上册，第33页。

讲。""和"乃对立因素之辅济，专一则无和谐，无艺术，无审美。晏婴也认为对立面的"相成"、"相济"，配合适中，达到和谐统一才是美，所谓"清浊，大小，长短，疾徐，哀乐，刚柔，迟速，高下，出入，周疏，以相济也。君子听之，以平其心，心平德和"[1]。晏婴所指出的这种感性形式上的对立和谐造成的美，其实就是优美，它具有使欣赏者"心平德和"的美感特征和社会效果。伍举给美下的定义也说明先秦"美"、"和"的观念中蕴涵着优美的意味，他说："夫美也者，上下、内外、小大、远近皆无害也焉，故曰美。"[2]美，既优美，不仅在于对象形式的和谐，还要与主体和谐，即美与善的和谐。司空图《二十四诗品》不仅提出了"雄浑"、"劲健"等具有崇高特征的审美范畴，还提出了"冲淡"、"纤秾"、"典雅"等具有优美意味的审美范畴。其"典雅"品云：

> 玉壶买春，赏雨茅屋。坐中佳士，左右修竹。白云初晴，幽鸟相逐。
> 眠琴绿阴，上有飞瀑。落花无言，人淡如菊。书之岁华，其曰可读。

将优美的秀丽脱俗、韵致天然的韵味描画净尽。

礼器碑 汉代 山东曲阜孔庙

尽管从先秦开始，中国古代美学家不断地提出"美"、"和"、"典雅"、"大"、"雄浑"等众多关涉优美和崇高的范畴，却直到十八世纪，清代桐城派文人姚鼐运用古代阴阳刚柔对立统一的观点，才把复杂多样的美的表现，明确地概括为"阳刚之美"和"阴柔之美"两大类：

> 其得于阳与刚之美者，则其文如霆，如电，如长风之出谷，如崇山峻崖，如决大川，如奔骐骥；其光也，如杲日，如火，如金镠铁；其于人也，如冯高视远，如君而朝万众，如鼓万勇士而战之。其得于阴与柔之美者，则其文如升初日，如清风，如云，如霞，如烟，如幽林曲涧，如沦，如漾，如珠玉之辉，如鸿鹄之鸣而入寥廓；其于人也，漻乎其如叹，邈乎其如有思，煗乎其如喜，愀乎其如悲。[3]

李思训碑 唐代 李邕

从这可以看出中国美学史上对崇高和优美两个范畴的明确认识。关于优美与崇高的分别，王国维是最早介绍并运用这一观念的。他说：

> 美之为物有两种：一曰优美，一曰壮美。
> 优美与壮美之别：今有一物，令人忘利害之关系而玩之不厌者，谓之优美之感情；若其物直接不利于吾人之意志而意志为之破裂，唯有知识冥想其理念者，谓之壮美之感情。[4]

王国维的"壮美"，就是"崇高"。

中外美学史上对崇高和优美的认识，基本描绘出二者的形式、特征和表现，对于我们把握这一对范畴是有意义的。

◆ 二、优美与崇高的对比

从审美客体形式特征上来看，凡能使人感到优美的对象一般具有小巧、柔和、活泼的特点。优美的对象常常可以清新、秀丽、柔媚、娇小、纤巧、精致、幽静、淡雅、轻盈等来形容。自然界中一片鲜花怒放的原野景色、一片溪水蜿蜒、布满牧群的山谷，艺术中荷马对维纳斯的腰束的描述，一幅山水小画、一首抒情短诗，都能给人宁静平和的优美感。

马踏匈奴　西汉　高168厘米　陕西茂陵

崇高的对象常具有压倒一切的强大力量，不可阻遏的强劲的气势，强大的体积，在形式上表现为一种粗犷、激荡、刚健、雄伟的特征，给人以惊心动魄的审美感受。自然的崇高，在于其巨大的体积和力量以及粗犷不羁的形式等，如奔腾的长江，咆哮的黄河，无边无际的大海，黑暗朦胧的夜空等。崇高通过实践作为一种审美现象，在艺术作品中得到最真实、最集中的反映。俄国艾伊凡左夫斯基的画作《九级浪》，展现的是巨浪翻滚的狂怒的海洋，一片混沌的天地，画面中心的一个九级的巨浪，给人以粗犷、激荡、有力和惊心动魄的壮美感，被海浪打翻的帆船显得那么无力和可怜。然而，船上幸存的人聚集在已经倾倒的桅杆上，仍然在顽强地呼喊着，与海浪进行着生死搏斗。这搏斗展现出人的崇高。

而人们严峻、艰苦的社会实践活动中，更鲜明地体现着崇高这一美得更壮丽、更雄伟、更高级的形态。社会实践的主体是人民群众，代表着人民群众利益的先进社会力量和杰出英雄人物，他们反对社会腐朽丑恶势力的斗争绝不会轻易成功，在反复、艰难的斗争中，腐朽、丑恶的力量的强大可能占了优势，正义失败，英雄死亡，革命受挫。但先进社会力量和杰出英雄人物的精神却是崇高的，他能唤起人们更勇敢地斗争。

从审美主体心理特征上来看，优美的对象使人生出优美感。优美感一般具有轻松、和谐、平静、舒畅、温柔等心理特征[5]，是一种心旷神怡的审美愉悦。崇高感一般具有痛苦、恐惧、危险等心理特征，是一种庄严、宏伟的美。

优美作为美学范畴在形式上常表现为和谐、平静稳定、统一的状态，

1.《左传·昭公二十年》，转引自《中国美学史资料选编》，上册，第4页。

2.《国语·楚语》，转引自《中国美学史资料选编》，上册，第9页。

3.《惜抱轩文集·复鲁絜非书》，转引自《中国美学史资料选编》下册，第369页。

4.《静庵文集》，第29页。《王国维遗书》第五册，古籍书店影印。

5.参见王旭晓《美学原理》，上海人民出版社，2000年版，第58—60页。

近卫军临刑的早晨 苏里科夫 1881年 布面油彩 218厘米×379厘米 莫斯科特列恰科夫美术馆

以形式上的完整、和谐、鲜明让审美主体通过感官便能直接感受到。

崇高则表现为形式上的矛盾、冲突、对抗、斗争，其形式上的粗犷严峻，审美主体必须通过理智与情感更为紧张的探索与激荡才能感受、领会。[1]

优美表现为对象与主体之间的和谐、宁静。崇高美处于主体与对象的矛盾激化中。

优美和崇高对于提高人的精神境界和人格都是有益的。优美的和谐、平静、轻松、舒畅，能陶冶人的情性，培养人的基本品质。而庄严、圣洁、严肃的崇高美更能激起人做人的自豪与勇气，使人不惮与丑恶斗争，创造自由、美好的世界。

▶ 第三节 悲剧和喜剧

◆ 一、历史上关于悲剧、喜剧的几种定义

西方美学史上对悲剧很重视，一直将悲剧称为崇高的诗。

古希腊亚里士多德《诗学》主要讨论的就是悲剧。亚里士多德将悲剧定义为"是对一个严肃、完整、有一定长度的行动的模仿"[2]。悲剧有特定的对象，"悲剧是对于比一般人好的人的模仿"，"喜剧总是模仿比我们今天的人坏的人，悲剧总是模仿比今天的人好的人"[3]，通过他们的毁灭"引起怜悯和恐惧来使感情得到陶冶"。但有三种情节结构应当避免，一是不应让一个好人由福转到祸；二是不应让一个坏人由祸转到福；三是不应让一个穷凶极恶的人从福落到

意大利戏剧演员 华托 1720年 布面油彩 63.8厘米×72.6厘米 华盛顿国家美术馆

时髦的婚姻之一：梳妆　荷加斯　1743—1745年　布面油彩　69.5厘米×90.8厘米
伦敦国家美术馆

祸。这三种情节既不是可哀怜的，也不是可恐惧的，只有不应遭殃而遭殃，才能引起哀怜；遭殃的人和我们自己类似，才能引起恐惧。亚里士多德的悲剧理论在西方美学史上最早奠定了悲剧的基础。亚里士多德之后，在悲剧理论方面最值得注意的是黑格尔。他从矛盾冲突出发来研究悲剧，认为悲剧所表现的是两种对立的理想或"普遍力量"的冲突和调解。就世界情况整体来看，某一理想的实现总是要和它的对立理想发生冲突，破坏它或损害它，反之亦然，所以它们又都是片面的，抽象的，不完全符合理性的。悲剧就是代表片面理想的人物遭受痛苦和毁灭。就他个人来看，他的牺牲好像是无辜的，但就整个世界秩序来看，他的牺牲却是罪有应得，足以伸张"永恒正义"。所以，悲剧的结局虽是一种灾难和苦痛，却仍是一种"调和"或"永恒正义"的胜利。因为这个缘故，悲剧所产生的心理效果不只是亚里士多德所说的"恐惧和哀怜"，而是愉快和振奋。

黑格尔认为古希腊索福克勒斯的悲剧《安提戈涅》最能表现出悲剧的特点。安提戈涅是俄狄浦斯的女儿，王子的未婚妻。她的哥哥犯了叛国罪被弒拜国王克瑞翁处死，不准收尸。安提戈涅出于家庭道德的要求埋葬了哥哥，被国王烧死。王子听到这个消息后殉情自杀，王后也受刺激而死。依黑格尔看，这里所揭露的是照顾国家安全的王法与亲属爱两种理想之间的冲突，二者都是神圣的、正义的，却也是片面的，两者互相否定，两败俱伤，冲突才得解决。在冲突中遭到毁灭或损害的并不是两种理想本身，而是企图片面地实现这两种理想的人。黑格尔的悲剧抹杀了正义与非正义的区别，他的悲剧观有着明显的庸人主义的调和气息。

车尔尼雪夫斯基批判了黑格尔的悲剧理论，否认了悲剧和命运有关，同时也反对黑格尔悲剧矛盾冲突的必然性的思想，认为悲剧纯粹是偶然原因造成的，完全抛弃了黑格尔悲剧理论中的合理内核。车尔尼雪夫斯基认为"悲剧是人生中可怕的事物"。他说："悲剧是人的苦难和死亡，这苦难和死亡即使不显出任何无限强大与不可战胜的力量，也已经完全足够使我们充满恐怖和同情。"[4]车尔尼雪夫斯基的悲剧理论，虽然强调了悲剧来源于生活，但否认了悲剧矛盾的必然性，这暴露了他形而上学唯物主义的缺陷。

关于悲剧的本质，马克思、恩格斯从人类历史辩证发展的客观过程

1.参见李泽厚《美学论集》，上海文艺出版社，1980年版，第200页。
2.亚里士多德《诗学》，第19页。
3.亚里士多德《诗学》，第50、9页。
4.《车尔尼雪夫斯基选集》上卷，第30—31页。

上对之作了深刻说明。恩格斯在评拉萨尔的剧本《济金根》时说道：悲剧是"历史的必然要求与这个要求的实际上不可能实现之间的悲剧性冲突"[1]。这说明悲剧本质上在于客观现实中的矛盾冲突。这种冲突有其历史必然性。鲁迅先生也曾说："悲剧将人生的有价值的东西毁灭给人看"[2]。"人生有价值的东西"，指的就是那些合乎历史必然性的人类进步要求。这正是对恩格斯悲剧本质说的补充。

关于什么是喜剧，美学史上曾进行过各种探讨。亚里士多德从模仿说出发，将喜剧和丑、滑稽联系起来，这样定义喜剧道：

喜剧的模仿对象是比一般人较差的人物。所谓"较差"，并非指一般意义上的"坏"，而是指具有丑的一种形式，即可笑性（或滑稽）。可笑的东西是一种对旁人无伤，不致引起痛感的丑陋或乖讹。例如喜剧面具虽是又怪又丑，但不致引起痛感。

车尔尼雪夫斯基直接将喜剧等同于滑稽，认为"滑稽的真正领域，是在人、在人类社会、在人类生活"。滑稽的根源和本质是丑，但不是一切情况下的丑都是滑稽可笑的，而是只有当丑力求自炫为美的时候，丑才变成了滑稽，才产生喜剧效果。

拿着俄尔普斯头颅的色雷斯姑娘　1865年　布面油彩
巴黎奥赛美术馆

康德则从主体的审美感受出发指出喜剧的心理特征和效果是"笑"，他认为"笑是一种从紧张的期待突然转化为虚无的情感"[3]。黑格尔从绝对精神的发展去研究喜剧，认为喜剧是"形象压倒观念"，表现了理念内容的空虚。他说，喜剧是那些"虚伪的，自相矛盾的现象归于自毁灭，例如……把一条像是可靠而实在不可靠的原则，或一句貌似精确而实空洞的格言显现为空洞无聊，那才是喜剧的"[4]。

◆ 二、悲剧、喜剧的本质及表现

悲剧产生于社会的矛盾和冲突。冲突双方分别代表着真善美和假恶丑。悲剧总是以代表真善美的一方的失败、死亡、毁灭为结局。

悲剧不仅表现冲突与毁灭，还表现抗争与拼搏。抗争、拼搏以后的毁灭，是一种惊心动魄、轰轰烈烈的死，具有崇高美。

悲剧艺术，首先引起的是悲伤、畏惧、怜悯，心灵精神上受到强烈的刺激，是强烈的痛感，接着是一种强烈的快感。或者说，悲剧感是强烈的痛感中的快感，这就是一种崇高感。

喜剧的根源也是两种社会力量的冲突。喜剧性体现了生活中美丑斗争

1.《马克思恩格斯选集》第四卷，第346页。

2.《鲁迅全集》第一卷，第297页。

3.康德《判断力批判》（上），1964年版，第180页。

4.黑格尔《美学》第一卷，1978年版，第84页。

5.《西方古典作家谈文艺创作》，第412页。

奥菲利亚 米莱斯 1851—1852年 布面油彩 76.2厘米×111.8厘米 伦敦泰特美术馆

摩登时代 剧照

的一种特殊状态，在崇高和悲剧里，丑展现为一种巨大的力量，对美进行摧残和压迫；喜剧正相反，美以压倒优势撕毁着丑，对丑进行揭露和嘲笑。喜剧的笑声来自先进社会力量的胜利。果戈理在谈到《钦差大臣》时写道"没有人在我的戏剧人物中找出可敬的人物。可是有一个可敬的、高贵的人，是在戏中从头到尾都出现的。这个可敬的、高贵的人就是'笑'……它是从人的光明品格中跳出来的"[5]。这里说的"光明品格"，就是先进社会力量。

喜剧最多表现在艺术作品中。艺术可以运用艺术手段如夸张、变形等突出喜剧性。法国17世纪杰出的戏剧大师莫里哀的著名诗体喜剧《伪君子》，用夸张的手段活脱脱地描画出伪君子达尔丢夫卑鄙、狡猾、道貌岸然的嘴脸，在观众笑声中对社会丑恶进行了无情的嘲弄和讽刺，具有强烈的喜剧效果。所以喜剧感必定反映为笑，这里的笑包含着深刻的理性批判内容和犀利的讽刺，包含着人类对人的价值的肯定，对真与善的肯定，因此，喜剧的笑是严肃的笑，是胜利的笑，是含泪的笑。卓别林的电影《摩登时代》中的工人，因长年从事自动传送带上拧紧螺帽的紧张、机械的劳动而神经紧张、失灵，以至于看到衣服纽扣甚至鼻尖等与螺帽类似的东西便要用钳子去拧，这种夸张的表现包含了对"现代文明"体制下工人被变成机器的深深悲哀，带给观众的是含泪的笑。

▶ 第四节　荒诞与暴力美学

◆ 一、荒诞

荒诞作为一种审美范畴，是西方现代社会与现代文化的产物。它原指西方现代派艺术中的一个戏剧流派，兴起于二十世纪五十年代末六十年代初。这个概念发展到现在，已远远超出戏剧的范畴，上升为一个普遍的深刻的重要美学范畴。

荒诞的本义是缺乏理性和不和谐。荒诞的内容常常荒谬不真，而形态上表现为怪诞、变形。

荒诞展现的是人与宇宙、社会最深的矛盾，是现代人的生存状态与基

行走的人 贾柯梅蒂 瑞士 1960年 青铜 190厘米×27厘米×110厘米 旺斯圣保罗麦格特基金会

本情绪的表达，其对象不具体，无法通过理性的理解达到超越，它是非理性的、难以理解的。荒诞传达出的是一种更深沉的不可言说的悲，让人不可避免地产生悲观和绝望。法国哲学家加缪认为，荒诞的实质是世界的不合理性与人所追求的合理性的冲突，当人对其生存状态质疑，追问人生的意义和价值，在追问中意识到人与世界、人与自然、生与死、有限与无限原来是分裂的，这就是荒诞感。而人面对荒诞束手无策，所以，人生、世界等都是毫无意义的，是荒诞的。正如福克纳《喧嚣与骚动》的引言中所说："'生命'是一个故事，由白痴道来，充满着喧嚣与骚动，毫无意义。"

西方现代派艺术深刻地展现了荒诞。首先在戏剧领域出现了荒诞派戏剧。这种戏剧没有矛盾冲突的情节和完整的人物形象，甚至对白也是语无伦次，晦涩难懂。法国戏剧家贝克特1952年创作的《等待戈多》是荒诞派戏剧的代表作。两个流浪汉在没有情节、冲突、故事的戏里等待着不知是谁、是否存在、会不会来、总也不来的戈多。在戏剧里，人的行为、人的存在、人生等等的不可理解性和荒诞性都在等待中表现出来。由戏剧开始，荒诞开始在西方现当代艺术中流行，小说、绘画、雕塑、电影等各种艺术样式，都传达出不同于传统艺术的审美趣尚。奥地利小说家卡夫卡的小说《变形记》，写小职员格里高尔·萨姆沙在一夜之间变成了一只大甲虫，展现了世界不可理解、人非人的荒诞。西班牙超现实主义画家达利的名画《记忆的永恒》，画面展现的是一片空旷的海滩，海滩上躺着一只似马非马的怪物，它的前部又像是一个只有眼睫毛、鼻子和舌头荒诞地组合在一起的人头残部；怪物的一旁有一个平台，平台上长着一棵枯死的树；最为怪诞的是画面上的几只钟表，它们都变成了柔软的有延展性的东西，或挂在树枝上，或搭在平台上，或披在怪物的背上，好像这些用金属、玻璃等坚硬物质制成的钟表在太久的时间

大堂里的骚动 波丘尼 1909年 布面油彩 76厘米×6401厘米 米兰私人收藏

中已经疲惫不堪了，于是都松垮下来。在绘画中，达利将自己内心的荒诞、怪异加入外在的客观世界中，将人们熟悉的东西扭曲变形，再以精细的写真技术加以肯定，从而展现出世界的空虚、荒诞、无意义等等。

荒诞感是复杂的，但其基本感受是孤独、恶心、空虚、悲哀、绝望等。夸张、变形的形式和荒诞不经的内容，使人感到愕然，不可思议，无可奈何，因而会笑。荒诞感的笑不可能像喜剧那样是含泪的笑，它是一种无望的笑；荒诞也有一种悲剧感，但荒诞不可能像悲剧那样让人痛哭，在痛苦中增强战斗的勇气，因此怀有希望，荒诞是无望的，它不会让人哭，它让人哭笑不得，陷入一种尴尬困窘的境地。

◆ 二、暴力美学

"暴力"和"美学"，原是两个风马牛不相及的词，然而从20世纪20年代开始，它们逐渐结合起来，在电影领域里大放异彩。20世纪20年代，拉脱维亚电影艺术家爱森斯坦提出了"杂耍蒙太奇"理论并将其成功运用于影片《罢工》，标志了"暴力"和"美学"的最初结合。据爱森斯坦解释，"杂耍"是指马戏团或卖艺人表演的拿手绝技。"杂耍蒙太奇"就是将杂耍的一些精彩的、难忘的、出人意料的表演片断用蒙太奇手法合成引起某种感情震动的特别刺激人的瞬间，通过这种高剪辑率的镜头来呈现一种急促的节奏，表达一种情绪的宣泄，从而实现蒙太奇的艺术创造功能。《罢工》是爱森斯坦"杂耍蒙太奇"理论付诸电影艺术实践的最直观呈现，这部影片表现了1902—1907年的俄国工人运动，许多情节以真实事件为基础。在影片中，爱森斯坦用特技制作了水龙头冲击罢工者、婴儿在镇压者的铁蹄下被疯狂践踏、火烧酒精店等惊人的暴力景象。爱森斯坦觉得这些惊人的景象还不足以表现警察对工人的残暴。他在影片中甚至将警察镇压工人的镜头与屠宰场里宰牛的镜头交替出现，用镇压与屠宰的冲撞，强烈地渲染这种残暴的镇压，造成紧张、恐惧的美感效果。继爱森斯坦之后，"杂耍蒙太奇"被广泛用于科普片、广告片、武打片，把刀光剑影的暴力张扬得炫人耳目，并逐渐演化出20世纪电影艺术甚为流行的新的审美范畴——"暴力美学"。20世纪末至今，"暴力美学"成为很多电影作品的最大看点。昆廷·塔伦蒂诺的《低俗小说》、《杀死比尔》、《罪恶之城》，沃卓斯基兄弟的《黑客帝国》以及北野武的《花火》，吴宇森的《喋血双雄》、《英雄本色》、《变脸》等诸多著名导演的代表性作品，都将"暴力美学"作为其传达的有效手段，从而掀起了"暴力美学"的热潮。那么，暴力美学究竟是指什么？暴力为什么会被纳入到审美？其确切的特征和内涵是什么？我们该如何评价和看待这一文化现象呢？

杀死比尔 海报

"暴力美学"原指起源于美国，在中国香港发展成熟的一种电影中对暴力的形式主义艺术趣味。现代社会所指"暴力美学"的范围不仅仅包括电影，还包括电子游戏、漫画、动画、平面设计、广告等多个方面。与"暴力美学"相关的一类作品的共同特征是：创作者往往运用后现代手法，要么把影片中的枪战、打斗场面消解为无特定意义的游戏、玩笑；要么把它符号化，作为与影片内容紧密相关的视觉和听觉的审美要素，把暴力或血腥的东西变成纯粹的形式，使暴力以美学的方式，诗意的画面，甚至幻想中的镜头来表现人性暴力面和暴力行为，其审美效果是展现人类集体无意识对动作、强力的崇尚和欣赏。但"暴力美学"作品在将暴力的形式美感发扬到炫目的程度的同时，却忽视或弱化了其中的社会功能和道德功能。

变脸 剧照

从原始岩画中人与动物的激烈搏斗，到古典主义绘画如《马拉之死》中人民之友马拉被刺死的血腥场面，再到现代、后现代电影艺术中炫目的打斗、搏杀、枪击镜头，暴力作为艺术的主题一直暗流汹涌，印证了人类潜意识中的冲动。当人类进入高度文明的现代社会，艺术以其自律性更加深入地发展了暴力这一主题，并借之对现代社会与个体经验的关系进行反思。20世纪初，许多先锋思想家们开始反思现代社会对于个体经验的关系并进而思索艺术和社会的关系，阿多诺看到人们的"总的状况向着一种匿名性意义上的非个性发展"，因而得出了艺术抵抗社会的说法；德里达也与阿多诺一样，对于现代社会抱有一种悲观主义态度。可以说，现代主义理论基本达成了这样的共识：作为现代社会的文明标志，文化产业正在以一种对于公众空间的"完全量化"借以实现其对于个体性经验的消除，进而使个体沦为普遍性存在。因此，具有现代先锋性的各种艺术形式，都为保存个体性经验而与社会抗争并积极探索一种自外于"主流"的个体性经验的表达方式。暴力，也就是在这种

罪恶之城 剧照

马拉之死 大卫 1793年 布面油彩 165厘米×128.3厘米
布鲁塞尔皇家美术馆

情况下得到了具有现代先锋性的各艺术形式的青睐。然而吊诡的是，"暴力美学"的概念，恰恰是在更大众化与流行化的电影艺术中被提出来，并且使"暴力"因素成为时下流行的电影艺术的看点与流行文化的重要构成。流行文化实质上正是文化产业的外在显现。因此，这种流行文化中的"暴力"，似乎很难理解为是现代先锋艺术为保存个体经验对于文化产业的对抗。相反，更确切地说，"暴力美学"恰是消费时代产生的一种媚俗文化的典型代表。

大众文化对"暴力"的主动选择、先锋艺术对"暴力"的青睐、"暴力美学"的时尚流行，更适宜于理解为对于社会秩序压抑下的个人内在的"强力意志"的一种释放与宣泄。这很容易使我们回想到亚里士多德悲剧理论中的宣泄功能。现代社会所建立的量化的秩序，在消除个体经验的同时也对个人性格加以压制，在取得社会认可和接纳的同时，人的内在个体情感与强力意志被压抑，而这种情感需要一个发泄渠道，体现"暴力美学"的电影作品则充当了这一角色。当然，对于"暴力"的主动选择也是生命个体对于求生欲望的本能冲动。当人类社会的秩序化使个体远离可能危及到个体生命的危险时，个体就需要借助于并不关乎利害的某些特殊形式来刺激这种冲动，从中获得特定的快感。

"暴力美学"作品的主要特点是展示攻击性力量，展示夸张的、非常规的暴力行为。文艺作品中，暴力的呈现可划分为两种不同形态：一是暴力在经过形式化、社会化的改造后，其攻击性得以软化，暴力变得容易被接受，比如，子弹、血腥的场景经过特技等手段处理后，其侵害性倾向被隐匿了一部分。又如，在美国的一些电影中，施暴者代表正义却蒙受冤屈，这种人物关系的设置也软化了暴力行为的侵略性。这种暴力的艺术表现的美学意蕴在于它折射了人的生存状态，更是一种对现实的超越，从而使观赏者得到情感的宣泄和精神的自由。另一种情况是比较直接地展现暴力过程以及血腥效果，渲染暴力的感官刺激性，这种倾向在多种文化行为——身体艺术或行为艺术中都可以看到，如汤光明的《仪式》、何云昌的《金色阳光》《与水对话》等行为艺术作品，都直接以一种血腥、施虐、体验死亡等暴力性形式来引起关注，这种暴力性艺术形式与"暴力美学"有着截然相反的价值指向，往往难以为社会体制所接纳，其审美价值尚值得商榷。

随着影像科技的发展，近年来出品的"暴力美学"武侠电

枪杀马德里起义者 戈雅 1814年 布面油彩 345厘米×266厘米 马德里普拉多美术馆

牛与小牛头 苏丁 1925年 布面油彩 92厘米×73厘米 巴黎橘园美术馆

影和电视剧对暴力(武打动作)的处理更出现了舞蹈化、诗化、表演化、游戏化、浪漫化的倾向，以玩弄动作技巧、搞笑和后现代的表现手法取悦观众，如张艺谋的《英雄》、《十面埋伏》等，人们在观看武侠影视剧的时候，仿佛是在欣赏一场别开生面的武舞表演，血腥、凶残的暴力场面有时反倒呈现出一种视觉的美感，进而消解了暴力的残酷性。同时它通过对暴力内容的形式化的处理，也降低了作品的社会功能，它的注意力在于发掘人的内心当中深层的欲望，即对暴力、攻击欲的崇尚，同时也有对血腥、死亡的恐惧。这样的艺术作品的教化功能更加弱化了。

希阿岛的屠杀 德拉克罗瓦 1824年 布面油彩 417厘米×354厘米 巴黎卢浮宫

　　显然，"暴力美学"作品有正面也有负面。对青少年这样处于弱势的群体来说，"暴力美学"作品的负面大于正面。我们注意到，一些青少年在现实中受到别人的欺侮，或感受到学校、家庭、成人的强制性要求所带来的心理压力，当这种外在压力未变成内在认识时，他们非常容易沉浸到含有暴力的文艺作品、电子游戏中，以获得精神上的解脱，有的希望通过想象中的角色易位，实现现实中不可能的梦想，在虚拟中改变自己的弱势地位。另外暴力作品在崇拜宣扬人的强力统治理念时，否定了民主秩序和法制原则，与现代理念格格不入。对于认识能力有限的青少年，也很容易产生认识上的偏差。因此，对于"暴力美学"这个新生事物，我们需要辩证地看待它。我们既要看到它进步的地方，也要看到它同社会教化有所冲突。既要尊重美学和艺术的自由发展，也要避免它的消极作用。

第八章 审美评价

概述

美学的建立虽然是18世纪的事情，但人类的审美意识却由来已久，古今中外能称得上美学家的人和称得上美学著作的书，在美学学科建立之前也不胜枚举，因此本章的内容包括了美学学科的建立，还包括美学建立之前对"美"的追问以及鲍姆嘉通之后至黑格尔时期的美学的发展。

▶ 第一节　审美评价的理性特征

审美活动是人所特有的社会性的活动，是指主体对客体审美特征的感受、体验、判断、审辨、评价和能动创造的一种活动。在审美活动中，对生活与生产劳动过程及其结果的把握，更多是从感性形式方面进行的。换句话说，审美活动是从直观感性形式出发，始终不脱离生活与生产劳动过程及其结果的直观表象和情感体验形式。但由于美的合规律性与合目的性的统一，所以审美活动又总是同时伴有一定的理性内容，会在理性层面上引发人们的深入思索。而审美评价正是审美活动进入到深层的理性活动。

蛇形女人　马蒂斯　法国　1909年
青铜　高95厘米　华盛顿史密森学会

审美活动是审美感知、审美欣赏、审美评价、审美创造的统一。审美感知是审美感觉和知觉的合称，是审美活动的起点和初始阶段。审美主体对对象的审美感知，主要指的是审美主体通过视觉和听觉等感觉对对象形式特征的整体性的把握。正如车尔尼雪夫斯基所说："美感是和听觉、视觉不可分离地结合在一起的，离开听觉，视觉是不可想象的。"[1]其实，审美感知同样需要触、味、嗅等多种感觉相

1.《西方美学家论美和美感》，商务印书馆，1980年版，第253页。

大卫 米开朗基罗 1501—1504年 高408厘米 佛罗伦萨学院陈列馆

配合，以达到对事物形式特征的整体性把握。如欣赏米开朗基罗的雕塑《大卫》，聆听里查德·克莱德曼的《爱如潮水》，视觉、听觉都需要触觉等其他感觉的相互补充才能获得强烈的审美感知。审美感知是进入审美评价的门户和基础。

审美欣赏作为审美活动的一般过程，是指审美主体对审美客体观照、感受、理解和体验的过程，即审美主体感知和把握对象，理解对象所包含的意蕴，感受和体验对象激发的情感，从而获得审美享受的过程。审美欣赏以审美感知为基础。审美评价是在审美感知、审美欣赏基础上，以一定的审美价值尺度，对审美对象所做的鉴赏、阐释和评价。它是理性参与实现的一种特殊的审美活动。

◆ 一、审美评价是审美感知、审美欣赏的理性延伸。

今道友信说："对任何作品，如果没有理性的理解阶段，就不能算其为欣赏。在这个意义上，美具有必须为理性发现的一面。"这是有道理的，也是符合审美实际的。在整个审美活动中，审美感知只能发现对象外在形式的美，唯有进入理性的审美评价阶段，才能发现对象内在的、深邃的美。如要欣赏中国的水墨画，或西方的现代派名作，没有相应的理论修养与知识积累，就不可能有深刻的体验与准确的评价。因此，审美评价是审美感知的理性延伸。

审美评价同时也是审美欣赏的一种理性延伸。审美欣赏是审美评价的前提和基础。虽然审美欣赏不一定都导致审美评价，但是任何审美评价都必须以审美欣赏为前提，任何审美评价活动都是审美欣赏活动

文苑图 五代 周文矩 绢本设色 纵40.3厘米 横70.5厘米 北京故宫博物院

的理性延伸，是对审美对象的价值判断和评价。广义而言，审美欣赏者对审美对象的任何反应和议论，都具有审美评价的性质，但作为专门意义上的审美评价，则要求将这种反应理论化、系统化，并诉诸文字，见诸各种媒体。也就是说，由于审美评价要突出理性的审辨和评判，它比一般审美欣赏要求要高。能进行审美欣赏的人，未必都具备相应的审美评价的素质和才能，而能够进行有深度的审美批评者，必然是审美欣赏的行家。

◆ 二、审美评价是审美情感的理性形式

审美评价是一种以情感为取向的理性活动。

审美评价是主体在一定审美观念和审美理想指导下，侧重以理性方式对审美客体进行审视和阐释，并对对象审美价值及其相应的社会效应作出科学评价。它以理性形式显示其特征。当然，审美感知、审美欣赏也离不开理性因素，但它们更侧重的是情感和想象。而在审美评价中，理性因素则占据主地位。理性活动是审美评价中主要的心理机能，整个评价过程都必须借助于理性来完成。在审美感知、欣赏中，主体是对客体的静观观照、感受、体验、领悟乃至达到畅神之境，而审美评价只是把这些作为整个活动的前提和起点，更重要的还在于运用理性方式对审美客体进行审视、评价和阐释，并使之提升和转化为特殊的理论语言，以理论形式实现自己。审美评价的这种理论形式，一般都带有鲜明的感性体验色彩，在感性体验的过程中，又表现出明显的理性判断的性质。因此，审美评价始终是一种饱含着情感的理性活动。

午餐前的祈祷　夏尔丹　1740年　布面油彩　49.5厘米×41厘米　巴黎罗浮宫

◆ 三、审美评价是审美经验的理性表达

审美评价本身也是一种审美再创造活动，这种再创造是一种理性的创造活动，即在审美感知、审美欣赏基础上，对审美欣赏经验作理性的分析和提升，从而形成某种审美观念、审美趣味乃至审美理想的理性形式。

总之，审美评价作为一种对客体的审美价值和主体的情感体验的分析活动，是审美活动进入到深层的理性活动。

▶ 第二节　审美评价的积极意义

在审美活动中，审美评价是审美欣赏和审美创造的中介，它通过自身的活动，引导审美欣赏，促进审美创造，并使审美创造和欣赏得到更好的交流和沟通。

◆ 一、引导审美欣赏

审美评价不仅要善于把握对象的各个方面，而且要能通过发现和评价审美客体的审美价值，调整和改善审美欣赏者的审美需要和审美趣味，引导审美欣赏活动，促进审美欣赏水平的提高。审美评价和审美欣赏不同，它不只为满足自身的需要，更重要的是为社会、为他人。审美评价者高度理性的审美评价，能使大众欣赏者更好地感知、理解审美客体的深层意蕴，感知、理解审美创造深层的美，培养高尚的审美趣味。鲍桑葵说："真正的批评家就是那些能教给我们怎样欣赏的人，而且只能是如此。"[1]虽然艺术作品基本都具有强烈的感性特征，能为艺术欣赏者直接感知，但艺术作品所蕴含的丰富意蕴并不是每个欣赏者都能欣赏到的。同时，艺术作品又是一个交织着多种表现手法和因素的复合体，它丰富的含义也不是在一次阅读、欣赏的经验中就能体现出来的。这就需要有高度艺术修养和长期批评经验的批评家对之做充分的审美评价，开掘出作品潜在的艺术价值和审美特征。成功的审美评价，往往能把一般欣赏者不易察觉和理解的对象的深刻意义和美学价值集中揭示出来，像"催化剂一样，能大大促进欣赏者对作品艺术构思的理解和掌握"[2]，从而引导艺术接受者的欣赏活动。托尔斯泰说："读了别林斯基称赞普希金的文章……我才真正了解普希金。"普列汉诺夫也说："别林斯基可以使得普希金的诗给你的快感大大增加，而且可以使得你对他的诗的了解更加来得深刻。"这些话，都指出了优秀的审美评价对审美欣赏的有力引导作用。

抢夺萨宾妇女　1636年　布面油彩　154.9厘米×209.6厘米　纽约大都会博物馆

大宫女　安格尔　1814年　布面油彩　91厘米×162厘米　巴黎卢浮宫

正是基于审美评价的这种特殊使命，审美评价主体必须具有健康、高尚的审美观念、趣味和理想。只有当审美评价主体的审美观念、趣味、理想，代表了广大人民，并成为这一群体审美需要和理想的集中表现，其审美评价活动，才能具有普遍性的指导意义。这就要求审美主体的评价活动，既是独特的、个性化的，又是普遍的、群体化的，具有广泛的社会性，从而充分发挥其社会效应。所以审美评价者应当十分明确自己的高尚使命，不断进行自身审美能力、审美修养的提高，关心时代和人民的审美需要，勇于接受新事物。作为时代审美理想的传播者，审美评价者应始终把审美评价活动的重点，放在那些为社会群体所关注的审美创造上，不断以自觉的审美评价，调节和引导社会的审美创造和欣赏，并把它视为一种崇高的社会责任。

◆ 二、促进审美创造

审美评价的重要目的之一在于引导和繁荣审美创造。

审美评价是审美创造的一种反馈。在审美评价中，审美评价者将广大欣赏者的审美感受反馈给审美创造者，从而使审美创造者正确认识自己、发扬自己的优点、克服缺点，使自己的审美创造有所提高、有所突破、有所前进。

审美评价可以发现和传播优秀的审美创造者及其成果，也可以抵制和揭露审美创造者的错误倾向。真正的审美评价总是能够揭示出优秀的审美创造者的才能和特点，并能够向审美创造者提出符合时代发展方向的要求，以引导其进行新的审美创造活动。

审美创造可以把审美评价作为一种参照物，理解社会公众对审美创造

1.鲍桑葵：《美学三讲》，周煦良译，上海：上海译文出版社，1983年版，第18页。
2.鲍列夫：《美学》，乔修业，常谢枫译，北京：中国文联出版社，1986年版，第503页。

梅杜萨之筏　籍里科　1818—1819年　布面油彩　491厘米×716厘米　巴黎卢浮宫

的兴趣和需求，从而调整自己的创造活动。鲍列夫说："批评影响着艺术家如何去感知世界，……指引他去认识生活的特定方面，优先注意特定的题材。"同时，审美评价还可以"作用于艺术家本人，影响到他的创作个性，帮助他进行自我监督并对艺术活动实行广泛的社会检验。"[1]

▶ 第三节 艺术批评

艺术批评是针对特定艺术作品的一种评价，其中，对艺术作品的审美评价是极其重要的一个评价方面。艺术批评是艺术学领域和美学研究领域都涉及的问题，它们彼此之间相互渗透，相互影响，形成共同发展的局面。

◆ 一、什么是艺术批评

艺术批评是艺术学的一个重要分支。它指的是艺术批评家在艺术欣赏的基础上，依据一定的思想观念和批评标准，对种种艺术现象进行分析、研究并作出审美评价的一种科学活动。艺术批评的对象包括一切艺术现象，诸如艺术作品、艺术运动、艺术思潮、艺术流派、艺术风格、艺术家以及艺术批评本身等。艺术批评的中心是艺术作品。

艺术批评虽然与艺术鉴赏都属于艺术的接受活动，艺术批评离不开艺术鉴赏，但是他们之间却有着明显的区别。其中最重要的一点就是，艺术鉴赏基本上是一种感性的审美体验，带有更多的感性活动的特点；艺术批评则是一种理性的思维和判断活动，带有更多理性活动的特点。艺术批评是艺术界的主要斗争方法之一，是"百花齐放，百家争鸣"方针在艺术活动中的具体体现。开展正确的艺术批评，可以帮助艺术家总结创作经验，提高创作水平；可以帮助艺术鉴赏者提高鉴赏能力，正确地鉴赏艺术作品；还可以使各种艺术思想、创作主张、艺术流派、艺术风格相互交流和争论。由于艺术批评者总是根据一定的世界观、审美观和艺术观对艺术现象进行分析和评价，因而带有很强的主观意识成分。

真正的艺术批评是指有独立思考、有判断评价的一种写作活动，其主观性大于客观性，体现了批评家个人的强烈个性和态度。越是具有独立态度和观点的批评，越是具有批评的价值和可读性，那种四平八稳、八面玲珑的批评并不是批评。

1.鲍列夫：《美学》，乔修业，常谢枫译，北京：中国文联出版社，1986年版，第501—502页。

煎饼磨坊的舞会 1876年 布面油彩 131厘米×175厘米 巴黎奥赛美术馆

浴女 塞尚 法国 油画 19世纪

艺术批评作为一门特殊的科学，与其他的科学不同，它既需要冷静的头脑，也需要强烈的感情，既离不开理性的分析，更离不开艺术的感受。艺术批评的特征主要表现在以下几个方面：

1．艺术批评是科学性和艺术性的统一

同艺术创作相比，艺术批评主要是一种理论活动。批评家常依据一定的理论、原则或观念，采用抽象逻辑思维方法，运用科学的研究手段，对艺术作品和各种文艺现象做出科学的分析和判断，并以科学性的理论语言将这些分析和判断明晰、严密地表达出来。

另一方面，艺术批评又应当具有艺术性。从某种意义上讲，艺术批评是一门科学，也是一种文艺体裁。优秀的艺术批评文章不仅应当逻辑清晰、论证严谨，而且应当文采飞扬，具有强烈的感染力，给人一种特殊的美感享受。

2．艺术批评是主观性和客观性的统一

法国作家莫泊桑说："一个真正名副其实的批评家，就应该是一个无倾向、无偏爱、无私见的分析者。" 这实际上强调了艺术批评的客观科学性。进行艺术批评，分析艺术作品的思想意义和艺术价值，总要依据一定的准则和标准，它是一定时代审美经验的总结和概括，包括审美观念、审美理想、审美趣味等，它们渗透或融入艺术品中，构成艺术品审美属性的一个组成因素。批评家在进行艺术批评时，总离不开这些相互衡量的客观标准，而不可能完全是个人的主观行为，这就决定了艺术批评的客观性。艺术批评的主观性，指艺术家面对批评对象，不是被动的，他完全可以发挥主观能动作用，表达他自己真切而独特的感受，他自己的感情和理解，形成他个性化的批评风格。

3．艺术批评是形象思维和抽象思维的统一

艺术批评的对象主要是艺术

伊诺纳小姐像 雷诺阿 1880年 布面油彩 65厘米×54厘米 苏黎世E.G.比勒收藏基金会

作品，艺术作品直接呈现给批评家的是活生生的形象体系，这就决定了批评家首先必须运用形象思维进入艺术作品中丰富多彩的形象世界。缺乏形象思维，对艺术形象不能产生新鲜、独特、生动、深切的感受、情感，也就无法体味艺术作品丰富的美学意蕴和艺术家的艺术匠心，更不能发现艺术的奥秘和规律。当然，艺术批评作为一门科学，必然带有抽象逻辑思维的特征。批评不能仅停留在感性阶段，它应当站在理论的制高点上，经过比较、归纳、演绎、分析、综合等，抽象出更深刻更普遍的艺术规律。

一切作为艺术的东西，都可以用艺术批评的方法对其进行艺术评价，大致包括文学艺术、影视艺术、音乐艺术、绘画艺术、雕塑艺术等，在这里我们主要介绍一下对于文学艺术、影视艺术、音乐艺术的评价问题。

◆ 二、文学评论

文学评论和文学批评可以说是一个意思，都指的是对作家作品及各种文学现象进行的分析和评价。那么，究竟什么是文学评论呢？所谓文学评论是指文学评论家站在一定的阶级立场、运用一定的观点方法对作家作品及各种文学思潮、文学流派、文学运动等各种文学现象乃至文学评论自身所进行的分析和评价。它与文学理论有着密切的关系。文学理论研究文学的本质、特征、发展规律、社会作用等基本原理、原则，是对文学活动中规律性现象的研究和表述，它要借鉴文学批评的成果。文学评论则是从一定的文学理论观点、原则出发，对作家作品的具体评价。同时，文学理论要通过文学评论的实践，对文学创作和鉴赏发挥推动和指导作用；又通过这种实践活动来提高、检验文学理论的正确性，进而使之丰富、发展和完善。二者相辅相成、互相推进，共同担负着总结创作经验、探索文学发展规律、指导文学鉴赏的重任。在文学史上不少优秀的文学评论家，都有很高的文学理论水平。优秀的文学批评著作，往往也是优秀的文学理论著作，钟嵘的《诗品》、白居易的《与元九书》、别林斯基的《论俄国中篇小说和果戈理的中篇小说》、车尔尼雪夫斯基的《俄国文学理戈理时期概观》等都是这样的著作。从这个意义上讲，文学理论和文学批评又可以合称为文学评论。

文学评论不是凝固、僵化的教条，也不是平庸刻板、缺乏真知灼见、枯燥无味的说教。它随时代变化而变化，随文学创作的繁荣发展而发展，它是一门不断运动、逐渐完善的极其活跃的科学。别林斯基把它叫做"一种不断运动的美学"。

文学批评的主要对象是具体的作家作品，任务是评价其得失成败，因而，它对文学创作有巨大的作用。这种作用主要表现在两个方面：一方面，它通过对具体的作家作品的科学的、有说服力的分析评价，指出其思想和艺术方面的高下成败、得失优劣，从而帮助他总结创作经验，扬长避短，或端正其创作思想，或弥补其艺术的欠缺，或提出完善其作品的意见，促使作家创作水平的提高。曹雪芹创作《红楼梦》曾"披阅十载，增删五次"，在这个增删修改过程中，脂砚斋的评点给作者不小的启示和帮助。从现在见到的脂砚斋的评语看，不仅有对《红楼梦》的肯定赞赏，也有建议批评，甚至何处该删、何处该增，为什么删、为什么增都有说明。在我国现代文学史上，30年代许多青年作家的成长就同鲁迅对他们作品的批评和关怀有密切关系。另一方面，文学批评通过对具体作品的分析评价而涉及广泛的文学现象时，会影响一个时期甚至一代文学的发展动向。进步的、科学的文学批评能促成进步文学的繁荣兴旺。俄国19世纪批判现实主义文学发展的空前繁荣，就直接与文学批评界和别林斯基、车尔尼雪夫斯基、杜勃罗留波夫等一大批民主主义文学批评家分不开。果戈理的《密尔格拉得》和《小品集》问世后，由于揭露了农奴制的罪恶，受到了反动批评家们的围攻。当果戈理感到惶惑不安的时候，别林斯基凭借他锐敏的文学感觉，写了著名的《论俄国中篇小说和果戈理君的中篇小说》，分析了果戈理作品的意义和特点，以巨大的热情和雄辩的气势，充分肯定了果戈理作品的思想和艺术价值，阐明了批判现实主义对俄国社会生活和文学创作的迫切意义。这不仅大大地鼓舞了果戈理，促使他坚持批判现实主义创作方法，进一步写出了《钦差大臣》、《死魂灵》等不朽之作，而且也极大地鼓舞了与果戈理同时代的一批进步作家，如屠格涅夫、冈察洛夫、涅克拉索夫等，有力地促进了俄国批判现实主义文学的发展。文学批评对于文学创作的作用正如罗马文艺批评家贺拉斯所说：批评能起"磨刀石的作用，能使钢刀锋利，虽然它自己切不动什么。我自己不写什么东西，但是我愿意指示（别人）：诗人的职责和功能何在，从何处可以汲取丰富的材料，从何处汲取养料，诗人是怎样形成的，什么适合于他，什么不适合于他，正途会引导他到什么去处，歧途又会引导他到什么去处"[1]。

　　总之，文学评论就是在审美鉴赏的基础上，对文学作品进行的理论把握和评价。在整个文学评论的动态过程中，批评主体既要通过艺术感受进入作品，深入体验，以求对作品中的形象有深刻的认识和理解，又要跳出作品，冷静地、客观地运用文学理论的原理进行分析评判，得出关于作品成败得失的理性结论，力求概括出规律性的东西。

....
1.见亚里士多德、贺拉斯：《诗学·诗艺》，罗念生、杨周翰译，北京：人民出版社，1997年版，第308页。

◆ 三、影视评论

作为艺术评论范畴的影视评论，它遵循着文艺评论的一般规律。文艺评论不能脱离文艺作品提供的具体生动的形象体系，文艺作品的欣赏则是文艺评论的基础。由于电影、电视艺术欣赏的特殊性，带来了影视评论的特殊性。

《看电影》杂志

首先，影视艺术作为多种艺术合成的综合艺术，它要求评论者在欣赏作品时，必须具备多种艺术的审美能力。其次，影视艺术的形象在银屏上总是"稍纵即逝"的，它绝不像在欣赏语言艺术作品时那样，可以捧着作品反复阅读、分析、琢磨。因此，它要求欣赏者在"一次性"的欣赏中，高度集中注意力，最大限度地发挥思维积极性，把银屏上的某个场面、某段对话、某个细节，强记在心。再次，诸多艺术合成的综合艺术，为影视评论提供了极为丰富广泛的评论对象。这一点是一般的文学评论所远非能比的。

既然影视评论具有一般文艺评论的共性，那么它也就具有一般意义上的文艺批评的标准。恩格斯提出从三个方面来要求一部完美的剧本，即"较大的思想深度和意识到的历史内容，同莎士比亚剧作的情节的生动性和丰富性的完美结合"。对于一部影视作品来说，它的内容和形式，思想和艺术是密不可分的，是矛盾的统一体中两个互相对应而又互相依存的方面。就具体的一部故事影片或一部电视剧来说，它应该是一个有机的统一体。若要去评论它，首先又必须去"肢解"它。即首先从各个不同的侧面去观察它，在我们的主观上暂时先把这个对立和统一的有机整体分作内容和形式、思想和艺术两个大的方面，分析它们各自的内涵和特征，然后经过概括、综合，再从整体上把握住该作品的特殊性，从而做出正确的评价。事实上，我们对一部具体作品的内容与形式的分析最终目的无非是为了对该作品做出某种程度的评价，诸如"成功"、"失败"、"基本成功"、"尚存在明显缺陷"等类的结论。因此，衡量、评价一部影视作品是否优秀就要有一定的标准，我们可以按照以下两大标准来进行影视评论：

罗生门 海报

1. 思想性的标准

所谓作品的思想性的标准，主要指创作者的主观意图和银屏形象的客观意义在作品中的综合表现对欣赏者的思想力量。它们往往集中表现在作品的题材和主题上。应该这样认为，创作者在一部作品中注入强烈鲜明的旨意，这固然可以让欣赏者明显感受到它的思想性。即使有些创作者有意在作品中"淡化"思想、"朦胧"意图，只要评论者在欣赏中审察细微，

辛德勒的名单 海报

也总是可以捕捉到创作者在作品中寓寄的某种思想和信息的。

具体地说，评论影视作品思想性的标准主要有这样几点：

（1）看作品反映生活的真实程度如何。

凡优秀的影视作品总是在忠实于生活本来面貌的基础上，把握生活的某些本质方面，顺应历史的发展总趋势，去如实地再现生活的。

（2）看作品反映的思想倾向如何。

过去时代的作品，主要应看其在当时的历史条件下是否代表了进步的力量，是否顺应了历史的潮流，是否有利于社会的向前发展。看当代的作品，主要应看它于社会的发展是否起到了推动作用。

（3）看作品是否具有较大的认识价值和审美价值。

凡优秀的影视作品应该是"智慧和力量的生活教科书"。优秀的作品是以其独特的审美形式来寓寄认识或教育的功利目的的。人们在对优秀作品中包孕的丰富的思想认识意义领略的过程中，也应该同时获得某种程度的审美愉悦。

2.艺术性标准

评论影视作品艺术性的标准主要有这样几点：

（1）看作品是否创造了感人的艺术形象、艺术典型。

优秀的影视作品创造的艺术形象总是具有较大的典型性的。人们往往可以从中"窥斑见豹"，去认识深广的社会生活，去发现生活中的真理。

（2）看作品是否饱蘸着创作者的真情。

凡优秀的影视作品的创作者总是在作品中热烈地倾注了他对生活的激情，在这种激情下创造出来的艺术形象和艺术典型，也必然以其真实的思想感情激起欣赏者强烈的共鸣。

（3）看作品是否具有完美而又独特的艺术形式。

优秀的影视作品的思想内容与艺术表现形式，总是有机地统一在一起的。为了创造出成功的艺术形象，有追求的艺术家在对生活作出独立的思考、评价后，总是匠心独运地采用各种艺术手段去揭示生活的本质。

在进行影视评论的过程中，要写那些曾经真正激动过，感动过自己的东西，不要泛泛而谈，要实事求是地从银屏提供的生动具体的形象体系出发去评、去论，不要从主观臆念出发去"想当然"。要培养独立的见解，不要人云亦云，尤其当一股潮流涌来的时候，更要有自己的独立的见解。提倡写短文，提倡朴实的文风，不要随意去用一些"新名词"。评论是科学、说理，而不是唬人，不是装腔作势。同时注意观摩优秀作品，学习优秀的评论作品的写作，在借鉴中学习提高。同时尽可能地培养多种艺术修养，为多角度、多侧面的评论打下基础。

泰坦尼克号 海报

教父 海报

◆ 四、音乐评论

音乐评论是音乐生活中的一种专门活动，是一定的阶级、阶层或社会集团通过评论家以书面文字或口头语言来表达对音乐的褒贬、要求、评价、展望、回顾等的一种特殊方式。良好的音乐评论具有科学性与权威性，对创作、演出、欣赏以及社会音乐生活起相当重要的影响。广义来说，音乐评论也可包括一般普通听众所发表的意见在内。这种意见若形成舆论或呼声，其力量及影响比评论更大。音乐评论作为一种特定的著述类型，其兴旺与音乐生活的发达共生共荣。或者更准确地说，音乐评论的发展内置于音乐生活的发展之中。正如肥沃的土壤才能养育参天的大树，只有多样和多元的音乐生活，才能孕育活跃而活泼的音乐评论。而中国当前的音乐生活，一般公众对音乐的文化含量与精神品格尚没有足够认同，具有全面素养和广泛影响的音乐评论家群体尚待形成。因此，即便是在京、沪、港这样的"大城市"，似乎也还不能用"丰富多彩"来形容。因此，汉语世界中音乐评论的羸弱，看来有其必然。

音乐评论的对象，通常以音乐作品及演出为主，也可扩展到对音乐家、音乐风格、流派、音乐书刊的评价，并常涉及与音乐有关的各种社会现象。音乐评论的表达方式除书籍、报刊、杂志之外，还可通过集会或其他的公共宣传手段，如广播、电视等来扩大评论的影响。评论的内容和形式因不同对象而有差异。如供专家参考的偏重理论性和技术性的分析；对广大听众则采用较为通俗普及的解说介绍。

音乐评论的目的，在于对所评论的对象做出一定的审美评价。为此，首先必须有一个评价的标准。这个标准因评论家的审美理想、审美观念而有所不同。评论家不可避免地受到特定历史时期的具体社会、民族和阶级的影响，总是有意或无意地宣传、提倡或倾向于一定的音乐思想，反对或排斥某种音乐思想。在评论中也必然反映出评论家自己的艺术观、艺术修养、兴趣爱好等特点。尽管如此，在一定历

音乐的力量 科柯施卡 1918年 布面油彩 100厘米×151.5厘米 艾恩德霍芬范·阿贝美术馆

梅里特大道 德·库宁 1959年 布面油彩 228厘米×204厘米 私人收藏

史条件下，仍会形成一个基本的标准。它取决于当时社会上占主流地位的音乐思潮。这种标准不外从两个方面来考虑，即社会功利价值标准，包括作品在政治、道德伦理、社会风气等方面所产生的影响；艺术价值标准，即从内容与形式结合方面是否合乎审美要求和审美理想。大体说来，能为大多数人所接受的标准，常常是符合于社会进步力量的观点、要求和利益，符合于音乐艺术发展的基本规律，因而是比较客观而具有科学性的。否则，公众就会拒绝承认这种标准而使评论失去其作用。正因此，音乐评论往往与当代社会的思想斗争、政治斗争有密切的联系，反映出意识形态斗争的复杂性。

音乐评论的标准虽然具有上述的社会客观性，但在历史的长河中，由于社会的发展，对音乐艺术自身规律的逐步掌握，对音乐审美教育功能的认识的深化变异，使音乐评论家不断对以往的标准加以扬弃取舍，又形成新的标准以符合新的社会要求。这样，音乐评论标准就具有社会客观性与历史可变性这两种特性。通常，成功的并对社会起重大影响的音乐评论，必然会有意无意地反映了当代社会发展的需要，表现出社会的审美理想和审美趣味，因而带有进步性、科学性和权威性。

音乐评论的高标准，对音乐评论家的要求是多方面的。首先，他应具有高度的音乐修养和鉴赏能力，能理解音乐内容和形式的奥秘，从中获得丰富的感受和体验。要达到这个要求就必须有广博的知识积累和文化艺术修养，特别是对民族传统文化的理解。其次，他应具有一定的思想理论水平，能对所评论的对象加以鉴别，发现其优劣得失，并加以分析、概括，做出理论上的说明，特别是从哲学、社会学、美学角度上作出符合客观实际的审美评价。第三，他应具有科学的头脑，思维严密，善于分析与综合，判断准确，有勇气，有创见，敢于独树一帜，对庸俗吹捧、无理的攻击或带有偏见的评述敢于抵制，坚持原则，维护真理。第四，还要有高度的写作水平，能有条理地、准确有力地阐述自己的观点和意见。理想的音乐评论家应集音乐家、美学家、科学家与文学家于一身。

第九章 美育

美育是审美教育的简称。蔡元培先生在为1930年商务印书馆出版的《教育大辞书》中给美育下的一个定义："美育者，应用美学之理论于教育，以陶养感情为目的者也。"这则定义表明美育是教育的一部分，是在美学理论指导下的感情教育。它也符合美育思想发展的历史事实。但从其实践品性来看，它又与社会学、伦理学、心理学、文化学密切相关。就美学的一般理论而言，在人对现实的审美关系之中，美的客体与审美主体之间总是相互作用的，不仅审美主体能够感受客体的美与不断创造美的物质产品和精神产品，而且美的客体(不仅是自然美、社会美，还包括艺术美)还能发展和提高人感受美和创造美的能力。因此，人们很早就懂得这一辩证法规

乌菲齐美术馆的收藏室　佐法兹　1792—1780年　布面油彩
123.5厘米×154.9厘米　伊丽莎白二世收藏

律，把美的对象运用到对人本身的培养和教育方面，就形成了美学与教育的结合，而且形成了整个人类教育的一个极其重要的有机组成部分——美育。而作为培养人和教育人的教育工作者以及凡是从事与人类精神世界相关的工作者，也必须了解和研究美育问题。

所谓美育，即审美教育。它有广义和狭义之分。狭义的美育就是指艺术教育，是美育的主体；广义的美育是指利用一切审美价值对人进行的教育。这些审美价值包括艺术美、自然美、社会美以及德育、智育、体育中的审美因素。它是以审美的对象，特别是以各门类艺术为主要手段，寓教于乐，培养和提高广大社会成员，尤其是青少年的审美能力和审美趣味，潜移默化地塑造健全的心灵，培养全面发展的人才的教育。

▶ 第一节　中西美育思想史

"美育"这个术语是德国美学家席勒在他的《审美教育书简》（又译为《美育书简》）中最早提出和运用的。中国最早使用"美育"术语的是

蔡元培先生。1901年他在《哲学总论》一文中提出了"美育"的概念。1903年王国维在《论教育之宗旨》中，把西方美育理论较为全面地引进中国。

尽管美育这个概念由席勒率先提出，但美育思想则古亦有之，源远流长。历史上许多思想家、教育家对此都有过精妙的论述。

◆ 一、中国美育思想发展概述

早在三千多年前的商周时期，就有了"礼乐"活动，人们就注意到了美育在培养人方面的重要性。在《周礼》中出现的"六艺"，是周代培养士大夫作为基础教育必须掌握的科目。那时，贵族弟子都要学习"六艺"，包括"礼、乐、射、御、书、数"六个科目，其中"礼"是指道德伦理教育活动，"乐"是指音乐、舞蹈，即具有审美性质的艺术教育活动。强调礼法和技艺的结合，使得这种教育有着浓厚的实用色彩，也使中国古代美育形成了一个鲜明的特点，即道德美育比较发达。这一特点对中国的教育思想产生了深远的影响。

春秋战国时期，中国学术思想异常活跃，诸子百家站在各自的立场上，提出了自己一系列的主张。孔子在"仁学"的基础上充分发挥了周代的"礼乐"思想，提出了以"仁"为核心，以"礼"为内容，以"艺"为手段的美育思想体系。

孔子主张"兴于诗，立于礼，成于乐"。在孔子看来，知识既是审美修养的内容，又是审美教育的途径。一个人要具备美德，必须学习，因为知识是美德的组成部分，它可以引导人通过美而走向善。同时，礼乐活动的目的在于人格修养，在于提升人的精神境界。也就是要把人培养成为符合"礼"的要求的人。

"成于乐"包含着孔子重要的美育思想内容。"乐"可以说是集诗、乐、舞于一体的艺术的总称，它能产生对人潜移默化的感化作用，培养人高尚的审美趣味和审美能力。当然，孔子认为只有合乎道德规范的"乐"才能达到教化的目的。孔子的美育思想奠定了中国古代美育的思想基础，一直是传统美育的核心和主导观念。虽然有很多人对其进行了不断的发挥

女史箴图 东晋 顾恺之 唐人摹本 绢本设色 纵25厘米 横349厘米 英国伦敦博物馆

和完善，但直到近代王国维、梁启超和蔡元培等人的出现，才在理论方面产生了重大突破。

近代中国，美学被一些先觉的学者引进国门，美育思想也被他们引进国门。其中有代表性的如下：

（1）美育是情感教育的思想。梁启超作为近代文化革命的先驱和民族思想的启蒙者，立志于开启民智、宣扬新思想以救国新民。他长期游学国外，深受西方思想的影响，形成了自己的美育思想。

写生珍禽图 五代 黄荃 绢本设色 纵41.5厘米 横70厘米 北京故宫博物院

梁启超认为，美是人生中"最要者"，趣味是生活的原动力，一个民族也像一个人一样，不能没有趣味，否则就将是一个麻木不仁、愚昧无知的民族。一个民族需要来自审美艺术和来自情感教育的滋养，才能自强自重，才有前途和新的生活。他说："古来大宗教家、大教育家，都最注意情感的陶冶，老实说，是把情感放在第一位。情感教育的目的不外将情感善的、美的方面尽量发挥，把那恶的、丑的方面渐渐压伏下去。这种工夫做得一分，便是人类一分的进步。"可见，他充分认识到了情感教育对人的审美培育的重要性，情感教育的目的是去恶扬善而至于美，并指出情感教育是社会生活和人的审美教育活动的主要途径。梁启超还提出"情感教育最大的利器，就是艺术"，因为"艺术是情感的表现"的观点。

芥子园画谱

（2）美育是纯艺术教育的思想。王国维是第一个将西方近代美学思想介绍到中国并应用于文艺和美学研究的人。在中国近代首次正式倡导"美育"。早在1906年，他就发表了《论教育之宗旨》一文，其中明确提出了教育的真正目的就是造就"身体之能力"和"精神之能力"相统一的"完全之人物"。而为了达到这一目的，就必须实行"完全之教育"。"体育"和"心育"是这种教育的核心内容，但作为精神教育的后者，在他心目中具有重要地位，而美育则是心育的重要内容。他还提出"为文学而文学"，认为文学艺术能使人们挣脱现实生活的束缚和痛苦，获得精神的解脱和安静。

（3）"以美育代宗教"的美育思想。蔡元培认为审美教育是培养健全人格的重要途径，提出了"以美育代宗教"的著名主张。因为人要成为一个人格健全的人，就必须拥有健康而丰富的情感，而艺术审美活动和美育的实施正能潜移默化地陶冶人的情感。美育是培养人格健全、全面发展的人的重要手段，能够使人更好地建设和享受生活。而宗教却压抑人对生活的情感，要人放弃人世间的正当享受，培养对宗教的忠诚。而宗教为了达到这一目的，往往采用艺术的手段。为了让人性得到充分自由的发展，就应该将艺术从宗教中解放出来，这样才能完全发挥艺术审美的作用，发挥它的陶冶人的情感的功能，也只有这样，才能使人的感情摆脱宗教的控制，从而获得健康和谐的发展。

◆ 二、西方美育思想发展概述

先从古希腊柏拉图的美育思想说起。古希腊时期，由于悲剧、史诗和雕塑等艺术比较发达，西方美育思想在该时期得到了较充分的发展。古希腊的美育思想对西方美学思想的发展有巨大的影响。这里主要介绍这一时期柏拉图的美育思想。

柏拉图的美育思想主要体现在他的对话《理想国》和《法律篇》中。他主张对身体进行体育教育，对精神和灵魂进行音乐教育。

柏拉图从培养理想国的公民的角度，认为艺术教育是"培养城邦保卫者的不可或缺的手段"。他特别看重音乐的作用，认为"音乐教育比起其他的教育来是一种更为强有力的工具，因为节奏和声音有一种渗入人的灵魂深处的特殊方法，在音乐中人们的注意力已被强烈地吸引住了，它给人以强烈的魅力……而受到过那种真正音乐教育的人，就可以锐利地去分辨出艺术和自然中的疏忽和缺陷，并能以一种真正的鉴别力去赞美或喜欢那些善的东西，吸收到自己的灵魂中去，从而使自己更善更高尚"（《理想国》）。这里可以发现，柏拉图十分重视美育，他反对那种在他看来是对人的道德养成有害的艺术。柏拉图把诗人从理想国中驱逐出去，也是因为认为诗的力量会蛊惑人，扰乱人的心志，不利于人的知性发展和道德完善。在美育中，他还特别强调好的艺术作品和美的自然对人的心灵的滋润和熏陶。

画室 库尔贝 1855年 布面油彩 361厘米×598厘米 巴黎奥赛美术馆

柏拉图的这些思想是西方美育思想的一个重要传统，如他的弟子亚里士多德就深受其影响，提出了音乐具有教育、净化和精神享受等方面的美育功能，在其《政治学》中明确地说："音乐应该学习，并不只是为着一个目的，而是同时为着几个目的，那就是①教育，②净化(即陶冶)，③精神享受，也就是紧张劳动后的安静和休息……"18世纪的法国思想家卢梭等，提出要"回到自然"，让儿童在大自然的环境中感受各种美，培养他们对美的事物的兴趣和爱好，使他们的自然素质不至于腐蚀，并主张把"工艺和艺术方面的教育"提到与"道德方面"、"智育方面"同等的地位，要求学校和教师注意培养儿童的工艺和艺术方面的能力，提高他们的艺术修养。

近代西方美育史上，席勒对美育的贡献功不可没。席勒不仅创造了"美育"一词，而且有着深刻的美学思想。席勒在《美育书简》中提出了美育概念，是因为他认为他看出了资本主义时代的最大问题，即以分工为标志的工业社会对人的性格发展带来了严重的后果：人性分裂，自由丧失。在他看来，要恢复人的完整、和谐的个性，提倡美育是唯一的方法。席勒强调："只有人在充分意义上是人的时候，他才游戏；只有当人游戏的时候，他才是完整的人。"也就是说，只有在审美活动中，人才处于一种游戏的状态和审美观照中，感性和理性得到重新统一，人性的分裂才在这种游戏中被克服，人就能进入一种自由的境界。

画廊 杜米埃 1858—1862年 40厘米×32.5厘米 纽约约纳斯收藏馆

席勒给予美育与德育、智育、体育以同样重要的地位。他强调美育的宗旨在于"培养我们感性的精神力量的整体尽可能和谐"。他试图通过倡导美育来建造他心目中的那个"审美王国"，从而得到政治自由，"我们为了在经验中解决政治问题，就必须通过审美教育的途径，因为正是通过美，人才可以达到自由。"[1]席勒把审美自由看成是社会自由和政治自由的前提，这无疑夸大了美育的作用。但席勒希望通过美育来塑造完整的人的观点，使得欧洲的美育从此得到了有意识的发展。因而德国当代哲学家哈贝马斯把席勒的《美育书简》说成是历史上第一部系统的、对现代性进行审美批判的纲领性著作，称席勒为把握到现代性的第一人。

▶ 第二节　美育的特点

在我们看来，美育的特点就在于：寓教于乐，怡情养性和潜移默化。寓教于乐主要指美育的工具和手段应该是具体、感人、独特的形象；怡情养性主要指美的形象通过审美情感的中介而造成审美过程中的知、情、意三方面和心理功能的协同活动，培养和提高审美能力和审美趣味；潜移默

1.[德]席勒：《美育书简》，徐恒醇译，中国文联出版公司1984年版，第39页。

2.《西方美学家论美和美感》，商务印书馆1980年版，第47页。

化则意味着前两者在长期坚持不懈的实践中达到统一，从而使受教育者自由地得到全面发展。

◆ 一、美育是寓教于乐的教育

审美具有娱乐性，古罗马美学家贺拉斯说："寓教于乐，既劝谕读者，又使他喜爱，才能符合众望。"[2]美育不同于德、智、体三育的地方，首要在于它所运用的手段和工具不是运用道德和政治的规范、知识的概念体系以及体力的训练，而是具体、感性、独特的形象，换言之，它是通过生动具体、具有审美价值的可感形象，直接诉诸感官，感染、陶冶人，从而收到教育效果。比如面对一棵古松，只是观赏它伟岸、婆娑、遒劲的身影，使人感到自己的精神为之振奋，为之昂扬向上，因而在对古松的审美愉悦中接受美的熏陶和浸染。因此，它除了大量运用自然风光的自然美与社会实践、社会斗争中高尚人物的社会美以外，更主要地是运用各门类艺术的美。因此，美育最主要的手段和工具是各种艺术。因为艺术的美是现实美的集中概括，是内容和形式的统一，主观和客观的统一，最富于创造性，所以最能强烈地感染受教育者，具有最强烈的作用力，也就是最能发挥情感的中介作用，通过艺术的审美功能而达到最充分、最有效地发挥艺术的教育功能和认识功能。

女孝经图 宋代 佚名 绢本设色 台北故宫博物院

◆ 二、美育是怡情养性的教育

美育不同于德、智、体三育的地方，还在于它主要不是诉诸于人的意志、认识和肉体的单独某一方面，而是主要诉诸于整个人的心灵，激发起人的以情感为中介的整个心灵的各个方面的协同活动，并促使受教育者自觉地陶冶自我。因此，美育具有鲜明的情感性的特点，即它是以情感人，使受教育者的精神、灵魂发生内在的难以察觉的变化。这种变化一旦发生，则其持久性比简单的抽象和说教要牢靠得多。朗吉萨斯就曾说："和谐的乐调不仅对于人是一种很自然的工具，能说服人、使人愉快，而且还有一种惊人的力量，能表达强烈的感情。"[1]美育之所以具有一种"惊人的力量"，就是因为其强烈的情感性，因此美育对人的影响是内在的而非外在的。中国古代就明确地认识到这一点，《乐记》中云："乐由中出，礼自外作。"[2]这样，人通过美和美的感受能够最有效地去追求真、善和健康。因此，美育不应该光着眼于开设各门艺术课程，而且还要把美育贯穿到一切教育机构的所有课程中去。蔡元培说："凡是学校所有的课程，都没有与美育无关的。例如数学，仿佛是枯燥不过的了；但是美术上的比例、节奏，全是数的关系，截金术(黄金分割——按)是最明显的比例。数学的游戏，可以引起滑稽美感。几何的形式，是图案美术所应用的。理化学似乎机械了；但是声学与音乐，光学与色彩，密切得很。雄强的美，全是力的表示。"[3]这就是说，美育还不仅在于把数、理、化等学科在教学中尽可能趣味化，更重要的是应该在于把美育的特点糅进这些学科的教学方法中去。也就是说，我们在抽象枯燥的数、理、化等学科的教学中也应注意对学生实施情感教育。

拿破仑翻越阿尔卑斯山 大卫 1801年 布面油彩 160厘米×221厘米 马尔曼松王家博物馆

◆ 三、美育是潜移默化的教育

　　美育的潜移默化特性是指美育看起来不刻意教给受教育者什么知识，也很难明确地感受到受教育者在某一次审美教育之后有什么明显的变化。可是在这种日积月累的审美体验之后，他的气质、素养、人格以至人生境界，都会不自觉地受到影响。因此美育是"润物细无声"，让人如浸染在空气中一样，从而扩大生活视野，提高生命境界。美育不同于德、智、体三育的地方，还在于它不是强制性的教育活动，而是一种具有极大自由性的教育活动。正因为美育的手段和工具是具体、感人和独特的美的形象，它的作用方式是通过情感全面地激起整个心灵的活动，所以它就不是一种强制性的灌输，靠强化纪律来施行教育，而是通过受教育者对美的对象的主动接近，耳濡目染，于不知不觉之中而受到教益的教育过程。因此，在这种状态中，所学到的知识就掌握得更牢固，并便于通过联想而随时被回忆起来；所得到的道德规范和伦理观念也就会更加鲜明，在日常生活的过

1.《西方美学家论美和美感》，商务印书馆1980年版，第49页。

2.《四书五经·礼记》，中国书店1985年版，第207页。

3.蔡元培：《美育实施的方法》，《蔡元培美学文选》，北京大学出版社1983年版，第155页。

九色鹿本身故事 唐代 壁画 敦煌257号洞窟

程中会随时随地给人的行为提供一个具体的参照者；所进行的体力强炼同样会更加持之以垣，伴随着一种热情的推动力。我们平常所说的"榜样的力量是无穷的"，"身教重于言教"，"没有热情就没有对真理的追求"，"近朱者赤，近墨者黑"等等，其中就渗透着美育的精神和特征，昭明着美育潜移默化的巨大力量。

▶ 第三节　美育的目的和作用

◆ 一、美育的目的

掷铁饼者 米隆 雕塑 罗马复制品

美育的目的是什么？席勒认为是要塑造"完整的性格"，蔡元培则认为是造就"健全的人格"，实际上都是要培养个人的全面发展。

席勒在《审美教育书简》中集中地对比了古希腊社会和近代社会的状况，阐明了他提倡美育的目的。他认为那时的希腊人的理解力和想象力，感性和理性，内容和形式，个人和群体和谐统一成了"完整的性格"，古希腊的这种完整性格应该是近代人的典范，但是，由于科学的进步，分工的扩大，国家机构的精密化，造成了近代社会的一系列对立和机械化生活方式：国家和教会，法律和习俗，享受和劳动，手段和目的，努力和报酬等相互分离冲突，使得人失去完整性格而成为碎片，成为分工的奴隶，在每个人身上只发展他的职业所需要的某一二种能力。因此就需要美和艺

拉奥孔 公元前1世纪 大理石雕刻 高244厘米 罗马梵蒂冈博物馆

术，需要美育来恢复古希腊人那种性格的完整，使个人得到全面发展，从而拯救国家和人类社会。

蔡元培在《普通教育和职业教育》中重申辛亥革命后所制定的普通教育的宗旨：(1)养成健全的人格，(2)发展共和的精神。并解释说："所谓健全的人格，内分四育，即(a)体育，(b)智育，(c)德育，(d)美育。这四者一样重要，不可放松一项的。"蔡元培的思想的指归也是通过美育与体、智、德育的结合而培养出全面发展的人才，以救国于沉沦危难之中。

无论通过美育以恢复性格的完整，还是通过美育以造就健全人格，他们对美育的目的却是一语道破：美育不是消遣，也不是无谓的游戏，而是改造人生的斗争工具，是人类精神文明的重要组成部分，是人生之一翼，它的目的就是要培养和造就全面发展的个人，逐步克服社会强制性的分工所造成的人的片面畸形的发展，促进人类由必然王国向自由王国不断飞跃。美育是实现人的自由的唯一途径，审美活动的特点就是自由，"通过自由去给予自由，这就是审美王国的基本法律"[1]。

◆ 二、美育的当代使命

现代科学技术的高度发展，在给我们带来了丰富物质财富的同时，却使人类越来越为物质所奴役，人们的生活境界越来越沉沦于物质生存层面。面对这种现状，美育更应当承担起这一重任。

现代科学技术的发展为人们的生活提供了前所未有的物质财富，正如马克思所说的，资本主义在近百年的历史中所创造的财富比人类历史上所有社会创造的财富还要多。但与物质财富的发展极不一致，精神的贫困却也成为一个不争的事实：物质越来越严重地压抑、窒息、吞噬人们的心灵，使人的心灵物化、人格异化了。这样，高度发达的物质文明与深刻的精神危机形成巨大的反差。事实上，自从机器化大生产以来，物质对精神的奴役所造成的人的"异化"问题就受到许多哲学家、艺术家的极大关

1.席勒：《美育书简》，徐恒醇译，中国文联出版社1984年版，第116页。

依卧人像 亨利·摩尔 英国 1963—1965年 石灰石 长500厘米 巴黎联合国教科文组织总部

注，无论是卡夫卡《变形记》中人变成甲壳虫的隐喻，还是萨特关于"他人即地狱"的现代言说，以及法兰克福学派对于技术文明的批判，都是在关注到人类心灵被"异化"这个现实基础上所作出的独特诠释。在当代，物质文化更以其平面化、技术化、复制化、传媒化、视觉化的大批量的生产优势，迅速侵占了人们的心灵，造就了许多"单面人"、"空心人"，产生了许多人性异化、人格失衡、道德沦丧、精神悲观的问题。

我们是谁，我们从哪里来，我们将要到哪里去？ 高更 1897年 布面油彩 139厘米×735厘米 波士顿美术馆

改革开放以来，我国大量引进西方先进的科学技术，在短短几十年里取得了经济发展的瞩目成就。然而在经济极大发展的同时，在很大程度上忽视了人性自身的发展，忽略了人生境界的审美层面，从而出现了许多社会问题。拜金主义、物欲横流、诚信沦丧，人们之间充满了仇恨怨怼，从而导致人与人之间的冷漠、官员的贪污腐化、社会上暴力的盛行以及欺诈失信的蔓延，成为了我们周围无法避免的生活常态。目前，我国已经充分注意到这种局面的弊端，将建立和谐社会提到议事日程上。那么，如何才能构建和谐社会呢？这首先得依靠每一个人格和谐健全的个人，而要达到个体人格的健全和谐，审美教育在其中可以发挥巨大作用，能够承担起更多责任。

其实，关于审美教育在摆脱现代工业社会所带来的人的异化、重新回归人性本真状态中的重要作用方面，西方许多人本主义哲学家都不约而同地注意到了。席勒把美育看成是解决现代人感性与理性矛盾冲突的桥梁，海德格尔更是把"诗意地栖居"看成是人回归人性本真状态的必由之途。审美教育的这一重要作用，在我国现阶段构建和谐社会的背景下，显得尤其重要。而美育则通过审美教育活动，使自己的感性丰富和深刻，从而使自我的各种心理能力在感性审美能力的调动下达到和谐，最终使人的感性与理性结合起来并成为一个完整的人。

◆ 三、美育的作用

在实现培养和造就全面发展的人这个目的的具体发展过程中，美育的主要作用表现在以下三个方面：

第一，培养某种审美价值取向。美与丑是相比较而存在，相斗争而发展的。无论在自然、社会和艺术中，美丑以及各种形态都是纷繁杂呈的，要从中把真正的美的对象分辨出来，开展正确的、健康的审美活动，就必须要求审美的每个个人都要具备辨别美丑的能力。这种能力并不是遗传的产物，它是每个社会成员通过较长的审美活动的实践，在正确世界观的指导下逐渐形成的。个人生活在社会环境中，通过美育，使个人接受某个社会关于美和丑、崇高和卑下、悲和喜的概念，从而形成自觉的审美价值取向。当然，

时髦的婚姻之一：订婚 荷加斯 1743年 布面油彩 69厘米×89厘米 伦敦国家美术馆

学校教育与社会教育应该是统一的。如现在我们谈得较多的见义勇为，老师教给学生的是要勇于与丑恶的、黑暗的势力进行斗争，但一到社会上，大多数的人是明哲保身，看见抢劫装作是瞎子，听见救命装作是聋子，可看见打架斗殴却劲头十足，围着看着指点着，把它当做娱乐来欣赏。

第二，发展人的审美创造能力。创造美，并不是艺术家的专利，应该说，每个社会成员都有创造美的潜在能力。高尔基说："我确信，每一个人都具有艺术家的禀赋，在更细心地对待自己的感觉和思想的条件下，这些禀赋是可以发展的。"审美教育的一个重要作用就是要把每个社会成员的这种艺术家的禀赋发展起来，为发展这种禀赋创造有利的条件。从儿童的最初的涂鸦，写第一个毛笔字，做第一个手工制品，写第一篇作文，画第一幅素描等等开始，我们的审美教育就应该有目的、有意识地去培养、发展、提高青少年创造美的能力。这样才能培养出具有美的创造力的普通劳动者或艺术家。

第三，塑造优美的心灵。审美教育的目的是培养全面发展的人才，但是在仍然存在和需要社会分工的条件下，我们并非要去超越历史地塑造一种在每一行当和艺术门类都有杰出成就的通才和全才。因此，审美教育的具体作用在总体上就是对上述二方面作用的综合，不能把其中一种作用绝对化。柏拉图把第一种功用绝对化，使美育完全隶属于道德教育，为培养某种价值取向服务。席勒则把第二种功用绝对化，视美育为恢复个性完整的唯一手段，美育仅仅在于发展人的高级精神能力。这两种观点都有片面性。美育应该使得受教育者对美的辨别能力、感受能力、创造能力都得到锻炼和发展，使他们的感觉力、观察力、想象力、理解力、体力、创造力等等一切人类的本质力量都得到发展，一句话，就是塑造一种优美的心

灵，和谐的心灵。同时把美育与德育、智育、体育等三方面的教育有机地结合起来。蔡元培说："美育者，应用美学之理论于教育，以陶养感情为目的者也。"另一方面，美育又可以成为促进德育和智育发展的手段。蔡元培先生以踢球为例加以说明。踢球首先要研究踢球的方法，知道踢法了，是有了踢球的知识。要是不高兴踢，就永远都踢不好球。美育就是培养踢球的兴趣。有了兴趣，就能够促进踢球者更好地去研究怎样踢球及踢球的品格等等。

▶ 第四节 美育实施的基本途径

审美教育作为教育的一个重要内容，如同教育一样，也是一个系统工程。社会的任何一个单方面的力量都无法独自承担起这个重任。蔡元培在《美育实施的方法》一文中论述了美育实施的三个基本途径：家庭美育、学校美育和社会美育。

◆ 一、家庭美育

家庭美育首先要求家长具有较高的审美素养和人生修养，在日常生活中全面地去感染孩子、影响孩子，达到对孩子进行审美教育的目的。家庭美育以胎教为起点。孕妇要生活在平和活泼的家庭环境里。室内的墙壁和地板、地毯都要选用恬静的颜色。避免过分刺激的色彩和动感十足的音乐，选择平和的、乐观的音乐和文字。婴儿出生后，成人的言语和行为，都要有适度的音调态度。儿童审美发展的途径首先应该以积极地、仔细地感知周围世界为主，而这主要依靠家庭美育来实现。家庭美育如果开展适时，采用的方式得当，能够对人的成长产生深刻的影响。家庭可以培养孩子对自然的热爱之情，培养他对艺术的兴趣，培养他对生活的一种审美态度。

自然界本身是一幅迷人的图画。家长可以和孩子一起到野外观四季交替，赏云霞变幻等，这些都是培养幼儿观察力与感受力的好途

夏邦蒂埃夫人和孩子们 1878年 布面油彩 153.7厘米×190.2厘米 纽约大都会博物馆

径。从小培养孩子对自然的好奇和对自然的一种亲切感，懂得珍视与他一同生活在地球上的所有其他生物之间的和谐关系。在自然界里，父母也为孩子提供了一个机会，使他能够认识将艺术同生活加以对比的生动材料，引导他去理解艺术的本质。

惜春作画 清代 泥塑 高31厘米 北京故宫博物院

对待艺术的态度，对孩子的影响很大。家庭美育要致力于培养孩子的艺术兴趣。因为孩子正是在家庭中开始形成他们最初的艺术情感、审美趣味和审美立场。家庭美育可以教会孩子初步学会观察、感受并理解艺术中的美，培养他们在日常生活中创造美的愿望和能力。如在家庭日常生活中要注意物品摆放整齐，清洁卫生，注意日常生活中的美观，培养手工制作的兴趣，这些不仅能使家庭环境多姿多彩，而且还能培养人爱好美的习惯、对生活的审美态度。

另外，信息时代的环境、网络技术、影视平台等，给人们提供了各种获得新信息的途径和方法，但在信息传播途径中，也充满了各种诱惑和不健康的东西。这些不健康的东西一方面需要社会的力量尽可能地去清除，另一方面也需要家长有效地指导、引导孩子获得信息的途径和方法，使孩子在充分接受现代文明带来的美的享受的同时，避免误入歧途。

◆ 二、学校美育

学校教育是一个人从家庭走向社会的中间环节，也是一个人接受系统教育的时期。学校是人生的重要课堂，是实施美育的最重要场所和途径。因为对于每一个人，学校教育阶段是其人生观、道德观、审美观等形成的最重要阶段，且学校是集中专门进行教育的机构，美育自然是教育的内容之一。

学校美育的领域是十分广阔的，一般可分为课堂美育和课外美育。课堂美育主要是指在学科教学中的美育、教学组织活动的美育等，课外美育主要指校园环境的美育、课外活动的美育等。

学科教学中的美育，主要包括向学生传授各门学科知识中的美，有关美学的基本理论知识以及进行专项艺术技能的训练。爱因斯坦曾说过，"用专业知识教育人是不够的。通过专业知识他

马赛曲 吕德 1833—1836年 石灰石 高1280厘米 巴黎星形广场凯旋门

可以成为一种有用的机器，但不能成为和谐发展的人。要使学生对价值有所理解并且产生热烈的情感，才是基本的。他必须获得美和道德上的鲜明辨别力。"这可以看出，学校美育的重要性。也就是说，审美教育不是单纯的艺术教育或形式美的教育，它必须与先进的科学思想、科学知识和全面的智力发展紧密相连。

学科教学中的美育首先体现在艺术类课程的开设上。由于长期以来应试教育的影响，艺术类课程教育在提高学生素质方面的作用在很大程度上被忽视了。现在随着素质教育的提倡，从小学到中学的整个教育体系中，艺术类课程的教育比以往受到重视。在这个基础上，我们应尽最大可能发挥艺术教育作为审美教育的核心作用，提高学生的审美感受力、审美鉴赏力、审美创造力，并由此提升学生的审美人生境界，从而达到审美教育的目的。当然，如前所述，在应试教育体制下，学校考核教师、家长考量学校的主要标准还是考试成绩，所以艺术类课程还在很大程度上仅仅是一种点缀。美育的过程性以及它在建构和谐健全的人格过程中的重要作用还有待于家长、学校以至整个社会认识的进一步提高。要充分发挥艺术课程的审美教育作用，还需要我们每一个人的共同努力。

学科教学美育不仅体现在艺术类课程的教学中，而且在各门课程中都可渗透审美教育的因素。如在体育课中，优美的身体造型、强健的体魄、运动中所显示的力之美以及运动对人意志力的考验等等，都是可以挖掘的审美因素。政治、历史课程中更是具有审美内容的存在。即使一些自然科学中，如数学、物理、化学等学科，那些圆形、抛物线、几何体等形式，物理世界中的许多自然物，化学中的分子结构，也都可以作为审美的形式来看待。

教学组织活动中的美育和教师形象的美育，也是属于课堂美育的题中应有之义。在学校教育中，教师发挥着"传道、授业、解惑"的主导作用，其言传身教对学生的影响非常大。教师的知识水平，自身的道德、情操、仪态及穿着打扮等都可以成为教学中的重要审美因素，从而对学生起到榜样的作用。总之，学校美育要使学生具有崇高的审美理想、健康的审美趣味和完整的人格，就要通过教师与学生的情感和心灵交流来进行。所以，教师的榜样作用对学校美育目标的实现有重要的推动作用。

课外美育旨在造成一种实施美育的校园文化生活气氛，开阔学生的知识视野，丰富学生的精神生活内容，对他们的感情进行感染和熏陶，如举办文艺活动、评选校园歌手的比赛、成立各种演艺团体、举办艺术展览和知识讲座等，都是好的方式。

◆ 三、社会美育

社会美育比家庭美育、学校美育包括的范围更广，它是人生审美实践的继续和延伸，是属于整个社会、民族乃至全人类的共同事业。

社会美育的特点，主要是借用可感的物质媒介来造成一种社会的精神文化气氛，通过感性熏陶的方式渗透进人的生活的各个领域。因此，社会美育注重的是对人的间接影响和作用，使主客体之间得到感情的交流，其目的是为了促成一种全社会都来追求美、向往善的发展趋向，使社会和人生更加完美。

社会美育的内容是多方面的，它包括社会的精神生活和物质生活。前者主要包括人伦关系、道德习尚、审美风范和文化遗产等方面的内容，后者包括历史名胜古迹、保护生态环境和文化设施、居住工作环境等等。物质本身也可以作为一种精神载体传达出某种内涵，这主要表现在物质产品渗透了人类的审美理想。社会美育的实施可以从物质文化方面切入，通过精神文化的物质载体来强化社会的审美气氛。此外，社会的发展不仅体现在社会物质载体上，也体现在精神因素方面。一个社会的发展是否符合人类的审美理想和追求，是否使人类的个性发展和完善从根本上摆脱"物役"的束缚，是很重要的。

善良的萨玛利亚人 13世纪初 彩色玻璃画 沙特尔主教堂

社会美育的具体实现一方面得由政府筹划和引导，另一方面更是由每个社会成员来协助实现和完成的。比如现代网络技术的发展，为我们的信息传播带来了极大的便利，使我们的审美教育的普及有了更为方便的途径；但同时也为一些有害东西的传播增加了可能性。如何以美的形象、美的内容来影响人的心灵、实现审美教育对人生境界的提高、对人的心灵的美化，是当前一个重要的理论命题。政府的力量当然重要，然而无论如何，网络的真正纯净美善最终都是由每一位网民来完成和实现的。所以，在这种情况下，提高全民族的整体素质，特别是每个个体的审美素质就显得尤为重要。审美教育功能的真正实现，还得靠每一位具有崇高人生境界和高层次审美修养的个体来完成。

日月观音 宋 石刻 高237厘米 大足北山第136窟

第十章 美与艺术

概述

　　艺术与美不可分割。历史上有些理论家认为美和艺术是两门不同的学科，试图将美和艺术割裂开来。而另有一些唯心主义理论家则将两者等同起来，声称真正的美只为艺术所固有，现实美要么不存在，要么不完善，唯有艺术才能创造真美。这两种观点都是片面极端的观点。[1]在我们看来，美学涉及一切活动领域中的美：自然美、社会美、艺术美。艺术的美，是美的最高级的表现形态；美的艺术，是人类审美创造的共同财富，是人类审美欣赏的普遍追求。艺术与美有着天然的联系。要把握艺术的特性，必须涉及美学问题，必须着眼于美与艺术的关系。

▶ 第一节　美与艺术的关系

◆ 一、什么是艺术

　　"艺术"一词，在人类早期，是被当做诸如造物、种植等生产劳动中所采用的"技术"、"技艺"来加以认识和对待的。在中国，最早的象形文字中"艺"字便是一个人跪蹲着栽种植物的形象，其本义是"种植"的意思，就是说，它是一种农业技术。孔子提倡的"六艺"——礼、乐、射、御、书、数，其中我们称作艺术的"乐"、"书"等与射箭、驾车等一样都是一种技艺、技能。西方"艺术"(Art)一词的最早来源，根据《大不列颠百科全书》的解释，是来源于古希腊拉丁语Ars，其内涵非常宽泛，凡是人们经过长期训练而掌握的某种技能、技巧，包括一切能满足人的各种需要的生产、制作活动，如建筑、造船、耕作、酿酒等等，这些物质生产活动，也像写诗、作画、演奏音乐、舞蹈一样，统归于"艺术"——一种专门的技术或技艺。在欧洲文艺复兴时期人们仍然把绘画等艺术当

1.参见【苏】万斯诺夫著，雷成德、胡日佳译《美的问题》，陕西人民出版社，1987年版，第229页。

达那伊得斯 罗丹 法国 1885年 36厘米×71厘米×53厘米 巴黎罗丹博物馆

作与工程学、解剖学一样的某种技术，当时的艺术家，也像古代艺术家一样，把自己看成工匠。到十七世纪，从关于技巧的概念或关于技艺的哲学中开始分离出"美"的概念和美学问题，这种分离最终确定了优美艺术和实用艺术的区别，优美的艺术不再意味着技能高超或复杂精细，而是指"美"的艺术。1747年，法国美学家阿贝·巴托首先提出把"美的艺术"(fine art)与其他称作"机械艺术"的技艺区别开来，并将"美的艺术"分为音乐、绘画、诗、雕塑、舞蹈五种形式。从此，现代意义的艺术才作为专门的"美的"艺术而与实用技术区别开来。"美的艺术"体系的深入人心，标志着艺术与美实现自律，至此，艺术被明确地划归入审美，艺术活动和非艺术活动的差别就是审美和非审美的差别。

历史上有众多关于艺术的五花八门的定义。最早对艺术的定义是艺术是对自然、生活的模仿和再现。古希腊时期的柏拉图、亚里士多德等都认为文艺是模仿自然的。19世纪俄国文艺理论家车尔尼雪夫斯基相信生活是最美的，所以他认为文艺只要是原原本本地复现了生活就达到了自己的目的。艺术即模仿，是一个持续时间最长、影响最广的定义，也是人们对艺术的一种最为朴素的看法。随着"美的艺术"从作为"机械艺术"的技艺区别开

摩西 米开朗基罗 1513—1515年 大理石 高235厘米 罗马圣彼得罗因文科里教堂

来，模仿不再能表征艺术的特性，艺术的自由创造的特性逐渐凸显，一些理论家们将艺术界定为"自由的游戏"，以对"艺术模仿说"进行纠正。莱辛、康德、席勒、斯宾塞、伽达默尔等都持这种观点。而鲍桑葵、克罗奇、柯林伍德等人则认为"艺术即表现"。克罗奇的两个命题"艺术即直觉"、"直觉即抒情的表现"，在20世纪初产生了广泛的影响。20世纪还有一个有影响的艺术定义，即贝尔提出的"艺术作品是具有有意味的形式的人工制

中国马 旧石器时代晚期 马长152厘米 法国拉斯科 洞窟壁画

红色的和谐 马蒂斯 1908—1909年 布面油彩 180厘米×246厘米 圣彼得堡阿尔塔米什博物馆

品。"19世纪末，印象派、后印象派、立体派、抽象派等绘画兴起，彻底改变了传统艺术观念。绘画中的再现因素不再重要，代之而起的是对符合主观感觉的形式的创造，从此，形式主义在西方取得了主导地位，正是在这种形式主义潮流下诞生了贝尔的艺术定义。贝尔认为，形式不仅是艺术的重要要素，并且在线条、色彩等的组合中，还有一种特殊的意味，它是艺术家对宇宙的感情意味的感受、对终极意义的感受。

现当代美学、艺术学理论对艺术的定义更呈多元化。文化符号学认为艺术是感情的符号，精神分析学认为艺术是无意识的表现，现象学认为艺术是多层次的意象性客体等等，不一而足。尽管关于艺术的定义差异巨大，但至少具有这样的共同性，即艺术是一种技术，它基于艺术家的审美经验。但到了后现代社会，艺术的这一共性也逐渐被消解。科技的革命使艺术家的技术不再重要，艺术创作也不再必然依赖于美感经验。在这样一个艺术沦为消费商品的喧嚣的消费时代，艺术家进行艺术创作，已不可能像传统艺术家那样全神贯注产生审美经验，同时当代作为消费产品的艺术作品也不再负载引发欣赏者审美感受的特质。后现代社会，艺术概念变得更加难以定义。从20世纪50年代早期到60年代中期，很多美学家放弃了对艺术进行定义的企图。而从20世纪60年代中期开始，又出现了形形色色的有关艺术的定义。主要有两类，一类是从艺术作为一种创造性产品的功能上来定义的"功能性定义"，一类是从艺术创作的程序上来定义的"程序性定义"。当代美国美学家贝尔兹利（Monroe Beardsley，1919—1985）给艺术的定义是："艺术作品要么是一种意味着能够提供具有审美特征的经验的条件安排，要么（附带地说）是一种属于有这种功能之类的安排。"[1]这种独特的功能定义因为建立在后现代社会否定的审美经验上而没有获得普遍的赞同。另外美国当代美学家迪基(George Dickie，1926—   )则从程序上对艺术进行定义，他认为"艺术作品是一种创造出来展现在艺术界的公众面前人工制品"[2]。它不再涉及审美经验、表现、再现等，而涉及艺术家、公众和艺术界："艺术家指的是被理解为制造艺术作品的人"；"公众指的是一群人，其中的成员在一定程度上能够理解展现在他们面前的作品"；"艺术界指的是艺术界体制整体"，"是一种将艺术家的作品提供给艺术界公众的系统"[3]。在现代社会，艺术界成为凌驾于艺术家、公众以及艺术之上的最终主宰，迪基的艺术定义尽管没有给出关于艺术的更多信息，但它的确是现代社会人们的艺术生活的实际反映[4]。

1.Beardsley. "Redefining art", The Aesthetic Point of View, ed. M.J. Wreen and D.M. Callan, Ithaca, NJ. Cornell University Press, 1982, pp.298-315.

2.Dickie, G.The Art Circle, New York:Haven, 1984, p.80.

3.Dickie, G.The Art Circle, New York:Haven, 1984, p.80—82.

4.参见彭锋著《美学的感染力》，中国人民大学出版社，2004年版，第208—214页。

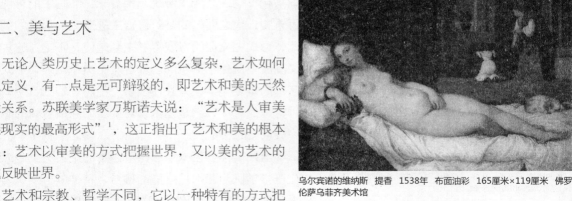
乌尔宾诺的维纳斯 提香 1538年 布面油彩 165厘米×119厘米 佛罗伦萨乌菲齐美术馆

◆ 二、美与艺术

无论人类历史上艺术的定义多么复杂，艺术如何难以定义，有一点是无可辩驳的，即艺术和美的天然因缘关系。苏联美学家万斯诺夫说："艺术是人审美掌握现实的最高形式"[1]，这正指出了艺术和美的根本关系：艺术以审美的方式把握世界，又以美的艺术的形式反映世界。

艺术和宗教、哲学不同，它以一种特有的方式把握世界。宗教以"虚幻"的观念，如上帝、神等来把握世界，哲学以抽象的概念、判断来把握世界。而艺术是以形象的方式对世界进行审美的把握，比起哲学、宗教，艺术充满了艺术家的情感和美学理想。米开朗基罗的《大卫》就是这样，他体现了文艺复兴时期关于人的全面发展的理想，这种人杰出高尚，为强烈激情所鼓动，是英雄、大力士。舒伯特的歌曲《菩提树》，借春天失意的流浪汉的形象书写自己的悲惨生活经历，表达了寂寞、孤独、渴望光明的感情。歌曲由ABA三部分构成，A部分是明朗的E大调，描写流浪汉们看见门前一棵菩提树，回忆起幼年在树下做过不少美丽的梦，充满了幻想和明朗的情绪。B部分转入E小调，描写流浪汉回到现实的痛苦感受，A部分又转回E大调，流浪汉似乎又听到菩提树召唤他到那里去寻找平安。歌曲由描写呼啸的寒风吹着树叶沙沙作响的8小节引子开始，又用它作尾奏，增强了凄凉的感情基调。

艺术创造艺术美，以美的形式反映世界。这首先表现在艺术反映现实美。现实美包括自然美和社会美。莫奈的《睡莲》、梵·高的《向日葵》属于自然美。达·芬奇《蒙娜丽莎》、罗丹的《思想者》属于社会美。其次，现实中丑的东西进入艺术，经过艺术家的审美创造，也可以成为艺术美。这种美在于艺术作品中凝结了艺术家的情感、对社会的认识与反映，以及其精湛的艺术技巧。再次，艺术形式本身也是美的。如

思想者 青铜罗丹 198厘米×129.5厘米×134厘米 1880—1900年 巴黎罗丹美术馆

1.【苏】万斯诺夫著，雷成德、胡日佳译《美的问题》，陕西人民出版社，1987年版，第278页。

肖邦旋律的富丽、李斯特和声语言的特殊风味等等，正是作为音乐形式美的成分而为我们所欣赏。

▶ 第二节　空间艺术及其审美特征

空间艺术又称"造型艺术"、"视觉艺术"、"静态艺术"。造型艺术与语言艺术、听觉艺术等并列为"美的艺术"，指用一定的物质材料和手段（纸张、颜色、青铜、泥石等），以平面或立体的方式，通过在空间塑造可视的静态形象来表现自然事物、社会生活和艺术家审美情感的艺术形式，主要包括建筑、雕塑、绘画、书法等。

造型艺术是一种在空间中有一定物质存在形式，由视觉直观欣赏的艺术。它与其他艺术样式的最大不同在于具有直观性和瞬间永恒性的特点。艺术家使用一定的物质材料和手段，在一定的空间中塑造出艺术形象。绘画中，艺术家用线条、色彩、明暗在平面空间中创造或平面感或立体感的二度形象；雕塑、建筑中，艺术家们则以泥土、木石、金属等为材料，在立体的空间中创造出具有实在物质性的三度形象。由于这些形象都是直接的空间存在，欣赏者可以通过视觉感官直接感受到，从而引发审美感觉，这决定了造型艺术具有直观性的特点。直观性的特点使空间造型艺术相对地突出形式美。造型艺术的发展变化也常从形式上突破。

书记像　公元前2450年　高53厘米　石灰岩　巴黎　卢浮宫

造型艺术由于塑造的是可视的空间性的静态形象，因此就其本质而言，它是不适于表现事物的运动与过程的。所以，艺术家通过使用一定的物质材料和手段而塑造出的艺术形象，只能是艺术形象运动过程中的某一瞬间形象的永恒凝固，并表现出运动发展的趋势与过程。造型艺术的物质媒介决定了其作品的静态的永久性，它总是以静示动，以无声示有声，在一种永久的物质形态中表达深刻的历史和审美蕴涵。造型艺术在审美特征上因此具有瞬间永恒性。造型艺术家在创作中必须学会观察生活和事物过程，学会在事物过程的动与静的交叉点上捕捉瞬间形象，它直接关系着作品艺术价值的高低。这也是空间艺术与时间艺术在本质特征上的根本区别。莱辛《拉奥孔》中，通过比较这个题材在古典雕刻和古典诗中的不同处理，说明了这一点。

空间艺术具有相对共同的审美特征，但正如胡经之所言："每门艺术都是历史地形成和变化的。由于

筛麦女　库尔贝　1854年　布面油彩　131厘米×167厘米　南特美术馆

不同艺术种类内部的精神内容因素和物质形式因素相结合的结构不同，每门艺术都有自己的审美特征，具有独特的审美价值，不能相互代替。"[1]空间艺术中的各个艺术门类都有自己的个性特征和美学特点，因此需要对建筑、雕塑、绘画分别加以考察。

◆ 一、建筑艺术

　　建筑是人类创造的最伟大的奇迹和最古老的艺术之一。从古埃及的金字塔、罗马的斗兽场到中国的长城，从秩序井然的北京城、宏阔显赫的故宫、圣洁高敞的天坛、诗情画意的苏州园林、清幽别致的峨眉山寺到端庄高雅的希腊神庙、威慑压抑的哥特式教堂、豪华炫目的凡尔赛宫、冷峻刻板的摩天大楼……无不闪耀着人类智慧的光芒。

　　人类从事建筑的最原始最直接的原因是为了居住。原始社会时期，房屋是用树木、茅草搭成的，仅仅是为了遮风蔽雨、防寒祛暑。

　　这个时期只能说是建筑的雏形，还不能说具有了审美意义。人类大规模的建筑活动是在进入了奴隶社会之后才开始的。这个时期，建筑已经远远超越了实用的需要，而是作为一种精神的象征，凝聚了人类的智慧和才华，展现出时代的、民族的风貌，成为至今仍令人赞叹不已的艺术瑰宝。比如，埃及金字塔最成熟的代表作吉萨的三座金字塔，约兴建于公元前27世纪，均为精确的正方锥体，形式单纯。中间的一座胡夫金字塔最大，高1464米，底边各长230.35米，用230余万块2—3吨的巨石叠成。据记载，这座金字塔是从当时仅有的二三百万居民中每三个月强征10万人轮番工作了30年之久才建成的。吉萨金字塔群位于沙漠边缘30米高的台地上，近旁有高20米、长60米的"斯芬克斯"。在蔚蓝色的天空下，广阔无垠的金黄色的沙漠前，这些作为埃及法老（国王）陵墓的灰白色的金字塔，以其高大、沉重、稳定、简洁的形象，象征法老的威严，显示了恢宏的气势。

　　又如，古希腊最有代表性的建筑，是公元前5世纪雅典人为纪念其对波斯战争的胜利而重建的雅典卫城。卫城建造在陡峭的山冈

室外法老像 公元前1250年 石雕

狮身人面像及胡夫金字塔 古埃及 公元前27世纪

特雷维泉 萨尔维 1732—1762年 罗马特雷维广场

网狮园 18世纪 苏州

上。建筑物群由前部的山门和胜利神庙、帕提农神庙、伊瑞克先神庙组成，中心是雅典的保护神雅典。主神庙帕提农庙位于卫城最高处，是象征男性魁梧与雄壮的陶立克柱式的典范，造型粗犷浑厚，挺拔有力。整个建筑用白大理石砌成，铜门镀金，山墙尖上的装饰也是金的，山花、陇间板、圣堂墙垣的外檐壁上都是精美的雕刻。民档、柱头和整个檐部，包括雕刻，都是以红蓝为主，夹杂着金箔的浓重色彩，显示了凝重肃穆而又欢乐生动的格调。与之遥相对应的伊瑞克先（传说为雅典人始祖）神庙，是象征女性温文、典雅的爱奥尼柱式的代表，纤巧秀丽，活泼精致，色彩淡雅，形式多变，与帕提农神庙相映成趣。雅典卫城建筑群高低错落，布局自由，形象完整丰富，反映了古希腊奴隶主民主制度下自由民的理想和感情。

随着社会的发展，人类的不断进步，建筑功能越来越复杂，发展到现代，已与手工业方式决裂，而与大生产相联系，受现代意识形态和其他艺术形式的影响，已经在传统建筑的基础上产生了巨大的飞跃，显示出崭新的风貌。它重视功能要求，采用新结构、新材料，主张空间和体形灵活自由地组合，简化建筑装饰，注意抽象形式的应用以及和周围环境的和谐。建筑艺术的代表作品，不再是宫殿、神庙、陵墓之类，而是企业、学校、旅馆、办公楼、文化中心等等。建筑艺术的类别复杂而繁多，可以从不同的角度分类。大体上有这样几类：从使用的角度来分类，有住宅建筑、生产建筑、文化建筑、园林建筑、纪念性建筑、陵墓建筑、宗教建筑等；从使用的建筑材料来分类，有木结构建筑、砖石建筑、钢筋水泥建筑、钢木建筑等；从民族风格上来分类，有中国式、日本式、伊斯兰式、意大利式、俄罗斯式等等；从流派上来分类，就更多了，仅第二次世界大战以后西方就有历史主义、野性主义、新古典主义、象征主义、后现代主义、有机建筑、高度技术等等不胜枚举的流派。

◆ 二、雕塑艺术

雕塑是运用可塑性、可雕性的物质材料，通过雕、刻、塑、铸、焊等塑造占有三维空间的实体的造型艺术。雕塑区别于其他艺术形式的关键就在于雕塑是在三维、立体的空间中再现人或物的形象，表现出对象是真正占有空间的实体。雕塑的种类很多，按所用材料，可分为石雕、木雕、泥

1.胡经之《文艺美学》，北京大学出版社，1989年版，第29页。

塑、陶塑、金属雕塑等。按雕塑的形态，可分为圆雕、浮雕和透雕(镂空雕)三种。圆雕，是不附着背景的形象凌空、立体而且可从四面观赏的一种雕塑。浮雕，是在平面上雕出凹凸对比的半立体、半平面的形象的一种雕塑。透雕，是在浮雕基础上镂空背景部分。透雕多用于装饰园林、墙饰、室内隔挡等。除此之外，按题材不同、表现手法和风格的不同、功用和置放地点的不同，雕塑还可以有很多不同的分类方式。

雕塑艺术的审美特征表现在形体美和象征美两个方面。

1. 形体美

雕塑作为三维空间的实体，给人的美的感受，首先来自它的形体。形体美是雕塑形式美的灵魂。雕塑的特点是塑造静态的形象，这一形象的美无法靠色彩来展现，尽管也有彩塑，但色彩不是雕塑的主要手段，雕塑的力量集中在形体塑造，即造型上，雕塑的审美价值也主要在造型中表现出来。

雕塑的形体美，首先表现在雕塑形象单纯、和谐。雕塑作为塑造静态空间形象的艺术，只能表现人物动作或事物情态的一个瞬间，这就使得雕塑艺术在造型上必须以单纯取胜，高度凝练、浓缩生活，从而使作品在有限的空间形象里蕴含丰富的内容，通过艺术形象的瞬间动作和表情引发观赏者的审美想象。雕塑造型要比例匀称，结构严谨、凝练，构成鲜明生动的整体形象。形象的单纯、和谐体现在群雕上，要求中心突出，整体和

纯真者之泉 古戎 1547年 高235厘米 巴黎卢浮宫

工人与集体农庄女庄员 穆希娜 1936年 青铜 莫斯科

谐。如俄罗斯女雕塑家薇拉·依格纳吉耶夫娜·穆希娜（1889—1953）的巨型雕塑《工人与集体农庄女庄员》，矗立在巴黎世界博览会苏联会馆的屋顶上，高21米，两位主人公一足前迈，一足后蹬，显出豪迈的姿态。为了达到单纯的效果，作品舍弃了很多细节，突出双手高举的镰刀斧头（工农联盟的标志），象征着年轻的苏维埃共和国生机勃勃，不可抗拒的力量。要做到形象的单纯，还可以选取与突出能体现精神面貌和风采的某些侧面与局部。德国雕刻家凯绥·珂勒惠之（1867—1945）的浮雕作品《叹》，是用黏土为材料，以自己为模特创作而成，雕塑中的艺术家双手掩面，闭目哀思，陷入极其深沉的悲叹之中，表现了对法西斯和灭绝人性的战争的最深刻的抗议。

雕塑是非常凝练的艺术语言，他通过静态的造型表现运动的一个片刻，以极其单纯的形象概括地反映生活。不仅如此，雕塑艺术还以静为动，通过静态的造型展示形象的动势、情绪与生命力，因此，以静态的造型表现运动的姿态，也是雕塑艺术形体美的一个方面。罗丹认为，雕塑要表现运动，要表现"一个姿态向另一个姿态的转变"[1]。这样看来，雕塑永远表现的都是动态，即使是完全静止的雕塑也存在着一种内在的运动，一种不但在空间、也在时间上持续和伸展的动态，人们从雕塑一个瞬间的造型上感受到的是它的活力和精神。古希腊米隆德著名大理石雕塑《掷铁饼者》，竞技者弯腰扭身，全身的重量落在右脚上，掷铁饼的右手向后猛伸，全身的肌肉蕴藏着巨大的爆发力。雕塑凝固的是运动员把铁饼掷出前最紧张、最有力的一瞬间，却能让欣赏者想象到运动员运力、蓄势、猛烈掷出的一系列动作。罗丹的《思想者》以回拢的手臂支撑头部，带动全身形体以弓曲团缩，咬手皱眉的动态表情及紧张的肌肉，表现他思绪的涌动和精神的痛苦。这便是具有感染力的动态语言，是具有强劲生命力和丰富精神内涵的形体。因此，雕塑又被称为"凝固的舞蹈"。

思想者 罗丹 1880—1900年 青铜 198厘米×129.5厘米×134厘米

1.罗丹《罗丹艺术论》，人民美术出版社，1978年版，第36页。

雕塑的形体美，还表现在其所用的物质材料本身具有的天然形式美因素上。这些属于物质材料原生态的朴素、天然、简单的形式美，是自然形成的形式美。艺术家利用这些物质材料的外观、色彩、光泽等，按照美的规律来创造艺术品，将这种自然形式美与艺术美融合，就会增加雕塑的审美价值。如罗丹塑造的《欧米哀尔》，使用的就是青铜材料，这增添了作品沧桑、悲凉的意味，而《吻》使用的大理石材料，则有一种纯洁、无邪的感觉。这些材料本身具有与作品意蕴一致的审美价值，极大地提高了作品的感染力。

2．象征美

　　雕塑艺术形象单纯，不可能像绘画那样进行复杂的精细描绘和环境空间的表现，所以通常赋予形体和体积以象征性和寓意性来表达主题，这是雕塑审美价值的中心所在，一般多借助于人体来象征某种思想，表达某种思想感情和审美观念。如法国著名雕塑家马约尔的《地中海》，是一个裸体女子雕像。她梳着希腊式的发髻，两腿盘曲而坐，低头沉思。整个塑像体态丰满肥硕，具有沉重的体积感。形体上整体线条光滑流畅，给人以舒畅、宽厚之感。地中海是欧洲文明的摇篮，希腊文化的发祥地，是宁静、富饶的地方，这尊裸体女性塑像以沉重的体积、优美的形体很好地象征了地中海的富饶与文明。米开朗基罗的系列大理石雕像《晨》、《暮》、《昼》、《夜》，是两对男女人体雕像，这四个人物形象都被赋予了特殊的寓意，具有强烈的不稳定感，他们辗转反侧，似乎是为世事所扰，显得忧心忡忡，如《晨》的形象是处女的化身，她丰满而结实，全身焕发出青春的活力和光辉，似乎正从昏睡中挣扎着苏醒过来，但没有欢乐，只有身体和精神上的痛苦。他们既象征着光阴的流逝，也代表着受时辰支配的生与死的命运，同时也是作者心灵深处的真实写照。米开朗基罗面对处于动荡之中的意大利现实社会，人文主义的理想破灭了，他的思想开始变得深沉和苦闷，作品中留下的只有对祖国命运的担忧和对人类美好未来的感伤。

美蒂奇陵墓 米开朗基罗 1524—1534年 大理石 佛罗伦萨圣洛伦佐教堂

也有用装饰性较强动物形象赋予象征性和寓意性的，如常见的龟、狮、龙、马等形象。伴随着人类社会的发展，雕塑艺术愈来愈证明它是时代、思想、感情、审美观念的结晶，是社会发展形象化的历史记载，是一代一代人向往追求的体现。

抱貂女子　达·芬奇　1485—1490年　木板油彩　54厘米×39厘米
克拉科夫扎托里斯基博物馆

◆ 三、绘画艺术

　　绘画是造型艺术中最基本的一种。绘画艺术以线条、色彩、构图等为艺术传达媒介，在二维平面上构造具有三维空间幻觉的静态视觉形象，展现广阔的社会生活图景，表达主体审美感受、思想感情。绘画有不同的类别。按其使用的工具和材料分为中国画、油画、版画、水彩画、水粉画、素描等；按描绘的对象不同分为人物画、风景画等。绘画艺术以其独特的审美特性和艺术魅力为人类生存留下无限美好的记忆。

　　1．造型美

　　如果说雕塑的形体美，强调的是造形的单纯、和谐，观念的纯粹以及立体直观的形体，那么绘画则是在二度空间中以线条、色彩、构图等绘画语言表现平面直观的造型美，其在造形、观念方面都更趋精细。黑格尔说："绘画所应用的基本内容既要有丰富的深刻情感，又要有对人物性格和性格特征方面刻画很深的个别特殊因素；既要有对一般内容的亲切感情，又要有对个别特殊因素的亲切感情，而用来表现这两种亲切情感的具体事迹，情况和情境必须显得不只是说明个别人物性格，而是应使个别特殊因素显得是深深铭刻到，或者说，植根到，灵魂和面貌表情里，而且完全是从外界事物形状里吸收过来的。"[1]同时，黑格尔又说道：从绘画里"我们看到天空，时节和树林光彩的瞬息万变的景象，云霞，波涛、江湖等的光和反光杯中酒所放出的闪烁的光影，眼光的流动以及一瞬间的神色和笑容之类用最高的艺术手腕凝定下来了。"[2]从黑格尔所论中，我们可以看出，绘画所表现的人物性格、感情更为深刻丰富，对物象的描绘也更为细致精深。

　　2．静态美

　　绘画艺术长于描绘静态物体，静态美是它重要的审美特征。优秀的绘画可以化动为静，以静写动。莱辛在《拉奥孔》中指出："绘画在它的

1.黑格尔《美学》第三卷（上），第242—243页。

2.黑格尔《美学》第三卷（上），第239页。

同时并列的构图里，只能运用动作中的某一顷刻，所以就要选择最富于孕育性的那一顷刻，使得前前后后都可以从这一顷刻中得到最清楚的理解。"[1]也就是说，绘画必须善于从运动的事物中，选择、提炼那孕育包含着事物前因后果的静止瞬间，通过这一瞬间去表现人物的性格或事物运动的持续性，使外部的面貌能展示内心的一切，使静止的场景能表现运动着的行程。17世纪荷兰风俗画家维米尔的油画《倒牛奶的女人》将女佣倒牛奶这一瞬间凝固，给我们展示了一幅普通但又有强烈感染力的画面。在女佣浑圆结实的身形中，我们感受到诗意化的日常生活自然散发出来的朴实而宁静的美。在窗外透进的自然光的映照下，整个画面笼罩着温暖的色调，简洁明快的背景巧妙地衬出主体人物的轮廓，女佣身前的道具和静物坚实细腻富有质感，绘画的构图强化了这种朴实宁静的美，整幅画给观赏者留下深刻的视觉印象[2]。

倒牛奶的女仆 维米尔 1658年 布面油彩 45.5厘米×41厘米 阿姆斯特丹国家美术馆

3. 意蕴美

绘画艺术不仅是造型，更追求形象的内在意味，突出形象的意蕴。梵·高的名画《农鞋》，并不是因为画了一双现实存在的鞋才成为艺术品。相反，正因为它不是农鞋有用性的描写，不是模仿和再现，才使我们注意到农鞋的存在本身，农妇的世界才显现出来，才使我们从艺术形象上看到了农妇生存的真相和意义。海德格尔对此作了生动的描述："从农鞋露出内里的那黑洞中，突现出劳动步履的艰辛。那硬邦邦、沉甸甸的农鞋里，凝聚着她在寒风料峭中缓慢穿行在一望无际永远单调的田垄上的坚韧。鞋面上粘着湿润而肥沃的泥土。鞋底下有伴着夜幕降临时田野小径孤漠的踟蹰而行。在这农鞋里，回响着大地无声的召唤，成熟的谷物对她的宁静馈赠，以及在冬野的休闲荒漠中令她无法阐释的无可奈何。通过这器具牵引出为了面包的稳固而无怨无艾的焦虑，以及那再次战胜了贫困的无言的喜悦，分娩时

农鞋 梵·高 布面油彩 1886—1887年

阵痛的颤抖和死亡逼近的战栗。"[3] 总之,海德格尔从这幅画上看到了农妇的世界,农妇那充满劳作、焦虑、辛酸和喜悦的生活和命运。

▶ 第三节　时间艺术及其审美特征

时间艺术是指以一维的时间为存在形式,在时间中展开艺术叙述、塑造艺术形象、抒发思想感情的艺术形式,主要包括音乐和文学。

与空间艺术相比,时间艺术的美学特征表现为间接性和表情性。建筑、雕塑、绘画等艺术家在进行艺术创造时,常采用现实的客观的物质材料创造可感可视的具有直观性的空间艺术形象,而音乐和文学的创作者使用的则是诸如旋律、节奏、节拍、语言、文字、韵律等非现实和物质存在的抽象的概念创造音乐和文学形象,它只能作用于人的思想和感觉,欣赏者也只能靠想象与联想间接获得审美感受。

时间艺术具有强烈的表情性和抒情性。与其他艺术相比,时间艺术更善于表现人的内心世界,包括人的情感意志、欲望等,所以时间艺术从本质上说不是再现性艺术,而是表现性艺术、表情艺术。从音乐艺术的审美特征中我们将更好地理解时间艺术的这些特征。

◆ 一、音乐艺术

音乐是运用有组织的乐音构成声音形象来表达人的感情的艺术类型。音乐不像绘画、雕塑那样,能够直接提供空间性并在时间中凝固不变。音乐运用的物质材料是声音,是听觉艺术。它在一定的时间中展现与消失,具有时间上的连续性和流动性。没有时间的过程就没有声音的存在,也就没有声音的展现,时间是音乐的存在方式。音乐的美,蕴含在构成音乐艺术结构的艺术手段中,旋律、节奏、和声、音色等要素构成音乐作品的整体艺术结构和独具的审美特征。

1. 时间性和流动美

音乐是纯粹的时间艺术,它以在时间中流动的音响为物质媒介,它塑造的形象以时间为存在方式。音乐在时间过程中的流动性,使其能反映复杂多变的社会生活及其发展过程,表达变化流动的情感,给予听众丰富的审美感受。亚里士多德就指出,音乐之所以比色彩更具有表现力和感染力,就在于它的时间性。如挪威最杰出的作曲家格里格的《培尔·金特》

1.【德】莱辛《拉奥孔》,朱光潜译,人民文学出版社,1979年版,第83页。

2.参见金元浦等主编《美学与艺术鉴赏》,首都师范大学出版社,1999年版,第306页。

3.海德格尔《艺术作品的本源》,《林中路》,1950年法兰克福(德文版)第18页。

爱德华·格里格 1843—1907年

第一组曲中的《朝景》，通过柔和的节拍、轻盈的旋律、明澈的音色、委婉的曲调和这一旋律的不断重复、引申、扩展、转换，再现出"朝霞初放"的变化过程以及晨曦的生机和活力的萌动、积蓄、勃勃涌动，使听众在音响的时间流中获得丰富的审美感受[1]。

2．节奏感和韵律美

音乐没有形状和体积，纯粹在时间中绵延，必须通过节奏强化其运动的生命属性，这就构成了音乐艺术鲜明的节奏感。音乐中的节奏，主要指节拍的划分、速度的徐疾、音符时值的长短等之间的比例关系。有了节奏，声音的行列才会产生鲜活的生命力。因此，节奏是音乐的生命，它指涉着情感的变化。不同的节奏有不同的表情作用，从而使旋律具有鲜明的个性。莫扎特的《摇篮曲》，节奏平稳、旋律自然舒缓，意境平静安详、清新优雅。聂耳的《义勇军进行曲》，坚定有力的节奏构成的旋律，明显地带有英雄性和激奋昂扬的情绪。

韵律是在节奏的基础上产生的更富于变化的情感律动形式。它把长短、高低不同的乐音组织起来，在时间中回环往复，构造整体性的音乐形象，传达出丰富生动的内在节奏和激情，表现出特定的内容和情感。韵律在音乐中表现为起伏变化的旋律线条，因此，韵律美是一种整体的美、流动的美，是一种"情感的形式"，它直入人的心灵，造成音乐特有的审美心理效果。如贝多芬的钢琴协奏曲《黎明》，那对大自然的热爱、对生活的赞美、对光明与幸福的向往，通过热烈、奔放的旋律、轻快的节奏，明朗的音色表现出来，给听众带来朝气蓬勃的活力与生机。

3．表现性和抒情美

音乐属于表现艺术，它主要不是用来模仿对象、再现生活，而是用于表现内在情感体验的。黑格尔说："音乐是心情的艺术，它直接针对着心情。"[2]叔本华也说："音乐绝不是表现着现象，而只是表现一切现象的内在本质，一切现象的自在本身，只是表现着意志本身。因此音乐不是表示这个或那个个别的、一定的欢乐，这个或那个抑郁、痛苦、惊怖、快乐、高兴、心神宁静等自身；在某种程度内可以说是抽象地、一般地表示这些（情感）的本质上的东西，……"[3]的确，音乐是表达情感、诉诸情感通达人心灵的艺术。音乐强烈的抒情美来自其物质媒介——声音。音乐流动的音响，作为情感的物化符号，通过力度的强弱、节奏的快慢、幅度和能量的大小等直接表现人们丰富复杂、深沉细腻的内心情感和情绪，以强烈的抒情美激发欣赏者的情感体验。如舒曼的艺术歌曲《月夜》，其诗歌是由艾森多夫创作的，共有三段：

无边无际的天空，静静地吻着大地，
在闪光的花丛中，她的梦境多美好。

微风吹过大地，麦浪一片涟漪，
树叶沙沙作响，星光点点在天际。

我的心灵多舒畅，伸展开它的翅膀，
飞过静寂的大地，奔向我的故乡。

作品运用常见的分节歌形式，第一、二句旋律反复三次构成歌曲第二段，第三段是整部作品高潮，通过钢琴力度的加大及和弦的丰富变化，揭示出情感的高涨和幻想着回到家乡的喜悦心情[4]。

▶ 第四节　时空艺术及其审美特征

时空艺术兼有时间艺术和空间艺术的特点：既占有一定的时间，又有空间造型；既长于抒情，又善于叙事；既有再现因素，又有表现因素。舞蹈、电影、电视、戏剧是常见的时空艺术。这些艺术吸取了雕塑、绘画、音乐、文学、摄影等艺术的表达方式和手段，综合形成了自身的特性。时空艺术一般具有综合性、表演性的特点。

时空艺术是将时间艺术与空间艺术、视觉艺术与听觉艺术、再现艺术与表现艺术、造型艺术与表演艺术的艺术特性融会在一起，产生的一种新的艺术形式。时空艺术常吸纳和熔铸多种艺术形式的因素，综合运用多种表现手段，具有综合美。如戏曲就融合了文学、音乐、舞蹈、绘画、雕塑和武术等艺术元素，有音乐和诗歌的时间性、听觉性，有绘画、雕塑的空间性、视觉性，又有与舞蹈、武术相同的以人的形体动作表演为载体的审美特征。但其他艺术因素被戏曲综合时，都改变了原有的艺术独立性，按照戏曲的表现方式和特点进行了一系列演化，成为戏曲艺术的有机组成部分。正是这种综合，造成了戏曲美的丰富性，使戏曲获得了多层次、立体化、整体化的艺术美，成为具有多方面审美特征、极具观赏性的时空综合艺术。

1.参见王一川主编《美学与美育》，中央广播电视大学出版社，2001年版，第271页。
2.黑格尔《美学》第3卷（上），第332页。
3.叔本华《作为意志和表象的世界》，商务印书馆，1982年版，第361—362页。
4.参见金元浦等编《美学与艺术鉴赏》，首都师范大学出版社，1999年版，第357页。

时空艺术还综合运用多种表现手段，雕塑的造型、绘画的色彩、音乐的旋律、节奏、文学的语言、舞蹈的动作、电影的时空转换，几乎是所有时空艺术共用的艺术传达媒介。

时空艺术都具有表演性，需要演员表演。舞蹈、戏剧、影视都是在表演中完成其艺术形象的创造，在表演中展现其丰富多彩的艺术魅力。

◆ 一、舞蹈

什么是舞蹈？历史上的很多舞蹈家从不同方面对舞蹈做出了界定，"舞蹈是由情感产生的运动"，"舞蹈是在一定的空间之中，合着一定的节奏所作的身体连续的律动"，"舞蹈是通过本能的或提炼的动作，惯常的或富有艺术性的表达思想感情的一种形式"，"舞蹈是一种通过艺术形象来揭示人的思想感情的艺术，而舞蹈的艺术形象和人体姿态的形象是有节奏的，有组织地变换构成的"等等。根据近年来舞蹈界的探讨，我们可以这样认为，舞蹈是以经过提炼加工的有节律、美化的人体动作塑造动态与静态、抒情性与再现性相结合的形象，反映社会现实生活，表达人们的思想感情的艺术样式。

舞蹈最基本的审美特征，是它的动作美、情感美和综合美。

舞台上的舞女　德加　1877年　布面油彩　60厘米×44厘米
巴黎奥赛美术馆

1.动作美

舞蹈常被称为"动作的艺术"。它以人体的各种动作姿态和造型来塑造舞蹈形象，形象地反映客观现实和人的精神世界。在构成舞蹈的诸要素中，动作是居于首要地位的，没有人体动作，就没有舞蹈。因此，舞蹈人物的塑造、舞蹈情绪的表达、舞蹈意境的展现，始终贯穿在舞蹈动作中。这种人体的有节律、美化的动作，并不是一般的动作堆砌和罗列，而是从日常生活中选择、提炼、加工、改造、演化而形成的一种具有程式化、形象化的舞蹈语言呈现在人们的眼前。

舞蹈动作通常具有一定的形式和规格，而且有确定的名称，例如芭蕾舞"阿拉贝斯克"、中国古典舞中的"金鸡独立"、"雄鹰展翅"、"燕子穿林"等。这些动作丰富和提高了舞蹈的表现手段，使舞蹈艺术进一步规范化，同时还有助于各种舞蹈风格的形成和稳定。

芭蕾舞《天鹅湖》剧照

2. 情感美

舞蹈作为人体动作艺术，是人类感情最集中、最激动的表现形式，正如《诗大序》所云："情动于中而形于言；言之不足，故嗟叹之；嗟叹之不足，故咏歌之；咏歌之不足，故不知手之舞之足之蹈之也。" 舞蹈是一种抒情的艺术，人的内心感情到了用文字和语言都难以充分表达的程度，就会情不自禁地通过手舞足蹈来抒发。我国魏晋时期的阮籍以"舞以宣情"来表达舞蹈艺术的审美特征，这一高度概括的语言显赫地表明了舞蹈的表情性、情感美。它可以将蕴藏在人的心灵深处的人情美、人性美，通过人体美的形态充分展现出来，使抽象的情态物化为形象，不仅在感官上给人以美的愉悦，而且能在精神上给人以美的享受。

西班牙弗拉门戈舞

3. 综合美

舞蹈是一种以人体动作作为主要表现手段的综合性舞台艺术，它的美蕴藏在动作、音乐、服装、道具、舞美、灯光等的整体效果中，它不仅要注重动作造型线条的流畅、块面的结构，还要考虑服装、道具、灯光等的色彩视觉效果，以及节奏、旋律等音响听觉效果。因此，作为一种综合性舞台艺术，舞蹈具有综合美。人们常称舞蹈为"流动的绘画"、"动态的形象诗歌"，正表明了它的综合美特性。

"动作美"、"情感美"、"综合美"作为舞蹈艺术的基本审美特征渗透在具体作品中，从而使其产生迷人的魅力和强烈的美感。欣赏舞蹈时只有从舞蹈的审美特征出发，从中感受、捕捉舞蹈的艺术美，才能进一步深入认识和欣赏舞蹈作品。

◆ 二、电影艺术

电影是依托于现代科技，以镜头的组合为艺术表现手段，通过在银幕上塑造运动的、逼真的、音画结合的视觉形象来反映广阔的社会生活的艺术。1911年，意大利诗人和电影艺术家乔托·卡努杜发表了名为《第七艺术宣言》的著名论著，第一次宣称电影是一种艺术，是一种综合建筑、绘画、雕塑、音乐、诗和舞蹈这六种艺术的"第七艺术"。电影是现代科学技术和艺术相结合的产物。电影艺术是在19世纪西欧自然科学技术新的观念和新的实践基础上产生出来的；是在当时的相对论、量子力学和光学等形成的新的物理学的基础上产生出来的；是在法国人达盖尔的照相术，美国人爱迪生的活动照相术，还有法国人爱米尔·雷诺发明的"光学影戏机"等新的科学技术基础上产生出来的。如何将活动照相术变成为电影艺术，得益于精通照相技术的法国人卢米埃尔兄弟的创新。他们兄弟二人将摄影机拿出照相室，将镜头对准自己所熟悉又感兴趣的广阔的现实生活，并将其记录下来，如《卢米埃尔工厂的大门》、《水浇园丁》、《烧草的妇女们》、《警察游行》、《威尼斯景象》等等，早期的电影艺术就是从纪录现实有趣的真实生活而开始的，其目的就是为了观赏。

电影艺术的发展一直与科技发展相伴随。电影从无声、黑白到有声、彩色，从普通银幕到宽银幕，都离不开现代科学技术。同时，电影还不断吸收其他艺术种类的表现因素，拓展自己的表现空间和表现力度，从而使其成为最具影响力的大众艺术形式。

1. 逼真性

电影艺术的语言不同于其他艺术的语言，镜头、画面、声音是电影艺术的基本语言，"蒙太奇"是电影的基本艺术手段。各类镜头、画面、声音尽管千变万化，但其所叙述的故事、场景、演员的表演等，都是现实生活的画面，是生活的真实再现，这是电影艺术的最基本个性。很多零散的电影镜头、画面、场景借助"蒙太奇"技巧按

蒙太奇电影《波坦金战舰》中文海报

照艺术家的构想重新组合，就形成了具有情节性、戏剧性的电影，从而使观众从具体画面镜头的欣赏进入到对电影所叙述的故事、表现的情感的体味，进而深入理解电影所反映的现实生活本质。

电影的摄影技术，也使它能够逼真地记录和复现客观世界。科技的发展更使得它们能够逼真地再现事物的声音和色彩。因此，在所有的艺术形象中，电影艺术形象最真实、最具有直观性，能在人们眼前精确地再现出事物的一切细微特征，从而具有其他任何艺术无法企及的真实地反映对象的独特能力。从这种意义上讲，电影艺术的根本美学特性就是活动的照相性，也就是逼真性。德国电影理论家克拉考尔所在其著作《电影的本性》中就强调电影的本性是"物质现实的复原"，也就是说，在电影镜头前所显现的生活，就是最真实的现实生活的再现。

2．综合性

在人类众多的艺术门类中，音乐、舞蹈、绘画、雕塑、建筑、文学、戏剧等都是早在蒙昧时代或者文明时代初期就已经出现，而电影艺术是后期之秀，它综合吸收了各门类艺术在千百年实践中积累起来的艺术精华，几乎具有其他部门艺术所有的美学特征，如戏剧的冲突与情节、绘画雕塑的画面感、舞蹈的动作性、文学的虚构性、音乐的节奏感等，无一不是电影艺术所具有的审美品性。在西方，电影被称为"活动的绘画"，正显现了电影所具有的舞蹈动作美和绘画画面美的审美特性。影片《红高粱》具有狂放热烈的色彩基调，高强度的红色是全片的主色调，红高粱、红头巾、红袄、红裤、红鞋、红酒构成电影画面的色彩造型美，而色彩造型又伴随着颠轿、酿酒等一系列情节在运动中完成，画面的色彩造型美中间又兼备舞蹈动作美，使观众从观影中体验民族的生命活力。

《红高粱》海报

第十一章 美与艺术家

概述 ···

　　当代西方最负盛誉的艺术史学家贡布里希认为："现实中根本没有艺术这种东西，只有艺术家而已。"也就是说，没有艺术家及其对艺术作品的创造，就没有艺术本身的存在，没有艺术美。托尔斯泰给艺术下的定义也正说明了这一点，他说："艺术是一项人类活动，其过程往往是这样：艺术家有意识地利用某些外显记号，把个人曾经体验过的感受传达给他人，以此来感染他人，并使他们产生同样的体验。"人类的艺术史实际上是由艺术家及其创作的艺术作品构成，而美学史如果没有艺术家及其艺术作品，也将大失其彩。艺术家作为艺术和美的创造者，在艺术、美等文化现象中有着崇高的地位和重要的作用。那么，什么是艺术家？在人类艺术史、美学史上艺术家一直具有如此高的地位吗？他的身份地位经历了怎样的演变？艺术家和美有着怎样的关系呢？当代社会艺术家又承担了一个什么样的角色，他的责任又何在？

▶ 第一节　认识艺术家

◆ 一、什么是艺术家?

　　从人类诞生之时对美的认识与追求就随之产生，美是人的意识对客观世界的归纳反映，是人内心世界与客观世界的相互对接与触碰。内心世界的需求并不是虚无缥缈的一个不存在物，但只有产生它的主体才能紧紧把握住它的存在。伟大的艺术之所以伟大，正是因为艺术家自身的内心世界完全与客观世界相融相互碰撞；客观者的内心世界通过伟大的艺术品又与艺术家的世界相互碰撞相融合，这样产生的美是无限延伸和扩大的。自然界并没有规定一种东西称之为美，也没有一个现实物就是美其本身。这种美源自人的内心。世界上对美的标准就更无法判定，无论个人还是群体对美的认定其实都是源自其内心的需求。艺术家甚至每个人都要自觉地发现自身与客观世界交融和碰撞的"点"，并且要不断完善、不断概括使之更加明确，更加自然而然，可以自觉地摒弃"与自无关"的，随之自然地与你内心需求相接，其实这一过程是对自身人格的不断完善，不断修善，不断保留的一个过程。艺术家是艺术作品创造者的总称，指的是具有较高的审美能力和娴熟的创造技巧并从事艺术创作劳动而有一定成就的艺术工作者。它既包括在艺术领域里以艺术创作作为自己专门职业的人，也包括在自己职业之外从事艺术创作的人。

自画像　丢勒　1500年　木板油彩　67厘米×49厘米　慕尼黑老绘画馆

　　艺术家是社会分工的产物。人类早期阶段，精神生产与物质生产尚未分离，技术娴熟的工匠就是艺术家。尔后，随着生产的发展，社会分工使体力劳动与脑力劳动最后分野，艺术生产遂成为一个独立的精神生产部门，从而为职业艺术家的出现提供了客

自画像　伦勃朗　1665年　布面油彩　114.3厘米×94厘米　伦敦肯伍德美术馆

观条件。同时，人类长期的劳动实践还为艺术家的出现创造了主观条件：一方面，它创造了艺术家灵巧的肢体、健全的心理结构、熟练的技巧、审美的感官与能力等；另一方面，它创造了人的丰富复杂的精神世界，创造了整个社会对艺术不可缺少的审美需求。没有这种需求，也就不可能有艺术家的产生。

◆ 二、艺术家身份的历史演变

艺术家身份与地位的历史变迁，与人类社会的历史变迁息息相关，其间经历了几个世纪的漫长历程，大致经历了四种身份演变。

1．艺术家作为工匠

在人类社会早期，艺术家泛指诗人、手艺人或匠人，他们的社会地位十分低下，没有独立的身份，无论它们创造了多么重要的艺术作品，他们本人都难以留下自己的名字。我们啧啧赞叹于古埃及金字塔的雄伟、壮丽，却无法知道创造它的那些艺术家们的姓名和经历。因为，在古代埃及，艺术家的地位与一般的奴隶并无多大差别，或者说，实际上就没有艺术家这一称谓，一些承担艺术家角色的人，就是奴隶中的一部分。

从古希腊哲学家柏拉图开始，人的劳动被分成脑力劳动和体力劳动两类，脑力劳动备受推崇，体力劳动遭到轻视。社会的一切活动依据其脑力与体力的性质不同而被分成不同的等级，哲学因其主要是一种动脑的活动，而且更多地与人的理智发生关联，而受到推崇，被认为是最高的学科。其余如几何、数学和逻辑等也同样颇受推崇，地位甚高。音乐、美术等具有明显技艺特色的学科，则被归入体力活动而受到轻视。亚里士多德也同样明确表现出对脑力劳动的偏爱和对体力劳动的轻视，他在《政治学》中提到：“任何职业，工技或学课，几可影响一个自由人的身体、灵魂或心理，使之降格而不复适合于善德的操修者，都属‘卑陋’，所以那些有害于人的身体的工艺或技术，以及一切受人雇佣、赚取金钱、劳悴并堕坏意志的活计，我们就称为‘卑陋的’行当”。在古希腊城邦中，艺术家的地位的确极其卑微，艺术家被认为是“缺乏独立性，在法律面前只有一半权利。其社会地位不同寻常的低下”[1]。希腊文学家留奇安(Lucian)在谈到雕塑家的命运时曾说道：“您纵然是个菲狄亚斯或波里克利(希腊两位最大的艺术家)，创造许多艺术的奇迹，但欣赏家如果心地明白，必是只赞美你的作品而不羡慕做你的同类，因你终是一个贱人、手工艺者、职业的劳动者。”

中世纪，艺术家的地位同样十分低下，而且似乎更为凄惨。一部分出类拔萃的艺术家以个人的身份服务于宫廷和贵族，仰王公贵胄之鼻息生存。其余的均需加入同业工会，只有被同业工会组织认定是优秀的艺术家，才能开业授徒和雇佣流动工匠，从事商业性的艺术活动。

艺术工匠的同业工会大约在19世纪末开始消失，因此，在西方，很长一段时间，艺术家都是扮演着工匠的角色。中国古代的情况也是一样。诗

1．恩斯特·克里斯等著：《艺术家的传奇》，潘耀珠译，中国美术学院出版社，1990年版，第35页。

2．(梁)钟嵘《诗品序》云：“诗之为技，较尔可知，以类推之，殆均博弈。”

长期被当做一种技艺，诗人（艺术家）也只是懂得作诗技巧的类同于工匠的人而已[2]。我国封建社会遵循"士农工商"的等级制度，作为工匠的艺术家的地位甚至在从事耕种的农人之后，可见其地位的低下。

2．作为人类导师的艺术家

艺术家地位的改善始于意大利文艺复兴时期，这种地位的变化首先是从艺术家乔托开始的。我们知道，人类早期的艺术品并非是由我们今天所认可的艺术家所创作的，而是由工匠创造出来的，而且其中一些作品也并非像今天那样只有欣赏价值，可能更多的是出于精神和实用的目的而创造的。比如非洲的面具，就是作为巫术活动的产物而出现的。中国的陶器，也只是陶工的产品，而非艺术家的产品。艺术只有到了它独立于宗教、以实用和道德训诫等目的而显露出独立的价值之后才会出现纯艺术品，并由此导致我们今天所理解的艺术家的概念的存在。乔托是这一历史转变的关键性人物。他以自己杰出的才能，突破了中世纪几百年艺术的藩篱，尽管他的艺术尚未完全与中世纪的艺术隔绝，但在造型方法和处理题材的观念上却开拓了新的境界。他的艺术活动和日常行为，导致了社会对艺术和艺术家的新的态度的出现，在人们的心目中，艺术家是一个具有灵感的人，他们对艺术作品的创造与上帝的创造有着极为类似的东西，而且，艺术家的人格精神在艺术创作中起了重要的作用。这就是强调艺术家的独立性和尊严。乔托成为了当时佛罗伦萨社会一般成员所关注的人物，人们以他为自豪和骄傲，他们不仅关注他的作品，而且关注他的生活，传颂他的轶事。所以，英国著名美术理论家贡布里希认为："佛罗伦萨画家乔托也同样揭开了艺术史上的崭新的一章。从他那个时代以后，首先是在意大利，后来又在别的国家里，艺术史就成了伟大艺术家的历史。"今天我们赞扬文艺复兴就是因为它第一次确立了艺术家独立的身份和地位，使艺术家成为一个真正伟大的人而受到尊崇。

文艺复兴开始，艺术不再仅是一种纯粹的技艺

画室　维米尔　1662—1665年　布面油彩　130厘米×110厘米　维也纳艺术史博物馆

自画像 达·芬奇 1513年 银笔

性的活动，艺术家也不再是具有熟练技艺的手艺人。他们经过从道德、学问和行为诸方面的全面培养，逐渐从低贱的手艺人的地位上升到时代思想的保护人和代表者的地位。像阿尔伯蒂、达·芬奇和丢勒这些全才式的杰出艺

术家的出现，也极大地改变了传统艺术家的作为单纯的技艺的拥有者的角色和地位，为艺术家的脖颈上套上了学术的光环，使他们的身份、地位决非一般匠人可比。就拿达·芬奇来说，其广博的知识甚至令我们今天的人也瞠目结舌，自叹弗如。他的活动不仅涉及艺术领域，而且包括人的其他智力和精神领域。他不仅是画家，雕塑家和建筑师，而且是工程师、音乐家、解剖学家、数学家、博物学家、天文学家、哲学家和发明家。他生前为人类留下了5000页的手稿，里面的内容可谓包罗万象。如古代寓言和中世纪的哲学；海潮的起因和肺部的空气活动；地球的大小和地球与太阳的距离；猫头鹰的夜间习惯和人的视觉规律；万有引力定律和树在风中的摆动节奏；飞行器械草图和膀胱结石的处方；充气救生皮衣的设计和关于光影的论文；游乐园的设计和新型兵器的设计等等，面对一位如此博学的画家，人们还有什么理由轻视艺术家呢？正是在这种环境中，社会对艺术的认识发生了根本的变化，艺术家的地位也发生了改变，具有人文精神的艺术家逐渐与所谓艺匠拉开了距离，而更接近于学者的角色，他们不仅跻身于知识分子的行列，而且成为中产阶级。

不仅如此，一种将艺术家的才能神秘化的倾向也开始出现。其实，柏拉图很早就提出诗人是神的启示的接受者和传播者的观念，他认为诗人在创作时出现的迷狂状态实际上是神灵附体的结果。16世纪开始，人们相信画家和雕塑家在创作时也会出现一种如醉如痴的迷狂状态，因此人们也赋予艺术家以神性。既然艺术家是神性的，那么，他们的创造力就不是习得的，而是天赋的。社会上出现的许多关于艺术家的轶事，附和和宣扬了这一观念。比如，关于乔托，据说他是一个贫农的儿子，生活在佛罗伦萨北面数英里的小山村里，一天他在放羊时在一块石头上画羊，被一过路者发现，并视为天才，随即被送往当时的著名画家契马布埃的门下学画，终

呐喊 蒙克 纸本油彩 90厘米×73.7厘米 奥斯陆国家美术馆

于有所成就。有的故事甚至传言达·芬奇还在3岁时，其未来的远大前程就被一些占星术家和观相家所预言了。著名传记作家瓦萨里也说，在米开朗基罗诞生的时候，占星术家就观察到了一个奇异的星座。艺术家是天赋的观念，使得他们的地位变得更加重要起来。18世纪以后出现的浪漫主义更鼓吹天才论，将艺术家视为不同于一般人的天才，艺术家不仅是艺术美的创造者，而且是人类的导师和预言家。直到20世纪以前，人们普遍认为艺术家是其个性的表达者，是抽象真理的直接体现者。

3．作为文化先知的天才艺术家

20世纪20年代西方出现了现代艺术。现代艺术不仅在美学上标新立异，而且对整个社会进行批判，尤其是对工业社会刻板的机械化管理制度进行批判。现代艺术出现以后，社会对那些具有强烈的创造精神的艺术家表示了崇高的敬意，人们往往依据艺术家对艺术本身的探索和贡献而对之进行积极或消极的评价，艺术家也尽力表现出自己的独立性。艺术家似乎成了整个社会最具前卫性的人物，成了新观念和新境界的积极探索者，并展示了未来文化的可能性，对未来世界有一定的预见，在这种意义上，艺术家扮演了文化先知的角色。

4．艺术家作为巫师

在后现代社会里，艺术家究竟扮演什么样的角色呢？美国美学家嘉比力克（Gablik，S.）认为，艺术家在当代社会里扮演了古代社会中的一个重要角色——巫师。他说：

艺术家要重新引入巫师的角色——一种前历史文化中的神秘的、宗教的及政治的人物。这种人对因意外或重病接近死亡的人来说，是个医治者及先知。巫师的功能乃在结成社会和谐，联合生活的不同层面，并通过仪式奠立社会与大自然的关系。……艺术家作为巫师，在其艺术乃源于生命神灵的源头，透过个人的自我变化，不但发展了新的艺术形式，还发展了新的生活方式[1]。

在前历史文化中，巫师享有崇高的社会地位，整个社会的生活秩序，都是由巫师奠定的。将艺术家类比巫师，是因为在一个极度科学理性的现代社会，艺术家是一些重要的调节者，通过他们对自然、生命的特殊敏感，可以帮助人们不断调整与自然的关系，重新认识生命的意义，展现新

1.Gablik, S. *Has Modernism Failed?* London: Hudson Ltd, 1984, p.126.

的生活形式，从而使得我们的社会和人们的心理更趋平衡和充实，人格更加完善和健全。艺术家的确是我们的社会中不可缺少的人！

▶ 第二节　艺术家是美的发现者和创造者

艺术家是进行艺术创作和审美创造的主体。马克思指出，人类掌握世界的方式有四种：实践—精神的、理论的、宗教的、艺术的。艺术家与其他社会群体的区别就在于艺术家以艺术的、审美的眼光来观察、解释和掌握世界。同一事物，当人们以不同眼光，从不同角度，以不同方式去观察和解释时，就会掌握它的不同方面，事物就会呈现出不同的性质。黑格尔曾说："艺术家之所以为艺术家，全在于他认识到真实，而且把真实放到正确的形式里，供我们观照，打动我们的情感。"如果艺术家和非艺术家最重要的不同就是观照和掌握世界方式的差别的话，那么可以说，艺术家之所以为艺术家，在于他以审美的眼光观照世界，通过艺术媒介，把自己不同凡响的审美理想和情感外化在作品中，达到对世界所蕴涵之美的精神占有，并唤起欣赏者强烈的情感共鸣。

作为创作主体所具有的构成因素中，发达的审美感受能力、创造性的想象、丰富的情感和娴熟的艺术表现技巧是艺术家的主要内涵。

◆ 一、艺术家的审美感受能力

罗丹说过："在艺人的眼中，自然的一切都是美的。"[1]艺术家具有发达的审美感受能力，能发现深蕴于对象中的美。一切艺术美的创造都是以艺术家在现实生活中获得的审美感受为发端，正是在审美感受过程中，才萌发了创作的冲动，产生了把来自现实生活的体验物态化为艺术作品的强烈愿望，从而进入艺术构思和传达阶段。现代派画家毕加索，用前人从来没有过的眼光，看到了一个变形的世界，立体的人、扭曲的人，并看到了人们痛苦的灵魂，它用独创的手法，将它表现出来，创造出美的艺术。有人问达·芬奇，画画的人那么多，为什么只有你是大师，达·芬奇回答说："要学会

亚维农少女　毕加索　1907年　布面油彩　244厘米×233.5厘米　纽约现代艺术博物馆

用眼看"，其实这说的正是艺术家才具备的一种发达的审美感受能力。如果一个人对自然界的观看，仅仅看到了形状、色彩、空间或运动，那么这种知觉仅仅是普通知觉。而一个具有审美感知能力的人，会透过这些表面的现象，感受到其中活生生的生命和美。美国现代舞之母邓肯说："我的第一个舞蹈动作就是从海浪翻腾的韵律中产生的"，因为，"在所有能使人感到欢乐、能使灵魂得到满足的运动中，海浪的运动在我看来是最为壮观的。这伟大的波浪运动贯穿着整个自然"。邓肯把贯穿整个自然的波浪运动视为自然运动的和谐形式，并由此提出，同自然伟力相吻合的波浪形曲线是其全部舞蹈动作的基点。只有具有发达的审美感受能力的艺术家才能从自然中得到灵感和启示，也只有这样的作品才会深深打动人的心灵。

◆ 二、艺术家的想象

　　黑格尔说："真正的创造就是艺术想象的活动。"[2]无论是在美的发现活动还是美的创造活动中，创造性的审美想象力都是艺术家不可缺少的能力。屠格涅夫有一次泛舟河上，纵目浏览两岸风光，忽见近岸处一幢楼房的窗户内探出两个女人的头，一个是少女，一个是老妇人，正在向河岸眺望。屠格涅夫由这一平常事件激发，开始想象：这个少女是不是被幽禁在这里，正翘首盼望着她热恋的情人？这个老妇人又是谁？……后来屠格涅夫根据这一经历和想象，创作了著名小说《阿细亚》，可见有丰富的审美想象力，才能在平常的生活中发现创作题材。

　　美的创造活动中同样需要创造性想象。这种创造性想象，是指审美主体在审美活动中，不依据现成的客体对象去再造形象，而是主体对头脑中原有的记忆表象进行加工、改造，创造出具有新颖性和独创性的审美形象，如孙悟空、美人鱼等。审美想象是创造艺术形象的最重要手段，没有审美想象，就没有审美创造。

巴别塔　博斯　1563年　木板油彩　144厘米×155厘米　维也纳艺术史博物馆

1.罗丹著：《罗丹艺术论》，傅雷译，天津社会科学院出版社，2006年版，第589页。

2.黑格尔：《美学》第1卷，朱光潜译，商务印书馆，1982年版，第50页。

◆ 三、艺术家的情感

艺术家的艺术创造始终伴随着艺术家饱满的审美情感。托尔斯泰说："艺术是这样一项人类活动：一个人用某种外在的标志有意识地把自己体验过的感情传达给别人，而别人为这些感情所感染，也体验到这种感情。"[1]

情感是人类普遍具有的一种心理现象。人们在一般活动中体验与表现出的生活情感与艺术家在创造活动中表现出来的审美情感是有差别的。苏珊·朗格说："一个艺术家表现的情感，并不是像一个大发牢骚的政治家或是像一个正在大哭或大笑的儿童表现出来的情感。""一个嚎啕大哭的儿童所释放出来的情感要比一个音乐家释放出来的个人情感多得多，然而当人们步入音乐厅时，绝没有想象到要去听一个类似于孩子的嚎啕的声音。假如有人把这样一个嚎啕的孩子领进音乐厅，观众就会离场。"[2]这其实指出，审美情感的独特之处，就在于它不是审美主体个人切身利害所引发的情感。审美情感产生的前提是远离与对象的现实利害关系，是一种指向远大、指向未来，供人享受的情感。如观齐白石笔下的虾产生的愉悦，不是因为这些虾可以作为一顿美餐饱人口福，而是因为这些小生命激起了我们对生命的怜惜和热爱。因此，审美情感是对生活情感的净化和升华。审美情感也不是个人性、单一的情感。艺术家在进行艺术创造时体验到的审美情感往往是全人类各种各样复杂的情感：悲哀、喜悦、愁绪、欢欣、愤怒、恐惧、绝望、伤感等等，都一齐涌进艺术家心中，所以荣格说："我们不再是个人，而是人类，全人类的声音都在我们胸中鸣响。"[3]这些喜怒哀乐的情感不是主体切身利害所引发的，主体不会陷入其中不能自拔，相反，主体对这些情感进行认同、剪裁后反映在文艺作品中，使艺术作品情感真实、丰富、感人。因此卡西尔在谈到贝多芬《第九交响曲》时说："我们所听到的是人类情感从最低的音调到最高的音调的全音阶；它是我们整个生命的运动和颤动。"[4]正是艺术家始终关注人类命运及生命意义，因而他所创造的艺术作品，都会使欣赏者从中感受到"自我"。欣赏者对艺术作品的欣赏，实质上是对人类灵魂与生命本真

石工 库尔贝 1849年 布面油彩 165厘米×238厘米 原藏德累斯顿美术馆

1.伍蠡甫主编《西方文论选》，（下卷），上海译文出版社，1979年版，第433页。

2.转引自童庆炳著《艺术创作与审美心理》，百花文艺出版社，1992年版，第123页。

3.荣格：《论分析心理学与诗的关系》；转引自张隆溪：《二十世纪西方文论述评》，三联书店，1986年版，第62页。

4.卡西尔：《人论》，甘阳译，上海译文出版社，1985年版，第191页。

的领悟。艺术作品中所蕴含的审美情感，实际上是一种超越了艺术家个人情感的人类共通情感，这也是艺术作品保持长久情感魅力的原因所在。

在艺术创作中，艺术家将自己的审美情感投射到审美对象上，外化为鲜明生动的艺术形象，以感染、启迪欣赏者。欣赏者通过对作品的解读，感受到艺术家传达的情感，在情感上与艺术家产生共鸣。如郑板桥绘画，最喜画兰、竹、石，其构图奇险，不拘一格，不仅有完美的艺术形式，更有丰富的情感和深刻的思想内容。他说："凡吾画兰、画竹、画石，用以慰天下之劳人，非以供天下之安享人也。"他又在《竹石图》中题记："衙斋卧听萧萧竹，疑是民间疾苦声。"郑板桥从萧萧竹声中体察到民间的疾苦，反过来，他又将自己对劳动人民深切的同情投射到兰、竹、石等审美对象上，用高妙的艺术手法创造出鲜明生动的艺术形象，给欣赏者以强烈的震撼。

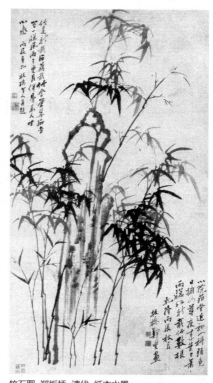

竹石图 郑板桥 清代 纸本水墨

艺术天赋对于艺术家来说，也是十分重要的。成功的艺术家总是具有某种突出的艺术天赋。就某些艺术种类如绘画、舞蹈、音乐来说，创作主体艺术天赋的重要性显得尤为突出。

伟大的艺术家是人类灵魂的工程师。因此，艺术家应该是具有较高思想修养和良好艺术修养的人。伟大的艺术家同时也是思想家。艺术家的思想在艺术作品中是通过血肉丰满的艺术形象表现出来的，这就比抽象的理论更富有生动性。

艺术家对社会实践具有极大的反作用力。这种反作用力主要是通过艺术家所创作的艺术品来实现的。它既可能给人以心灵的安慰，也可能给人以精神的鼓舞；既可能给人以虚静恬淡，也可能给人以骚动不安；既可能使一个民族的精神稳固和加强，也可能使它解体和涣散；既可能提高一个时代的趣味，也可能败坏一个时代的趣味；既可能对一定的社会起"润滑"作用，也可能对一定的社会起"磨擦"作用。如果说，科学家

奥维尔教堂 梵·高 1890年 布面油彩 94厘米×74厘米
巴黎奥赛美术馆

给自然以秩序，伦理学家给社会以秩序，那么，优秀的艺术家则给精神以秩序，在一个想象的空间里，给整个宇宙以自由与和谐。

▶ 第三节　艺术家的"自觉"与"自省"及社会责任

◆ 一、审美中的"自觉"与"自省"

"自觉"和"自省"就是明白和反思。在某一时代中的人们可能对美有着相近的体会和认识。但不能否认不同个体对美的认识有着巨大的差别，而这种差别源自每个人的"天性"，这种天性从科学角度看它有基因遗传的可能性，这种天性是人的"本性"。本性不仅受从科学角度上的基因影响，也许人刚出生所见到几个片断也会影响人一生对美的认识。不同的人对美有着不同的深入角度。所谓深入角度只能是人不断认识发现自己，不断在生活中始终自觉自省。

教皇本笃要为罗马圣彼得大教堂选一位艺术家，乔托为他画了一个圆圈，教皇和他的顾问们从那个圆中看到的不仅是技巧，而且还有美，他们最终选择了乔托。一个圆圈能带给人美，那么一个三角形或是一个矩形或是一个不规则图形，同样会带给人美，只是不同的认识主体他的内心需求是不同的。也就是说，可能成为审美主体的审美对象的事物在形态上千差万别，但能否唤起主体的美感，能够与主体产生更深层次的心灵的对话最终成了关键所在。而要达到心灵震撼的境地，需要的是审美主体内在的自觉和自省。

因此，在审美活动中，我们需要不断明白清晰，反思自身，我们需要不断发现自己。世界上的美是由无数个体的美组成的，艺术家创造艺术品，是要把他认为美的东西无限扩展，扩展到一种可以打动人可以震撼人的程度，无论是伟大的美、静谧的美、和谐的美、冲突的美，艺术家要做的就是要让它单纯直接地展现出来。美并没有什么规律，只有一个概念：就是人类意识对外界的感动与体会唤起人内心对美的追求。人类自身并不能清楚美究竟是怎么一回事，只是一种看不见摸不到的幻境，这种幻境对美的感受也无法预知它出现的时机。人从一个角度上讲就是意识，身体只是一个载体，任何人的身体都是相同的，而人的意识则永远不会相同，所以体会和感知也许就是人本身，体会和感知才能让概念上的世界无限扩大，如果强行给出一个规律的话，那我认为人也在这个规律之中。

于是，作为曾经被赋予了很高地位的艺术家，他们的自我认识、自我反思和自我超越尤为重要。他们应该不断明确自身人为的美，不断强化这种认识并有力地概括这种认识，在自己的艺术作品中去表现它，艺术作品的成功与否关键是在于艺术家是否能在作品中找到自己，随之产生的就是观众从作品中感受到你的世界，艺术家不能放过眼前流过的任何让你感动的物象，一瞬间的打动也许就是世界中"美"的存在。

人生来就会有不同的天赋，不同的生存环境、不同的知识积累，所以就会有不同的对美的感受。天赋和灵气是无与伦比的，是无法控制的。每个人拥有不同的天赋，我们要保护并保持着这种天赋，要不断从生活中寻找美的体会。艺术作品与生活不可分割，体会生活中某一片段给你带来的对美的感受。真正美的作品不是艺术家编造出一种图案来骗取观众眼球的愉悦，而应该是在作品中展现艺术家对美最纯粹最单纯最明确的理解，并且理解的角度一定是源自他的内心，他的天性。其实人内在的气质与灵性是取之不尽的丰富源泉，关键艺术家要善于"自觉""自省"。将自身不断地进行完善不断展现，做一个有"独立气质"的人，做一个"完整纯粹"的人。其实人性的光芒本身就是一种无限的美。我们应感受世界上任何"物象"的存在，感受其中蕴含着的美，感受它的世界。中国古人讲求的"天人合一"在我看来就是人与世界，人与万物之间的融合，这种融合是一种淡然、平和，是一种真，是一种充满灵性的美，这种美超越了现实物的隔阂，是一种世间万事万物之间的交流。在这种自然平和的交流中要由人的自觉自省来寻找路径。"自觉""自省"不应是自我限定，对外拒绝，而应是拓展内心世界，吸取并完善的一个过程。美没有明确的现实表象，世界一切物象都有其美的存在，个体的内在直接意识与这种美的存在交融、触碰，产生对美的体会，也许它只有一个美的存在，也许有很多美的存在。人要不断明确概括自己内心世界对美的认识，搜罗认为美的一切因素，不断填补和完善自己的内心世界，使自己可以自然而然地选取自己认为美的一切。美并没有限定的标准，没有高低的判断，美就是神秘、愉悦、静谧、平和……关键在于人意识上的选取，选取的角度在于艺术家对自身的认识和把握，做一个有"自知之明"、能"自我了解"的人，认真对待自己心中那个神圣的向往，这样才能感受到无限的美。艺术家要基于自己的内心，尊重自己内心，从而展现自己艺术作品中的"真美"。

当今，我们的时代已由现代转向后现代。后现代社会引领了消费时代的到来。消费大众成为包括艺术生活在内的社会生活的主角。后现代文化是一种典型的消费文化、大众文化，后现代艺术亦然。大众文化是一种美的"平均值"的文化，是一种缺乏个性的审美文化，是一种媚俗的审美文化，是一种以美的名义来绞杀个体的审美感悟力的文化。它不再追求永恒的价值，同时反对高雅与通俗、精英与大众之间的区别，这就使得艺术像消费社会的商品一样，具有时尚、流行等特征。消费时代艺术明显受经济发展制约，艺术观念已经发生了变化，艺术的精神被物质消解，所有艺术规则都随着物质规则的变化而变化。同时，在消费的黑洞中，一切主义、风格全是被消费主体选择的消费品；古典、崇高、神圣、优雅、永恒，都只是消费资料，是文化超市的货品；人类的真、善、美也变异成为奢侈的消费陈设。当代的艺术家也多从市场的角度去把握艺术，从好不

加莱义民 罗丹 法国 1866—1888年 青铜 231厘米×245厘米×203厘米 巴黎罗丹博物馆

好卖着手。在消费时代，无论经典艺术家还是大众艺术家都是在喧嚣的消费需求中创造和生活。而电视、广播、因特网以及印刷媒体的日益普及使艺术家们得以广泛曝光，从而使得他们变成社会中的超级英雄。今天的艺术家们对公众产生巨大的影响，有时候他们甚至受到顶礼膜拜。 无论我们是听音乐，读书，看电影，观看体育比赛还是电视节目，我们都在享受创造者和表演者提供的娱乐同时受到他们的影响。我们在生活中的许多选择甚至文化取向都因为频繁接触大众媒体中艺术家们的作品而受到间接的影响。

◆ 二、社会角色与责任

　　艺术发展到当代阶段，艺术家的责任尤其重大。那么，当代社会艺术家真正的责任是什么呢？

　　首先，艺术家要对传统在人们精神上造成的各种束缚进行反思而寻求人的自由。艺术家其实是人类中最敏感的群体，他们愿意献身于一种自由的活动。他们选择了艺术就是选择了自由，选择了自由就是选择了艰难，在各种艰难中间进行着演化为各种形式的活动，以此来显现社会、人生和世界。他以投身和献身的方

格尔尼卡 毕加索 1937年 布面油彩 349厘米×776厘米 马德里普拉多美术馆

出乐园 米开朗基罗 1508—1512年 壁画 梵蒂冈西斯廷礼拜堂

式来使世界变得形式化，这就是艺术家独特的方面。艺术家，正是通过自己的艺术活动使自己本性中的力量得以呈现，为人类的自由而奋斗。

其次，艺术家要反对流行，反对流行对艺术的创作、欣赏和市场的控制，反对消费大众对艺术的强暴。在艺术上，我们的国家整体说来只能是追随文化，我们还远没有建立自己的价值标准。所以我们要做原创性的工作。那么这个工作由谁来做呢？艺术家必须在其中起主导作用。因此艺术家不是要提供社会流行的东西，而是要对社会的问题质疑和反思。

最后，艺术家要对自己进行反思。当代的流行艺术家包括表演家、画家、设计家、作家、导演等虽在某种程度上反映了社会的情绪，但主要忙于表达自我和个人主义的混乱。其实，每个个体都有自我的局限，每个人都不能自我生长，如果艺术家们只一味地表达自己而不反思，他们就会忘记自我努力，其艺术能力也将很快丧失。即使在现实中，艺术家自我中心的态度也会导致他们自己难以拥有稳定牢固的人际关系。

今天，大部分的艺术家都远离了生命的理想而湮没在喧嚣的消费大潮中，是我们的艺术家拿出勇气，放弃虚幻，从喧嚣回到沉默，从团体回到个体，从符号回到事实，作为灵性文明引导者，实现"美的回顾"、"精神的回归"、"文化的回归"的时候了。

第十二章　美与观众

▷ 概述 ▷ ••

　　观众是艺术活动当中不可或缺的要素。美国现代学者M.H.艾布拉姆斯认为，艺术活动是由作品、作家、世界和读者四要素构成的。作家创作出作品，作品以某种物质媒介的方式存在，读者通过作品进入一种艺术享受，作者可以把他们从艺术作品当中感悟到的情感、思想反馈到社会。同时，作家、作品和作者的背后都有各自世界，在三者交流的艺术审美活动中又重新构筑一个世界。[1]艾布拉姆斯这个艺术四要素说充分说明了观众在艺术活动中的重要性，但在美学史上，观众在艺术活动中的地位并不是一开始就受到这样的重视的。

▶ 第一节　美学理论中观众的角色变化

　　追本溯源是人们认知活动的常规逻辑。艺术作品出自作者的创造，作者成为艺术活动中较早的关注核心。艺术作品从哪儿来呢？古希腊柏拉图专门讨论过这个问题。他提出有名的"回忆说"和"迷狂说"，认为是诗人通过对完美理式世界的回忆而来的，诗人被神明附体，进入迷狂状态，作为神的代言人，写下优秀的作品。亚里士多德也多从作者的角度来谈论文艺创作。他说诗的起源大概有两个原因，一是人的模仿的自然倾向，二是爱好和谐节奏的天性。对于观众，柏拉图和亚里士多德师徒都把他们看成是受教育的对象。柏拉图提倡伟大的文艺作品应该有益于人的德行和国家统治，亚里士多德主张悲剧具有净化功能，它能引起观众的恐惧和怜悯之情，宣泄情感，并从中得到教益。可以看出，读者没有独立地位，扮演着被动接受和被教育的角色。

　　19世纪开始，西方兴起了大量的艺术研究方法。泰纳提出"种族"、"环境"和"时代"等三种力量是艺术创作的重要元素。这种把作家的文化和自然地理环境作为研究重点的方法称为社会历史研究法。这类似于孟

1.【美】M.H.艾布拉姆斯著：《镜与灯——浪漫主义文论及其批评传统》，郦稚牛等译，北京大学出版社，1989年版，第5—7页。

2. 参阅【丹麦】勃兰兑斯《十九世纪文学主流》，人民文学出版社，1958年版，第380页。

子说的"知人论世"，要了解一个人应该从他生活的环境入手。人物传记研究法的代表圣佩韦曾说："艺术的价值依存于艺术家的价值"[2]。精神分析法兴起后，作者的生命深处的潜意识活动成了学者们关注的焦点。弗洛伊德就说，艺术作品是作者的白日梦，是生命原始欲望的化装表演。

20世纪初，形式主义哲学美学兴起，作者研究走向衰落的，艺术研究的重点移

是什么让今天的世界如此与众不同　汉密尔顿　1956年　纸本、拼贴 26厘米×25厘米　蒂宾根美术馆

到了艺术作品本身。正如罗兰·巴特宣扬的，作品成立，作者已死。一部作品成形后，就与作者无关了，它有它自己的独立性和生命力。符号研究法、俄国形式研究法、美国新批评研究法、结构主义研究法，无不表现出对作品形式的执著。美国新批评有个有趣的术语"细读法"。"细读"，英文为"Close Reading"。"Close"有两层意思：贴近；关起门来。所以，读者应该把作品以外、社会时代等诸多因素关在门外，贴近作品本身来阅读和欣赏。

作品研究取得了丰富的学术成果，但是问题还是无法澄清。毕竟，阅读的主体是读者，他们是一个个鲜活的人，作品是否存在，从某种程度上来说取决于读者，换句话说，艺术作品只有在读者那里得以存在和完成。观众在欣赏艺术时，除了感觉到作家的意图，还加入了自己的主观感受和理解。

20世纪60年代，西方兴起"接受美学"（Receptional Aesthetic）的美学思潮，旨在以读者研究为立足点。该学派主张艺术活动研究核心是审美接受，从观众出发，从接受出发。代表人物德国康茨坦斯大学文艺学教授尧斯认为，一个作品，即使印成书，读者没有阅读之前，也只是半完成品。在接受理论中，关于"文学文本"和"文学作品"两个概念的区分具有关键意义。

首先，文本是指作家创造的同读者发生关系之前的作品本身的自在状态；作品是指与读者构成对象性关系的东西，它已经突破了孤立的存在，融会了读者即审美主体的经验、情感和艺术趣味的审美对象。

梦 毕加索 1932年 布面油彩 130厘米×97厘米 私人收藏

其次，文本是以文字符号的形式储存着多种多样审美信息的硬载体；作品则是在具有鉴赏力读者的阅读中，由作家和读者共同创造的审美信息的软载体。

其三，文本是一种永久性的，它的存在不依赖于接受主体的审美经验，它的结构形态也不会因事而发生变化；作品则依赖接受主体的积极介入，它只存在于读者的审美观照和感受中，受接受主体的思想情感和心理结构的左右支配，是一种相对的具体的存在。由文本到作品的转变，是审美感知的结果。也就是说，作品是被审美主体感知、规定和创造的文本。

这一系列差别实际上是艺术作品在被阅读之前和被阅读之后的差别。在它没有到达读者那里的时候，它只是一个文字符号的形式，是一个稳定封闭的状态。当它到达了读者那里，与读者发生联系的时候，它就成了一个活的开放结构，可以调动读者的个人体验，同时也吸纳读者的情感和思想，是一个被重写的存在了。接受美学的价值在于，它改变了形式主义美学过分重视作品符号形式而走入枯燥僵化的局面，把艺术作品放到了一个无限生成的环境中。它把作品与读者的个人性格、心理倾向、审美趣味、时代特征等连接起来，肯定了读者对艺术作品不断创造的可能，以及读者和作者通过作品在时空中创造的新的艺术世界。

▶ 第二节　观众主体能动性的表现

王安石《书湖阴先生壁》有这样的句子："一水护田将绿绕，两山排闼送青来"。诗歌描写了田园山水的美，清水碧田，排闼青山。后一句尤为妙，山的翠绿逼人，好像被排闼由远而近送到诗人眼前一般，极具神气。另外，辛弃疾笔下是"我见青山妩媚"，李太白则写"寒山一带伤心碧"。人与人不同，花有几样红。世界是人们眼中的世界，人们是些多彩的个体。近代著名学者王国维讲："以我观物，万物皆著我之色彩"[1]。一个艺术作品的存在，它被接受和理解的过程也同样着上了读者的主观色

1.【清】王国维《人间词话》上海古籍出版社，1998年版，第1页。

2.鲁迅：《集外集拾遗补编〈绛洞花主〉小引》，见《鲁迅全集》第八卷，北京：人民文学出版社，1981年版，第145页。

彩。那么，读者的主动性体现在哪些方面呢？我们概括有以下三方面。

◆ 一、选择性接受

生物学和心理学研究表明，人对信息的接收从来都是有很强的选择性的。人类的信息接收，其选择性往往有这样几个方面的倾向：1. 被接受主体关注的信息；2. 被接受主体估计的信息；3. 接受主体所预期的信息；4. 让接受主体感到愉悦的信息；5. 对接受主体有利的信息。比如，人站在雨中，心里念叨着事先约好的朋友快开车子来，自然乐于把对方电话的信息听成（实际是预设为）比较有利的信息，即"马上就到"。

审美活动中也是如此。所谓"仁者见仁，智者见智"，中国古人的智慧很早就看出了接受者的主观分量。《红楼梦》是我国古典小说的杰作，历来评说研究者不计其数，以至于成为一门专业"红学"。其中鲁迅曾有这样一个说法："……单是命意，就因读者的眼光而有种种：经学家看见《易》，道学家看见淫，才子看见缠绵，革命家看见排满，流言家看见宫闱秘事……"[2]《红楼梦》的主题从来众说纷纭，就艺术接受美学的角度来说，鲁迅先生的概括具有很深的美学价值。研究经学的人从里面读到了《易》的涵义，伪道学家们读到了淫秽，多情才子读到了爱情的缠绵，革命家读到了汉人排满的民族情绪，喜好流言的人读到了宫闱当中的隐晦。而众所周知，毛泽东主席就是把《红楼梦》当做历史来读的。不同的读者面对同一部作品里的信息选择差异是如此之大，可见一斑。可以说，人是需要被联系在别的事物当中的，这是一种生命感的需要，因此，跟他相关的信息才最可能引起他的关注，而由此展开各种认知和审美活动。

◆ 二、欣赏与创造

西方文艺理论里有个有名的说法："一千个读者就有一千个哈姆雷特"。意思是说，面对莎士比亚笔下哈姆雷特这个人物，每个读者心中哈姆雷特的形象可能是千差万别的。读者阅读艺术作品，他在心中势必展开审美想象，形成独特的自我体验和认识，相同的一个人物形象在每个读者的心中都是独一无二的，他是融入了读者的个人情感和想象加工，甚至可以看做是一种审美创造。再有，中国有注疏典籍的传统，也就是给难懂的典籍加注释疏通以便理解和传承。比如著名的《庄子》研究。明代的归有光、文震孟在序《南华经评注》里说："非郭象注庄子，乃庄子注郭象"。郭象是魏晋时期给《庄子》作注的名家，由于他的注释很大程度上是在《庄子》原文基础上的精彩发挥，所以归有光等后人说，与其说是郭象解释了《庄子》的观点，不如说是《庄子》解释了郭象的观点。郭象欣赏着《庄子》传达的思想和艺术境界的同时，也填充和创造着自己的思想和艺术世界。这个例子算得上一段中国古代学术的佳话，中国古人没有拘泥于作者和读者之间传达和接受的平板关系，而是把一部作品放在读者那里，使之散发出新的活力。

宗白华先生在《艺术欣赏指要》的序言中写道："在我看来，美学就是一种欣赏。美学，一方面讲创造，一方面讲欣赏。创造和欣赏是相通的，没有创造，就无法欣赏。60年前，我在《看了罗丹雕刻以后》里说过，创造者应当是真理的搜寻者，美乡的醉梦者，精神和肉体的劳动者。欣赏者又何尝不当如此？"[1]读者的作用在艺术活动中似乎占据了十分重要的地位，他们不只在欣赏，在美的世界里沉醉，更是在创造，在身体和精神的劳动中释放出自己的价值。

◆ 三、评价与反馈

中国旧小说，尤其是话本小说中有个词叫"看官"。看官是谁？就是现在说的读者或听众。著名红楼梦研究学者周汝昌先生就以为看官比读者更好。他的文章《红楼十二层》致读者一段指出，作者、读者不是对个人的专称，更不能当做当场对话的称呼。这既显得不恰当，也缺少人情味儿。反之，看官的"官"字，除了语气尊重，更含有深义：您是判断是非好坏的审"官"，或者是弹劾坏人劣迹的御史、按察的"大员"，请来评判我这拙作，是美是丑。结尾，周汝昌先生说：看官：请您评量这册拙著，给以评估；您以为可以的，赐予鼓舞；认为不然、错误，惠予指正。倘蒙不弃，幸甚幸甚。[2]周汝昌先生谦卑的学术态度让我们钦佩，而他对读者在艺术活动中的作用也具有极其精到的见解。"看官"的提法，一方面尊重了现在通称为"读者"的主动权力，另一方面表明了读者有衡量艺术作品的标准。如这几句打油诗

击鼓说唱俑 东汉 陶塑 高55厘米 中国历史博物馆

所言：咱们老百姓，看官非常精，不用尺去量，不用秤去称，长与短重与轻，眼睛分得清。

艺术作品放到公众场合为读者所欣赏之后，势必形成一些反馈信息。这些反馈信息以各种方式影响到艺术作品的意义解读、艺术水准、作家创作理念等方面。这对艺术创作质量的提高，艺术事业的繁荣也是必要的一个环节。

评价过程通常为：描述——理解分析——评论。与信息选择理解、欣赏与创造相比，是一个更加理性的阶段。读者在这里形成自己的看法并用语言或文字表达自己的看法。就评价方式而言，普通观众多为印象式的评价，注重自我体验而得到的一些零散感性的印象。较为专业的观众，如专业评论人在印象式评价的基础上还要进一步深入，在理论层面加以提升。他们是艺术领域的反思者，也是社会舆论的引导者。不过，随着技术手段的不断提高，社会舆论越来越平民化，话语权越来越分散，这是观众权力得以扩大的新时代景象，有着更广阔的研究空间。

◆ 第三节　观众阐释的美学可能

现代美学研究赋予了观众在艺术活动中举足轻重的地位。观众主观能动性的来源在美学理论上是怎样解释说明的呢？我们可以用阐释学和接受美学的一些说法来加以深入说明。

◆ 一、艺术作品的存在依赖读者的阐释

"阐释"（Hermenentik），一词在西方文化里面有着较深的哲学文化内涵。Hermenentik一词在词源上要追溯到古希腊神"赫耳墨斯"。他是希腊奥林匹斯十二主神之一，罗马名字墨丘利(Mercury)。奥林匹斯统一后，他成为畜牧之神，又由于他穿有飞翅的凉鞋，手持魔杖，能像思想一样敏捷地飞来飞去，故成为宙斯的传旨者和信使。他也被视为行路者的保护神，人们在大路上立有他的神柱，他又是商人的庇护神，也是雄辩之神。可见，传达神意和消息，路途，飞行，雄辩，都与言辞理解传达的流动状态有关。"阐释学"作为一门对意义的理解和解释的理论和哲学，起源于古希腊罗马时期和基督教的中世纪，那时对神话和一些经文加以解释的活动就被人们所尝试。作为一门独立学科的阐释学，则是在19世纪形成的。

1.江溶编：《艺术欣赏指要》，文化艺术出版社，1986年版，第1页。

2.周汝昌：《红楼十二层·致读者》，太原：书海出版社，2005年版，第1—2页。

在方法论的意义上，阐释学大致可以划分为传统阐释学和现代阐释学。前者指的是由施莱尔马赫、狄尔泰、E.贝蒂和E.D.赫希等人所沿用的阐释路线，目的是达到对文本所表明的人的心理的一种理解，寻求所谓普遍的、有效的阐释；后者则是一种可追溯到尼采，经海德格尔到伽达默尔而发展起来的另一种阐释方式，是一种所谓"否定性"的阐释学，它设定的出发点恰恰就是普遍的、有效的阐释是靠不住的。本书的篇幅主要侧重在阐释学的第二种思路。

理解（德文Verstehen）是阐释学的核心概念。现代阐释学的奠基人海德格尔认为：阐释学是研究"只有通过理解才存在的那种存在者的存在方式是什么"。即阐释是作为"实在"的人对存在的理解。所以，不被理解的存在是不存在的，不被观众理解的艺术作品也是不存在的。于是，理解不是被动的接受某种作者或作品传达的涵义，而是观众自己的理解。

◆ 二、艺术作品与观众的相遇

在审美活动中，人们往往喜好把主体和客体两两相对的瞬间说成"相遇"。相遇是诗意的，不同于安排的刻板，它超越功利目的性，超越一板一眼的日常生活，多了偶然的神秘感和意想不到的惊喜感。有了相遇的美好，才可能存在审美发生，有如我们常说的"一见钟情"。一见钟情并非绝对的偶然，而是对方可能引起了审美主体内在的某种期待，从而产生共鸣。

在艺术活动中，接受美学提出了期待视域的说法。"期待视域"在接受美学代表人物尧斯那里，主要指读者在阅读理解之前对作品显现方式的定向性期待，这种期待有一个相对确定的界域，此界域圈定了理解之可能的限度。期待视域主要有两大形态：一是在以往的审美经验基础上形成的文学期待视域，这些审美经验诸如文学类型、形式、主题、风格和语言等等。二是以往的生活经验（社会历史人生的生活经验）基础上形成的更为广阔的生活期待视域。艺术作品与观众相遇，即是这两大视域的相遇，它们相互交融构成具体阅读视野。

在广阔的历史和社会生活背景下，观

自由引导人民 德拉克罗瓦 1830年 布面油彩 260厘米×325厘米 巴黎卢浮宫

雷雨后的峭壁 库尔贝 1869年 布面油彩 133厘米×162厘米 巴黎奥赛美术馆

众有着自己既有的历史性和阶级性、阶层趣味、民族性格、文化心理、价值取向、审美习惯等等，他在阅读作品之前已经在心里有了对作品的想象和界定，这也被称为对作品的"前理解"。

但是，期待视域是阅读理解得以实现的基础，又是限制。尧斯说："一部文学作品，即便它以崭新的面目出现，也不可能在信息真空中以绝对新的姿态展示自身。但它却可以通过预告、公开的或隐藏的信号、熟悉的特点，或隐蔽的暗示预先为读者提示一种特殊的接受。它唤醒以往阅读的记忆，将读者带入一种特定的情感态度中，随之开始唤起'中间与终结'的期待，于是这种期待便在阅读过程中根据这类文本的流派和风格的特殊规则被完整地保持下去，或被改变、重新定向，或讽刺性地获得实现。"[1]

我们可以在尧斯这段话中看到期待视域的作用，作品遇见读者的期待视域，被期待接受理解，但是也被这种期待视域改写。

◆ 三、艺术作品对观众的召唤

在接受美学看来，艺术作品是一个生命体，它的存在是为了等待它的观众。作品是一个布满了未定点和空白的图式化纲要结构，作品的现实化需要读者对未定点的确定和对空白的填补。艺术作品的结构不断唤起读者填补空白、连接空缺、更新视域的结构，让读者获得新的视域。

另外，接受美学有个"文本的隐含读者"的说法，是指读者是内在于作品内部的。作品内部的隐含读者与艺术作品的召唤结构对等，完全按照作品结构去召唤的去阅读的读者即是隐含读者。隐含读者不是实际的读者，而是一种"理想读者"，它在作品结构中是作为一种完全符合阅读的期待来设想的。也就是说，隐含读者是作品潜在的一切阅读的可能性。

我们可以用建筑为例来说明这个问题。建筑作为一个物体存在某个空间，它在空间上标识了一个坐标，在召唤着可能靠近或进入它的人。一个

1.【德】H.R.姚斯《文学史作为向文学理论的挑战》，《接受美学与接受理论》，辽宁人民出版社，1987年版，第29页。

梅石溪凫图 宋 马远 绢本设色 纵27厘米 横28厘米 北京故宫博物院

宽阔的广场召唤着集会、节日、闲暇的集体时光；一座哥特式教堂招引基督教的信仰者、建筑师或被它的美所吸引的人；商业区的建筑隐含着消费者和消费者的欲望。这些形形色色的人都是这个建筑的隐含读者，他们随时准备遇见并被这个建筑召唤。高山流水，易伯牙鼓琴，需要子期听琴，知音是双向的懂得。

中国水墨画有"留白"之趣。作画是不主张把画面安排太满，而是留下一些甚至大片的空白，为的就是给观众留下巨大的想象空间，审美效果上意犹未尽。作画"以白当黑"，那些画出来的笔墨只是一些符号提示，而妙处正在不着痕迹之处，大概就是"得意忘象"的意思。虚室生白，吉祥止止。充满东方智慧的审美风格里，建筑空间将就"虚室"，虚室让人内心宁静，才能生出许多的遐想，见到世界的本来面目。这在日本茶室建筑中表现尤为突出。总的来说，艺术作品内部不是一块铁板，而是一些结构符号，等待它的隐含读者去与它相互倾诉，不断达成新的艺术视域效果。

◆ 第四节　时下社会的观众的分量

◆ 一、从"超级女声"说起

2005年夏天开始，湖南卫视一档娱乐节目"超级女声"从湘江吹起，迅速席卷中国大江南北，"超女"选拔现场直播成为全国电视观众特别是年轻观众的平民盛典，"超女现象"也成为了炙手可热的评论焦点。这种电视节目的形式有一个专门的名称"真人秀"。

目前，"真人秀"还没有很规范的定义，多指由普通人（非演员）在规定的情景中，按照预定的游戏规则，为了一个明确的目的，做出自己的行动，同时被记录下来而做成电视节目，也泛指由制作者制定规则，由普通人参与并录制播出的电视竞技游戏节目。真人秀强调实时现场直播，没有剧本，不是角色扮演，是一种声称百分百反映真实的电视节目。真人秀为什么有较高的收视率，很大一个原因是观众参与。过去的电视媒体很大程度上是高高在上的，节目策划、录制、播出全由媒体制作人完成，观众接受的是被精心布置好了的剧情、台词、人物，没有什么自主选择的余地，更谈不上参与。而"真人秀"的制作理念则把观众参与性放在了很重要的位置上，满足了他们渴望交往、被需要的心理需求。

我们可以从超级女声节目中的一些关键元素来分析一下。

海选。"海选"，顾名思义，就是从茫茫人海中来选拔晋级。而最初，"海选"一词是指中国农民在村民自治中创造的一种直接选举方式，即"村官直选"。海选已经被美国评为世界六大民主选举模式之一。海选意味着不设门槛，人人有机会，谁都可以参加。超级女声当时在全国报名火爆，就是因为没有什么限制，喊的是"想唱就唱"的口号，过去坐在电视机前默默羡慕明星的人们终于可以参与一个平民造星的美梦。

评委。传统的评委是正襟危坐，发言专业而权威的判官，他们的意见直接决定比赛的结果。但是超女比赛当中，专业评委极具个性，说话或风趣或刻薄，本身就是节目中的一大看点。除了专业评委还有大众代表团，他们有机会相互上台拉票，现场计票。最终，决定性的权力更是掌握在电视机前数以万计的观众手里。投上一票，选出你心目中的明星。观众可能从来没有被赋予过这样的权力，难怪有人说，超级女声是一场大众民主的胜利。

粉丝。粉丝是英文"Fans"的中译，即某人的崇拜者、追随者。超女当红，粉丝团是劳苦功高的。当偶像在台上表演展示实力的时候，各自的粉丝团台下演出一场场精彩个性的团体秀，精心策划各种拉票活动。可见，粉丝团也和早期的追星族不同，不是一味被动地追逐自己的偶像，而是可以与自己的偶像一起加入到比赛晋级当中，最后的成功，是参赛者和她们的粉丝团共同努力的结果。

三联生活周刊封面

◆ 二、大众狂欢

以上的勾勒说明了现时代背景之下观众在作品当中的分量，他们本身就是作品的一个成分，跟行为艺术等艺术活动有异曲同工之妙。这里的文化图式在美学文化研究上有两个理论支撑：娱乐社会和大众狂欢。

娱乐社会是后现代文化的一个表征。后现代文化具有颠覆权威，解构中心，提倡轻灵随性的游戏态度。每个人都是主角，他有权力去演绎自己独特的人生，在艺术活动中也有权力参与艺术创作。技术的进步为更多的人提供了参与的机会。如电视、手机、网络的普及。艺术的娱乐性从未这样得到重视，甚至就是为了消解传统古典艺术过于清高晦涩难懂的姿态。这样，媒体和观众一块儿演绎大众狂欢的真人秀。

大众狂欢是苏联著名思想家文论家巴赫金狂欢诗学里面的一个重要概念。他通过对人类历史上的狂欢文化的考察来研究后现代的文学创作。其中他主张消除诗学研究的封闭性，加大文学内容和形式的开放性；打破逻各斯中心主义（希腊语"逻各斯"，意即"语言"、"定义"，其别称是存在、本质、本源、真理、绝对等等，它们都是关于每件事物是什么的本真说明，也是全部思想和语言系统的基础所在。逻各斯中心主义是西方形而上学的一个别称，是一种以逻各斯为中心的结构），以狂欢化思维方式来颠覆理性化思维结构；发掘人类的创造性思维潜力，把人们的思想从现实的压抑中解放出来，用狂欢化的享乐哲学来重新审视世界，反对永恒不变的绝对精神，主张世界的可变、价值的相对。后现代社会下，大众暂时卸下了神、绝对精神的沉重，用酒神般的激情来享受文化活动，扮演着一个个不可或缺的角色。作品一开始总是未完成的状态，而观众随之直接创造了作品。

观众完成了自己身份的确认，问题并没有结束。有权力就有义务。观众除了享受自己的权力，还应该具有监督的社会责任。毕竟，一味的迎合媒体和自我放纵是不健康的状态。观众既然在某种程度上成了一部作品的主人，也就有了主人该有的自省自律，和自我反思能力。

◆ 三、观众的责任

观众的角色分量跟社会的各方面是紧密联系的。技术上的革命使观众参与成为可能，从而改变文化观念和学术研究。技术革命是现代社会非常重要的一个特征。从工业时代到信息时代再到数字时代，媒体也发生着翻天覆地的变化。印刷业的工业化带来了纸质媒体的普及，随后是广播、电影、电视的普及，再后来，网络无处不在，千万网民找到了自己的话语权。与此同时，媒体为观众提供了参与的可能，也就提供了监督的可能。

媒体是一个"公共空间"。在西方的文化研究中，"公共空间"是一个非常重要的概念。德国哲学家沃尔夫冈·韦尔施认为，现在通常所说的"公共空间"更多是在媒体里面。电视作为一种重要的大众传播媒介，是科技与人同谋而创造出的一个虚拟的公共空间，它为大众提供的是一个交流的场所，它与受众（电视观众）的关系是互动型的关系。电视给我们创造的公共场所不是单纯的空间概念，而是更加复杂的人与人的思想、情感、趣味等文化概念。在这一公共场所中，无论传播者还是受众，都是一个个活生生的个体或整体，彼此之间必然是互动关系。也好比一个虚拟的社会，里面个人与个人，个人与社会，错综复杂。

因此，一个公共空间就是一个社会，制作者和观众都是这个社会中的一分子，需要合作来维护这个空间的和谐健康状态。受众在传播环节中一样要有"主人"意识。当下的传播者早已不是王者，而是面向广大观众的一个对话者；观众也非盲目跟从的"奴隶"甚至被灌输的接收器，而是有思考能力、有主见的对话个体。正如前面所提到的，电视传播者和观众不是处在管道的两端，而是共同置身于某一相对特定的球形空间。因此，观众应当有责任、有义务于传播者的成长进步。

在与电视传播的对话中（无论是台上的还是台下的），观众应为电视传播者发现问题，提出建设性意见，毕竟，观众最清楚他们需要什么，需要传播者提供什么，什么东西才能充分发挥传播者和受众的积极创造性。如费斯克所言，大众不是屈从式的主体，而是"游牧式的主体性"，是"主动的行动者（agents）"，在各种社会范畴间穿梭往来的。[1]不可避免的，对于媒体空间存在的不良因素和导向也应该有所意识，避免恶俗流行，提升媒体节目的质量。

毕竟，话语权应该共享，这也是避免霸权意识的重要途径。舆论工具不再是为少数人或特定的人所掌控，只要是社会的一分子，都难逃重任。权威的产生往往有很大原因来自于一部分人的无动于衷、明哲保身或者逆来顺受。每个参与者以一种积极的态度来融入到媒体公共空间的建设当中，可以避免所谓权威对话语权的垄断。

1.【英】约翰·费斯克.理解大众文化[M].北京：中央编译出版社，2001年版，第30页。

第十三章 美与社会

▣概述▣ ···

　　在学科边缘化交叠化日益明显的今天，审美和社会之间的关系已经成为了一门独立的学科：审美社会学。审美社会学是研究人类审美活动所包含的社会学方面的课题，以揭示出这一人类特殊活动领域的特殊社会学规律的一门学科。

　　这个概念是清晰明了的，但是似乎也是抽象而宽泛的。审美是个复杂的问题，社会更是一个繁复的系统，而彼此交叠的领域也异常广泛杂多。再加上审美与社会之间牵涉点的研究也尚无定论，所以在本章当中，只打算说两方面的问题：第一，审美社会学的研究对象是什么？第二，审美文化与社会之间的相互关系是怎样的？

▶ 第一节　审美文化

◆ 一、什么是审美文化？

　　北大的叶朗教授认为，审美社会学的研究对象和范围是审美文化。为什么是审美文化，审美文化包含哪些范畴？文化是人类的物化产品，观念体系和行为方式的总和（学术界关于文化的定义很多，且至今也没有完全一致的看法），它是人创造出来的，又通过一代一代的"社会遗传"而继承下去。审美文化是人类审美活动的物化产品、观念体系和行为方式的总和。具体有三个方面：1）审美活动的物化产品，包括各种艺术作品，具有审美属性的其他人工产品，如服饰、日用工艺品、建筑、人造自然景观以及传播、保存这些审美物化产品的社会设施，如展览馆、美术馆、影剧院等；2）审美活动的观念体系，即一个社会的审美意识，如审美趣味、审美理想、审美价值标准等；3）人的审美行为方式，即狭义的审美活动。审美活动是人类特有的行为方式，它通过审美创造和审美欣赏，不断地把审美

神日 高更 1894年 布面油彩 68.3厘米×91.5厘米 芝加哥艺术学院

观念形态客体化，又把物化的审美人工制品主体化，形成审美感兴活动。

文化是一个大系统，包含了经济、政治、道德、审美、宗教、哲学、科技等诸多子系统，审美文化作为其中一员，必定受制于这个大系统，同时又与其他子系统处在一种错综复杂的关联中，互相影响、互相渗透。对审美文化的研究，是建立在它与文化这个庞大的网络系统之间的血缘关系上的，人们通过审美活动，实践着审美文化与整个文化大系统的交流运转，也实践着审美主体和客体发生历史的、现实的复杂联系。这样，考察审美与社会的关系，核心是考察审美文化所涵盖的问题，从审美文化中观照审美活动与社会的相互运动和其中蕴含的价值。

世界上存在着各种样态的文化，每种文化的发生发展都是该民族实践和心理的一个漫长的历史积淀，文化如密码一样被遗传，它们既是根植于整个民族的集体无意识记忆，也是存在于每一个当下的深层心理定式，它是鲜活的，虽然时隐时现，却是永恒生长的胎记。而任何一个试图想通过一套看起来客观的理论和一种文化范式来统摄所有问题的尝试都可能徒劳，所以，在使用审美文化的时候，不能忽略了审美文化的历史性和民族性。本章主要涉及一些基本美学原理的方面，不涉及具体考察审美文化多样态的问题，这里给予说明。

审美文化有着怎样的基本特征呢？对此，美学家们说法不同，看问题的角度也不一样。有的说审美文化是一种为人类服务的表现情感方式和提供精神食粮的手段；有的说审美文化的特征在于它是揭示它所属文化的涵义的"信码"；或者认为审美文化特征是它作为社会的对立面，以一种批判的力量出现来抗拒束缚和摧残个性的社会。各家说法各异，但我们可以看到有个基本骨架：审美文化和社会之间的相互关系。本章主要就从这个问题来展开。

◆ 二、审美文化与社会之间的关系

审美文化和社会之间的关系问题可以具体化为艺术"为人生"还是"为艺术"的问题。这一问题可以从我国新文化运动之后的一场争辩来谈。

五四文学革命后，文学界有两种相对立的思潮：以叶圣陶、许地山等作家为代表的文学研究会主张艺术（在当时的背景下主要是文学）应当"为人生"。文学创作是有着使命的，作家们是带着对人生与社会问题的现实关注进行写作并企图为社会"开药方"的。相对的，以郁达夫、成仿吾为代表的创造社提出艺术不为别的，是为它自己，即"为艺术而艺术"，文学应该除去一切功利的打算，专求文学的全（Perfection）与美（Beauty）。简言之，"为人生"一派强调艺术的社会工具性，它是为社会而存在的；"为艺术"一派强调艺术独立性，它是超越社会功利性的存在。

当时，中国处在一个急剧转型的时代，众多思想者和文学创作者都纷纷热心于国家前途和国民意识中诸多问题的关怀和讨论。如鲁迅先生在《娜娜出走以后》中指出的尖锐的无奈：娜娜出走以后，要么堕落，要么回来。先生的《伤逝》也涉及这个问题：旧中国文化滋养下的女性，即使有了新的思想，喊出了"我是我自己的"的慷慨之辞，并勇敢地走出家门，争取个人的独立和婚姻自由，最终由于社会旧传统的强大和个人的局限，也不可避免地回到旧式女人的悲哀——理想和热情被生活的鸡毛蒜皮消磨，将自己完全依附于一个男人身上，当这个两人之间的情感变成一种累赘的时候，女人便无路可走，很快消损掉自己年轻的生命。又如《阿Q正传》《孤独者》《在酒楼上》《药》等等小说，要么暴露国民性的弱点，画出国人的灵魂，要么徘徊于革命失败后的痛苦，折射知识分子的彷徨和无人理解的牺牲。正如先生在《我怎么做起小说来》一文中谈到的："以为必须是"为人生"，而且要改良这人生。我深恶先前小说为"闲书"，而且将"为艺术的艺术"，看做不过是"消闲"的新式别号。所以我的取材，多采自病态社会的不幸的人们中，意思是在揭示病苦，引起疗救的注意。"[1]

但如果艺术是为社会服务那么艺术是不是成了社会的附属品而缺乏独立的品格特点呢？那它还成其为艺术吗？它的存在还有什么价值呢？于是与"为人生"派相别，创造社、浅草诗社、新月诗派被称为"为艺术而艺术"的团体。为了保持艺术纯粹性，他们宣称他们的创作以无目的、无艺术观、不讨论、不批评而只发表顺灵感所创造的文艺作品，力求艺术上的"优美"。诗歌创作领域是为艺术派的主要阵

徐志摩

1.鲁迅：《鲁迅全集·南腔北调集》，北京：人民文学出版社，1981年版，第526页。

地。闻一多提出诗歌有三美：建筑美、绘画美和音乐美，坚持诗歌的内在格律和形式上的完美，认为诗歌的种种形式上的限制是戴着镣铐跳舞，而这样的舞蹈更凸显了艺术的自身规律和美感。新月派另一诗人徐志摩在诗歌创作上也追求艺术至上的唯美气质，诗歌不为别的，为的是美（艺术形式所引起的美感）。

以上的叙述只不过是中国五四文学运动之后在文学界掀起的关于审美和社会之间关系探讨的一个历史往事。当时，中国传统文化受到西方文化强烈冲击，如何革新和继承传统以及如何面对新的文化思潮是时代的使命，这一艺术和社会关系之争恰好是五四先辈们对西方思想的借鉴的一个表现。

在中国历史上，艺术"为社会"的观点是一以贯之的。孔子论诗，讲"兴、观、群、怨"之说。其中源自诗者的真情勃发的"兴"和抒发愤懑的"怨"都强调了文艺的批判之用。此后，汉代乐府的"感于哀乐，缘事而发"、诗论中的"美刺"、唐代韩愈柳宗元古文运动倡导的"不平则鸣"，一直到清末小说理论中的"谴责"小说，无不是倡导艺术存在的社会职责的。六朝兴起的唯美倾向的"骈体文"和宫体诗，刚到唐代就被否定为靡靡之音，陈子昂率先喊出汉魏风骨来对抗，中唐之后元稹、白居易的新乐府运动提出"文章合为时而著，歌诗合为事而作"的文学主张：艺术应当紧贴社会脉搏，反映民生疾苦。

总的来说，中国传统美学表现出的观点而言，概括起来有两点：一是重视审美同社会之间的密切关系，强调审美对人格培养的特殊作用，以至于出现了某些片面夸大审美社会功能倾向（如"文"与质的关系中，首先是文以质胜的；又如"文以载道"，是艺术沦为道德说教的工具）。二是从艺术和政教的关系着眼，提出相应的审美标准，对艺术进行规范。儒家讲"哀而不淫，乐而不伤"，"礼之用，和为贵"。就是讲艺术作品本身应该和谐，作品所表现的情感要受到"礼"的节制，要适度。

屏风漆画列女古贤图(局部)　北魏　木质漆绘　纵约80厘米　横约40厘米　山西省博物馆暨大同市博物馆

虽然中国文论的主流是主张艺术为社会的，但是我们仍然可以隐约看到文学审美（形式美感）特征的巨大魅力。一般认为，中国文学的自觉是在魏晋南北朝，陆机在《文赋》中说："诗缘情而绮靡"、"赋体物而浏亮"，[1]文学的情感性、形式美感得到了明示。唐代兴起在诗文领域打倒六朝萎靡文风诗风的运动也并非轻而易举，初唐四杰的工丽骈赋、中晚唐诗歌的精致缠绵，五代词作花间樽的闲情都有着不少的追捧者。韩愈柳宗元倡导的古文运动也是到宋代才取得真正的胜利，苏轼评价说韩愈"文起八代之衰"，可见抵御浮华的唯美之"衰"是一场何其艰难的革命。

"为艺术而艺术"的唯美主义是19世纪末西方流行一时的文艺思潮，当时我国一批留学欧洲的作家学者，引进了这一说法。有学者认为，这一派作家是把"为艺术而艺术"作为思想武器向主张"文以载道"的封建文学进攻的，带有摧毁旧传统的反抗性，因而具有一定的积极意义，有着强烈的反帝反封建色彩。问题并非用一套理论反对一种霸权这样简单。主张为艺术派的小说作者杨振声在其小说自序中明确指出：小说家也如艺术家，想把天然艺术化，就是要以他的理想与意志去弥补天然之缺陷。从这个说法可以看出，艺术是纯粹的，它不仅独立于社会，甚至在改造社会。

▶ 第二节　审美文化的二重性

◆ 一、"为社会而艺术"和"为艺术而艺术"

中国五四以后对于"为艺术而艺术"的提倡毕竟是舶来品，在此，让我们来看一下"为艺术而艺术"一说在西方的发展情况。19世纪30年代以后，法国浪漫主义文学潮流中曾经演变出一种所谓"社会小说"的倾向，比如乔治·桑的空想社会主义的小说和雨果的《悲惨世界》，他们都有浓郁的现实批判性。针对这种状况，同时又出现了与之对立的倾向：反对文学为现实生活所限制，反对文学艺术反映社会问题，反对文学艺术有"实用"的目的。这一种倾向成为"为艺术而艺术"的潮流，在19世纪末叶的法国文学上曾经占过短时期的优势。

浪漫主义诗人戈蒂耶在他的长诗《阿贝杜斯》的序言中宣称，一件东西一成了有用的东西，它立刻成为不美的东西。它进入了实际生活，它从诗变成了散文，从自由变成了奴隶。不久，戈蒂耶为他的小说《模斑小姐》做的一篇长序中写道：只有毫无用处的东西才是真正美的；一切有用的东西都是

1.陆机撰：《文赋》，张少康集释，上海：上海古籍出版社，1984年版，第71页。

丑的，因为那是某种实际需要的表现，人的实际需要，正如人的可怜的畸形的天性一样，是卑污的、可厌的。这篇序文在当时产生了很大的影响，被认为是"为艺术而艺术"的宣言。戈蒂耶为艺术而艺术美学观点的具体实践是他的诗集《珐琅与玉雕》，并为帕尔纳斯派诗人奉为艺术典范。1875年，在这部诗集重版时，戈蒂耶在集中增加了一首结论式的

侍女 林风眠 近代 纸本设色

诗，题为《艺术》，大意为：人间的一切都是过目烟云，昙花一现，只有艺术是永恒的；连天上的神明都会灭亡，可是高妙的诗句永垂千古，比青铜更为坚硬。

　　"为艺术而艺术"的诗歌要求形式上的整齐完美；用严格的、古典诗的格律，经过细磨细琢、雕词凿句的一番功夫，表现客观事物的外形美；诗人在作品中不能流露自己一丝一毫的感情。"为艺术而艺术"看似极端的艺术主张实际上有几点涵义：一是在艺术与社会的关系上坚持艺术的自律性；二是强调艺术作为艺术而存在的形式的美感；三是防止艺术家的感情倾向，认为纯粹客观的艺术形式更加接近艺术的真理。正如20世纪30年代，后期象征派诗人瓦莱里指出，一句诗并没有别人强加于它的意义。他认为，诗歌艺术的目的在于它本身，而不在任何其他作用。

水乡石桥 倪贻德 近代 水彩

◆ 二、审美文化的自律与他律

　　艺术自律是一种审美自律，它不光是艺术为了独立于社会而自我保存的一种宣言和姿态，还有着十分深刻的哲学美学的辩证关系：审美文化有着自律和他律的二重性。

　　自律（Autonomie）与他律（Heternonmie）是德国哲学中的术语，自律指一个事物的独立自足性，它是一个自在自为的系统；他律指一个事物的相关性，它是外在的或为他的，而不是独立

鱼的魔术 克利 1925年 98.2厘米×76.5厘米 费城美术馆

自为的。审美也是为自为自足还是为他，其实就是上文对"为艺术"和"为社会"的一个哲学上的概括。美国学者韦勒克说过："整个美学上的问题可以说是两种观点的争论：一种观点断言有独立的、不可再分解的'审美经验'（一个艺术自律领域）的存在，而另一种观点则把艺术认作科学和社会的工具，否认'审美价值'这样的'中立物'的存在，即否定它是'知识'与'行动'之间，科学、哲学与道德、政治之间的中立物。"[1]

审美文化自律和他律之间是截然相对不可调和的吗？问题常常是一分为二的。法兰克福学派著名美学家阿多诺的看法很值得借鉴：

"艺术的本质是两重的：在一方面，艺术本身割断了与经验现实和功能综合体（也就是社会）的关系；在另一方面，它又属于那种现实和那种社会综合体。这一点直接源自特定的审美现象，而这些现象总是在同一时刻既是审美的，也是社会性事实。审美自律性(aesthetic autonomy)与作为社会事实的艺术并非相同；另外，各自需要一种不同的感知过程。"

"今天，在与社会的关联中，艺术发觉自己处于两难困境。如果艺术抛弃自律性，它就会屈就于既定的秩序；但如果艺术想要固守在其自律性的范围之内，它同样会被同化过去，在其被指定的位置上无所事事，无所作为。"[2]

审美文化自律与他律是互为前提的辩证运动关系。只有审美成为它自己，是一个自给自足的系统，它才能与社会平起平坐，有能力构成一个与社会对立面的张力，去反射社会的影子，监督社会，促进社会的完善。同时，审美会不断被社会同化，成为社会的一部分，审美自律就是一个永无止境地与社会争夺自我的过程。这一方面促进了审美的自我突破和创造，更加独立自主，更加自律，

第31号 波洛克 1950年 269.5厘米×530.8厘米 纽约现代艺术博物馆

荷兰的室内 米罗 1928年 布面油彩 92厘米×73厘米 纽约现代艺术博物馆

另一方面也就更好地履行"为社会"的职责。因此，审美经历着"他律——自律——律他"的动态结构中。现代艺术是非常典型的例子。现代社会以来，优美或崇高的古典艺术终结了，取而代之的荒诞混乱的艺术形式。人不再是完整和谐的，而是被抽象和分裂成众多僵硬的碎片。这样的艺术还是传统意义上的艺术吗？艺术是社会敏锐的触角，因为，现代的社会也早已不是前现代的社会了。两次毁灭性世界大战的爆发，上帝的陨落，物质欲望无限的膨胀，价值的虚无，人的存在的不确定感笼罩着技术发达的西方国家。在这种时候，"艺术怎么了"很大程度上是对"社会怎么了"的质疑。与此同时，艺术为了在形式上突破传统美学的桎梏，为了与社会拉开距离，开始自我颠覆，疯狂地叛逆，最终，也完成了艺术形式内部的转型，带来了比以往广阔许多的发展空间。（一味地为了求新求变而颠覆传统所带来的现代艺术的弊端是另一个话题，在此不论。）

强调"为艺术而艺术"，实际上隐含着一个重要的诉求，那就是把艺术和非艺术区分开来。这种区分力求把艺术从道德的约束中解脱出来，摆脱工具主义的束缚，更为激进的还要将艺术和生活彻底区分开来。其中，十分关键的一个路径提出：不是艺术模仿生活，而是生活模仿艺术。

艺术模仿生活是古希腊以来西方人对于艺术与现实基本关系的一种共识。虽然也有艺术是表现人的主观情感思想的说法，但却从来没有把艺术看成是现实的模仿对象。这种说法实际上取消了人们长久信赖的稳定的基础。艺术是艺术家创造出来的，充满了变化和想象，它是社会的理想模型。听起来有点骇人听闻，但思量一番则能发现，这种艺术唯美主义隐含着一种本质上的政治激进主义和颠覆倾向：现代社会是病态不正常的，艺术才是理想的生活。

需要指出，审美通过自律来影响社会是非常间接的。审美既不能改变经济，也不可能介入政治，它只能通过自律这一中介环节影响人的精神。正如西方马克思主义的另一主要人物马尔库塞所言：文化批判、艺术、审美等不能改变社会现实，但却能影响和改变这个社会中的男人和女人的思想和精神。鲁迅先生的弃医从文正是一个活的注脚：身体的病态相比精神文化上的病态是不足道的，要先治的是这个民族的灵魂。"立人"，根本上是从精神上来"立"的。由此才可能谈及为天地立心，为万世开太平。

1.【美】韦勒克·沃伦著：《文学理论》，刘象愚等译，三联书店，1984年版，第274页。

2.阿多诺：《美学理论》，王柯平译，成都：四川人民出版社，1998年版，第406页，第430—431页。

▶ 第三节　审美与社会之间的相互影响

◆ 一、社会如何影响审美

审美文化他律与自律是一种辩证统一的关系，他律最终通过自律起作用。在本章讨论社会系统中的审美文化，还要重点考察审美文化与整个社会文化大系统的交互关系，即审美文化的他律性。对该问题的探究不仅在于宣称艺术和社会之间有一种相互关系，而且是要揭示出这种关系是如何存在着的。首先，让我们来看社会对审美文化的影响。

社会对审美文化的影响主要是通过四种渠道：价值定向、人际关系、教育和文化建制。[1]

价值定向是指作为主体的个人对社会文化价值体系的一种取向，是携带着个人文化因素的主体对社会文化价值的一种认同或变异。社会文化价值涵盖非常广泛，包括政治的、哲学的、伦理的、宗教的、科学的。每一个社会都有着相应的社会文化价值体系，它集中反映了一个社会的经济、政治、伦理、哲学等多重文化因素之间错综复杂的关系，并作为一个已经存在着的观念形态预先存在着。审美文化中的个体处在这个社会文化价值体系当中，受到它的深刻影响。这种影响不总是显性的，它不但在自觉的意识水平面上出现，也如水下埋藏的冰山一样，以不自觉的潜意识状态出现。比如，中国古典诗歌，感叹生命美好却转瞬即逝和时空永恒之间无法超越的距离是一个常见的主题。"江畔何人初见月，江月何年初照人？"（张若虚《春江花月夜》）"年年岁岁花相似，岁岁年年人不同"（刘希

清明上河图（局部）宋 张择端 绢本设色 纵24.8厘米 横528.7厘米 北京故宫博物院

西斯廷圣母 拉斐尔 1513年 布面油彩 196厘米×265厘米 德累斯顿美术馆

夷《代悲白头翁》），"无可奈何花落去，似曾相识燕归来"（晏殊《浣纱溪》），"人面不知何处去，桃花依旧笑春风"（崔护《题都城南庄》），无论诗歌的意象怎么变化，历史背景如何不同，中国审美文化当中的文人读者都能敏感地体会到其中流年暗中偷换的淡淡忧伤，产生一种横向的超越感，使人的精神飘向一种宇宙广阔的宁静流转之中。而非中国文化价值系统下的主体则不太容易直觉体会到这样的审美境界。

所谓人际关系，是指人与人之间的社会联系。中国儒家里的"仁"可以看做是人际关系的很好标识：仁，从二人。仁，其实就是人际关系之说。人的社会性决定了个体总是生活在人和人的复杂联系中。社会经济结构的变化，政治制度和思想观念的变种，并非虚无缥缈之物，而是总要反映到人和人构成的社会情境中，从而更加深刻地影响到每一个人。当代社会心理学研究表明，社会的人有群体性，他们对自己所属的社会群体有一种向心力，即通常所说的归属感。归属感是人的本性之一，人需要在与他人的交流、接触和交际中达到一种沟通，取得一种心理上有所归依的安全感和稳定感，从而达到个人心理的认同。当个体实现了这种对群体的归属感，群体的意识观念、利益处境和理想等，就必然作为群体意识凝聚在个体身上，甚至成为个体的下意识，直接作用于他的包括审美活动在内的各种思想和实践活动。这样，人际关系当中的个体的审美趣味，其实是一定社会群体意识的具体折射。现代尤其是后现代社会以来，文化圈越来越细小多样。比如所谓精英与草根，80后和90后，体制内或体制外，同性恋等亚文化圈层。每一个文化圈从某种程度上就是某种人际关系的一个凝结。在各个文化圈里面，有一种共同被认可的文化（包括审美趣味）取向，个体在其中得到了文化上的身份认可，实现了文化心理上的归属感，他们的审美趣味在人际交往中达成共识，相互照耀，彼此欣赏，乐在其中。

教育是人类文明赖以传承最重要的活动之一。除了与生俱来的文化基因遗传之外，教育是塑造人的最明显外在机制。一个在社会中的个体，从出生到死，一直都在学习，也在被教育。可以说每一个个体的人都是社会教育的产物。现代社会学提出了"文化适应"的概念，即个体在文化上适应社会的基本途径。它通过主体对各种文化符号的掌握，将各种规范性的知识、原则灌输到主体意识中。其中，智育、德育、美育是最基本的三个方面，它们分别是将个体引向"真"、"善"、"美"的三种途径。早期

1.请参看叶朗主编《现代美学体系》，北京大学出版社，1999年版，第256页。

学前教育、学校教育以及成人的各种社会教育，都把社会文化的各种知识、概念和行为规范输入个体，起到塑造人的作用。它们在主体内心结构中凝结下来，成为主体审美观念体系的一个基础和背景，便在暗中引导和制约主体的审美行为。并且，不但审美文化的生产者是这样，审美文化的消费者和各种中间人也是如此。教育把各种社会影响因素带入主体的意识和潜意识中，对审美行为发生作用。例如，古典审美风格和现代审美风格之间差别很大，前者无论在表现形式上或

诽谤 波提切利 1495年 木板蛋彩 62厘米×91厘米 佛罗伦萨乌菲齐美术馆

与主体发生审美活动上最终是趋于和谐的，而后者则表现出难以调和的强烈冲突和对抗。由于艺术或审美教育总是从古典艺术开始的，所以传统的优美、崇高、悲剧和喜剧是大家直接接受的审美范畴，而对于现代艺术的反叛带来的荒诞、虚无甚至肮脏、暴力感却是要通过现代社会各种文化和审美教育才能接受。

　　文化建制是社会对审美文化影响的第四个渠道，也是作用最直接的渠道。文化建制在这个地方指一个社会的文化政策、制度和文化投资。一个社会的文化政策是否开明和民主性，一个社会的文化制度是否具有合理性和开放性，审美活动的历史实践表明，审美文化繁荣昌盛的时期正好也是文化政策和文化制度相对来说比较开明、合理的时期。其中三个环节最为关键：民主化、合理化和法制化。民主化包括文化决策的民主化和审美评判的民主化。一是国家的一系列文化政策的制定需要经过一定的民主化程序，力求最广泛地代表广大民众利益和要求；二是对审美产品的评判，不应该只是少数人的特权，而是广大人民群众的权利。审美活动是广大人民参与并作主的，群众在审美评价时眼睛是雪亮的。随着科学技术的发达，民主化越来越具有更加切实的可操作性和更加广阔的空间。合理化指与审美文化相关的各项文化政策必须符合审美文化的特点和规律。比如"百花齐放，百家争鸣"。法制化旨在使各项合理的文化政策具体化为相应的法律条文，以规范的法律形式实现对审美文化的控

美国哥特式 格兰特·伍德 1930年 木板油彩 76.2厘米×63.5厘米 芝加哥艺术学院

制和调节。例如，版权法、出版法的制定和实施能有效地促进审美文化的繁荣。合理的法制监督也是打击对审美文化中的伤害行为的必要手段。

文化政策和制度反映了政治、法律等上层建筑因素对审美文化的影响，而文化投资则反映了经济对审美文化的直接作用。审美文化属于上层建筑，是需要物质保障为基础的。开展审美活动是需要许多相应的文化设施的，如影剧院、图书馆、博物馆、音乐厅、园林、风景名胜等等。目前，我国的文化投资比重是比较小的，以盈利为主商业性的文化设施占了大多数，而作为非营利性的公共设施建设则偏少。要提高文化素质，提供更好的审美文化条件，公益性质的审美文化设施投资应该加大比重。近几年来，我国也做出了许多努力，陆续免费开放了一些博物馆和文化公园，但是在资源分派上存在很大的不平衡。如无论在质还是在量上，大城市的审美文化设施建设远远高于中小城市，东南沿海城市远远高于中西部城市，城市也远远高于乡镇农村。同时不能忽略的一点是，文化项目中的预先规划和管理也需要更加专业的努力和完善。

◆ 二、审美如何影响社会

在论述审美的自律性和他律性的时候我们已经认识到，审美本身是自律的，它的直接功能和目的不在审美之外，而在审美自身。因为就认识功能而言，审美比不上科学；就教育功能而言，审美不及道德教化；就交际功能而言，审美也不如一般的社交活动。但是，审美能唤起别的实践活动所不能有的审美感兴（审美主体与审美客体相遇时引起的当下直觉的情感和理性体验）。它不是强制性的进入主体内部，而是通过情感体验和潜移默化而产生影响。正如孔子说诗首先是"兴"的，是客体对主体感受层面的呼唤招引。随之而来的"（《诗》）可以观、可以群、可以怨"则是审美影响社会的的很好概括。本书就这个问题归纳成几个方面：认知功能、交流功能、社会化功能。

审美的认知功能。认知，认识，考察。类似于孔子说的"可以观"（观

国王与王后 亨利·莫尔 英国 1952—1953年 青铜 高170厘米 邓弗里斯

风俗之盛衰）。审美是个体认知社会的一个重要途径，甚至是十分科学的途径。审美首先是愉悦的，能引起主体情感共鸣的活动。所谓"知之者不如好之者，好之者不如乐之者"，带着快乐去进行理性的认知是一件非常惬意的事情，常常可以起到事半功倍的效果。例如我们对一个地方的知识往往不是来自于科普类的书籍，而是与之有关的一部好的小说或电影。除了"观"，审美也是"可以怨"的。"怨"指怨刺，也就是不平则鸣。审美通过自己独特的方式发出自己的声音，针砭时弊，传达民生疾苦。因此审美的认知功能还包括反思、批判。反思、批判是艺术自律性的表现，是对社会的不合理之处的揭露。最后，有的美学家还认为审美有"预见功能"。例如荷兰16世纪画家波兮的耶稣像显得冷漠而孤独，有些画作表现荒诞不经。著名学者纽曼就认为波兮的画最先敏锐地预见到现代工业社会中人与人之间的疏离和冷漠，触摸到人的异化和存在的荒诞感。

交流功能。上文讲到人有着天然的群体归属感，个体也都是渴望沟通和交流的。孔子说《诗》可以"群"正是这一层含义。为什么要群？群就是"如切如磋，如琢如磨"。人们相聚在一起，很大程度上是为了相互沟通切磋。这样一是有利于信息的共享，学习，人际关系之间的打磨，更为关键的还是一种情感上的需要。托尔斯泰就曾经定义艺术的本质为人与人之间的情感交流。审美活动当中的交流有不同的方面。首先是观众同艺术作品本身的交流。比如听一首音乐、看一部电影、欣赏一场话剧会产生让我们悲欣交集等心灵战栗的审美体验。其次是观众通过作品与作家产生心灵上的对话，心心相惜。如我们读《红楼梦》，总是能读到曹雪芹的冷清，读张爱玲，也总能贴近她的深刻与苍凉，于是或掩卷叹息，或怅然若失。再有，观众之间的交流也很重要。

当我们看到一片风景的时候除了各自的陶醉外，能与身边的人分享也是一件美事。独乐是乐，众乐也乐。现在有种说法很好：好东西要和大家一同分享，分享快乐，快乐不会变少，只会变多。当然，分享是有具体的对象要求的，志趣完全相异的人在一起不一定能产生交流的愉悦感。不过，不同的看法，也许是另一种学习和补充。

社会化功能。"化"，使某物融入另一物，是一种内部变化后独具诗意的自由状态。审美的社会化功能，就是

拾穗者 米勒 1857年 布面油彩 83.5厘米×111厘米 巴黎卢浮宫

田园合奏 乔尔乔内 1510—1511年 布面油彩 138厘米×110厘米 巴黎卢浮宫

通过直接的审美感兴活动，在一种情感体验的方式中达到一种"文化适应"，调整好个体与社会的相互关系，它是在"兴"、"观"、"群"、"怨"的基础上实现的。个体被社会化是一个必然的过程，审美社会化暗含着对丰富社会内容（真与善）的个人认同，这样，审美才能使个体在介入审美活动时候达到一种社会化。审美文化本身就是社会的另一个侧影。审美感兴的过程，实际上是个体在被社会文化渗透，把个体情感和心理个性融入社会的一个过程。相应的有一点必须指出，个体在文化适应过程当中其实扮演着积极的角色。他可以通过审美，传达与社会化不一致甚至反叛的体验和看法。于是，主体在审美中完成文化适应的过程也是社会容纳更多更参差多样的审美文化的一个过程，它们之间仍然可以看做是一个辩证运动的结构。比如，著名后期印象派画家梵·高的作品在当时是没有完成文化适应的社会化过程的，他的作品生前几乎无人问津，生活穷困潦倒，最后精神崩溃而自杀。而梵·高的画被认为是天才之作的时候，可以看做是社会认可并容纳了那种粗鄙生猛的美感，承认了那是艺术品。所以，有时候（尤其在传统社会向现代社会转型的历史时期）审美社会化是与反社会化并存的。

综上所述，审美文化是社会文化大系统当中的一支，它涵盖艺术作品形式、审美的精神观念和审美实践活动等主要环节，与整个社会中的经济、政治、哲学、伦理、科学相互依存。在与社会的关系方面，审美文化具有自律和他律的双重性，二者互为前提，互相影响渗透。

第十四章 美与市场

▎概述 ···

　　美是超功利性的，它什么时候与市场有了关系呢？在商品经济条件下，人类社会的许多系统都不得不进入市场，以求得经济利益来实现自我行业的独立和发展，与美不可分割的艺术行业也如此。简单地说，艺术美受到人们的喜爱，成为人们的消费品，从而获得一定的经济收益，以维持艺术家的艺术创作活动，丰富社会文化产品，满足广大人们的精神需要。本章就从几个方面来谈谈美与市场的相关问题。

▶ 第一节　三种艺术市场的现象概述

◆ 一、中国流行音乐

　　流行音乐自古即有，从中国古代所谓"亡国之音"的"桑间"、"濮下"与"下里巴人"，到邓丽君软绵绵、甜蜜蜜的"小城故事"、"何日君再来"，再到当今彰显独特个性色彩的说唱式音乐如周杰伦的"双截棍"，无论古典音乐的推崇者们以何种方式和手段贬低、甚至是诋毁流行音乐，但流行音乐总是以其广阔的市场营销潜力、深厚的群众接受基础给予其反对者以无言而有力的还击。据说中国第一个敢于说出自己喜欢流行音乐的，是春秋时期的魏文侯："吾端冕而听古乐，则唯恐卧；听郑卫之音则不知倦。"[1]魏文侯的意思是，他端坐着听宫廷音乐，就忍不住地想睡觉，如果要是听流行音乐的话，怎么听也听不厌烦。从这里看出，即使在雅乐占据意识形态话语权的春秋时代，有的国君也还是喜欢听流行音乐，更不用说一般的人了。

　　改革开放30年以来，中国流行音乐经历了不断的发展和演变，出现了多种风格的流行音乐和大量流行音乐作品。特别是进入21世纪以来，流行

----

1. 李学勤主编：《十三经注疏·礼记正义》，北京：北京大学出版社，1999年版，第1119页。

音乐的发展更为成熟且呈现多元化的趋势。

1．20世纪70年代末至80年代

改革开放初期，首先获得群众推许的抒情歌曲作品为《祝酒歌》(韩伟词、施光南曲)。1980年，中央人民广播电台文艺部与《歌曲》编辑部联合举办了"听众喜爱的广播歌曲"评选活动，产生了著名的"十五首抒情歌曲"。它们继承了50—60年代抒情民歌的传统，抒发了大众的真情实感，旋律优美流畅，是对"文革"期间"高强硬响"音乐观

崔健

念的逆反，代表了80年代初期群众歌曲的成就。1980年前后成立的广州太平洋影音公司，是最早的流行音乐产业之一；广州茶座上的流行歌曲成为一种文化消费品；广州"紫罗兰"轻音乐队为流行音乐演出之先行者。朱逢博、李谷一等率先使用流行歌曲唱法；朱明瑛、成方圆、沈小岑、程琳、郑绪岚、远征、苏小明、吴国松、任雁等以第一代歌星的面目出现。"港台风"持续了较长的一个时期后，人们已不满足歌曲中的风花雪月、柔情蜜意，于是开始寻找自己的通俗音乐创作的出路。这样"西北风"便应运而生。其代表作品有《一无所有》、《信天游》、《黄土高坡》、《我热恋的故乡》、《我心中的太阳》、《少年壮志不言愁》、《心愿》、《我们是黄河，我们是泰山》，以及电影《红高粱》插曲《妹妹曲》等。此外，1989年间，"卡拉OK"这一新的娱乐形式由日本引入我国，并迅速在北京、广州等大城市发展。这时，许多作者已沉下心来做不同的尝试、摸索，作品风格渐趋多样化。歌手中刘欢、毛阿敏、韦唯到了鼎盛时期；范琳琳、那英、张可、朱哲琴、谢津等知名度渐高。听众的喜好也逐步分化而形成不同的欣赏群。中国内地流行音乐界新民歌、摇滚乐、流行乐三足鼎立之势已经形成，流行音乐创作呈现一派繁荣景象。

2．20世纪90年代

从90年代起，内地各音像企业开始重视创作、重视培养自己的歌手和制作人。最引人注目的是出现了一大批由内地音像公司制作推出的新偶像。如广州的杨钰莹、周艳泓、高林生、林依伦，北京的陈红、陈琳、潘劲东、谢东、孙悦，上海的王焱、甄凌、石云岚等。尽管这些歌手的包装方式大多未能摆脱港台的模式，所演唱的歌曲在开掘的深入、描摹的精细上还未达到港台歌坛鼎盛时期同类作品的水准，但已经在国内青少年歌

迷中产生了很大的影响，打破了多年来由港台青春偶像独占青少年音带消费市场的局面。90年代的中国内地流行乐坛出现了许多新的变化，唱片公司对流行音乐的商业化属性的认识及相应的操作程序的掌握有了很大的提升，创作人员对流行音乐的探索也取得了可喜的成果。但是，流行音乐在强调娱乐功能的同时，对表现当代生活和社会心态、反映人民心声方面有所忽视，在强调专业化的"包装"、"制作"的同时，对于流行音乐的民间根基的重视和开掘上更是普遍滞后。一些必要的行业规范、运行机制和市场秩序尚未完善，急功近利的心态依然表现得较为突出。

3．21世纪初

21世纪，随着电脑的普及和手机彩铃下载业务的兴起，网络歌曲开始异军突起，流行音乐的制作也更加商业化、世俗化。伴随着电脑软件技术的开发和利用，一种叫Flash的动漫音乐在网络开始流行，2001年雪村的《东北人都是活雷锋》被一个叫做刘立丰的网友做成了Flash，由于歌词、画面都比较滑稽，逗得大家哈哈大笑，《东北人都是活雷锋》由此引发了网络上的Flash动画风潮，这股风潮迅速在全国范围内蔓延。Flash动画音乐由于其特有的诙谐、幽默，游戏性和反讽性的特点受大众喜爱，许多歌曲被改版为Flash动画，同时也出现了纯正网络流行歌曲的Flash版，如《大学自习室之歌》等。网络媒介的传播方式除了MP3和Flash外，近年来随着一批网络歌手的诞生又出现了网络音乐，并瞬间蹿红，网络歌曲位居各大流行音乐排行榜的首位。2002年，以一副沙哑歌喉初登乐坛的刀郎，以一首《2002年的第一场雪》红遍网络，随后的《冲动的惩罚》（2003）也是当年借助网络而最流行的歌曲。2004年，杨臣刚的《老鼠爱大米》、唐磊的《丁香花》、庞龙的《两只蝴蝶》，也在网络上火起来。其中杨臣刚《老鼠爱大米》更是一夜走红，直至走上央视春节联欢晚会的大舞台。从2005年开始，又有不少网络歌曲脱颖而出。《老婆老婆我爱你》、《你到底爱谁》、《月亮之上》、《秋天不回来》、《香水有毒》等歌曲先后成为生活中的热门歌曲。它们虽不是经典的，但却是优美的，它们就像美丽的蝴蝶一样，短暂而美丽。很多网络歌手也频频出现在各大颁奖典礼上。网络歌曲在内容上与传统的流行音乐并无区别，只是由于通过网络传播，所以不需经过唱片公司、经纪人、音乐人、编辑等。它们的成败全由网民的点击率决定，具有反精英化、本土化的特点，代表了平民的审美观，具有源于民间的生命力。正当网络媒介如火如荼发展的时候，又一种新的传播媒介正在崛起，这就是被人们称为"第五媒介"的手机媒介。手机作为新的传播媒介主要体现在手机下载铃声和播放歌曲方面的功能，这也是与网络发展分不开的，随着制造和操作技术趋于成熟，手机的功能也不断完善。

网络的便利不仅为我们提供了诸如Flash动画音乐和网络歌曲，它还为我们提供了被截取的片断化铃声，手机铃声的来源正是这些片断的、时下最流行的音乐。这不仅为我国流行音乐的发展带来更广阔的空间，同时在当代更加凸显出一种碎片化和片断化的文化形态，这种文化形态是后现代主义背景下的一种普遍现象，"后现代文化中，一种破碎的片断的文化形态才是其主要形态。"

◆ 二、好莱坞商业大片

好莱坞(HOLLYWOOD)和美国电影在美国文化的建构中所起的作用是巨大的，它的影响世人共睹。电影的出现不但使美国国家形象以最具影响力、最为流行，最省钱的形式呈现在世界面前，而且迅速成为一种新型的文化产业，好莱坞因此而诞生。1915年，美国最高法院就爱迪生电影公司专利权诉讼案作出裁定，认定"电影是一种以追求利润为第一需要的简单的纯商业活动"。此举一锤定音，使美国电影业从褓褓时代就走上受法律保障的商业之途，在激烈的市场竞争中求生存求发展并做大做强。现在，好莱坞的美国电影作为一种最为流行的通俗文化艺术形式，可以在全球的各个角落和地区公开放映，在某种程度上可以这样说，好莱坞同美国政府在全球范围内争夺霸主地位的野心和努力是一致的。好莱坞的电影，如同美国政府鼓吹的"民主精神"的政治、美国汽车、可口可乐和美国经济一样在全世界范围内具有巨大的影响力。从某种意义上讲，好莱坞电影担负了美国文化巡回大使的作用。

好莱坞影片讲求大制作、大景观、大宣传，以换取大票房，所以必须以其惊人的投资额来换取炫人耳目的视听效果，且这种趋势愈演愈烈：1961年每片平均成本为150万美元；1972年为200万美元；1977年为750万美元；1980年突破1000万美元；1995年大片成本骤升至3640万美元；2000年又升至5480万美元。这里必须提到乔治·卢卡斯1977年执导的《星球大战》，被视为豪华奇观大片的始作俑者，开创了大投入、大产出的"星战"赢利模式。卢卡斯于2005年推出最后一集《星战前传3·西斯的反击》，终于拼完了让千万影迷翘首以待的

《星球大战》电影海报

"星战拼图"。数据显示，《星战》系列6部影片累计创出35亿美元票房，衍生产品的销售高达80亿美元，诞生了一项好莱坞商业神话新纪录。好莱坞审时度势，"钱是靠巨片赚来的"这一理念迅速导致资金流向大片。自1995年起，每年都有多部票房上亿的大片面世。这类高概念电影为确保"可营销性最大化"和"受观众欢迎程度最大化"，设定主创人员的门槛是"近三年影响力排名前10位明星"和"近三年影响力排名前20位导演"，以便利用主创人员的超强名气策划媒体事件，集聚票房号召力。好莱坞大片习惯采用饱和式发行，即一部新片同时投放最多数量的首轮影院上映，通过密集型广告攻势，刻意造成轰动一时的社会事件，激起人们争睹为快的观影欲望。

《黑客帝国》电影海报

美国电影协会第三任主席杰克·瓦伦汀曾经夸耀："我们大约在115个国家发行影片，美国影片实际上统治了世界银幕，理由很简单，如果你不喜欢美国汽车，你可以买德国的、瑞典的或日本的汽车；但美国电影却只此一家，目前还没有影片可以取代它。"瓦伦汀任期将近40年，他时常在美国国会走廊为电影工业积极游说，使好莱坞电影凭借美国政府在外交领域施压或斡旋，向世界各地倾销。目前，美国电影上映的地盘已扩充到150多个国家和地区，全世界放映的电影约有80%出自好莱坞。好莱坞电影的影响之大，连见多识广的毕加索亦为之感叹："世界上别的国家及其艺术，我不用去参观的只有美国，因为我从电影里已经把它的一切都一览无余了。"现在，全球有170多个国家放映美国电影，每天约有上亿万观众在欣赏着标有美国制造标签(Made in USA)的好莱坞影片，好莱坞每年在全球的电影收入高达上千亿美元，好莱坞电影业是世界最大的文化产业。

我国传播学者明安香历数"美国文化群落"，包括餐饮文化(以麦当劳、肯德基、可口可乐、百事可乐为代表)、游乐休闲文化(以迪斯尼乐园为代表)、服饰文化(以李维斯牛仔服为代表)、体育文化(以NBA、耐克品牌为代表)、汽车文化、高速公路文化等等，而这一切都在好莱坞影片中得到了充分展示，对全世界观众的影响是潜移默化的。值得深思的是，在"软实力"较量中，为何好莱坞能独占鳌头？深入分析美国电影工业成功的因素，优势之一是立足本土市场，"世界上再也没有一个国家能拥有如此众多而又富裕的国内观众支持电影了"。在硬件设施上，美国拥有6066家影院，银幕总数达35786块，美国人每年平均进影院看5次电影；优势之二是美国观众群体异族化，"为了抓住口味各异的移民观众，美国电影历来被制作得简单通俗"[1]，换句话说，所谓"越是民族的，越是世界的"这种评价，是不适宜用来衡量好莱坞产品的。夏衍先生早就发现，像美国这样一个由移民组成的种族混合的国家，电影制片人、编剧、导演、演员、摄影师等都来自世界各地不同的民族。在这种情况下，好莱坞影片就很难说有什么"民族性"。有位法国学者专门研究"欧洲演员的好莱坞电影史"，他发现"保护外来演员的异国性，这通常是好莱坞经过深思熟虑后的招贤纳士战略"。那些海外演员所带来的"异国情调"，在美国银幕上焕发出独特的诱惑力，与此同时也加强了好莱坞对欧洲忠实观众的控制力。进入21世纪，好莱坞依然起劲吸纳外来人才。近年最被看好的便是在奥斯卡颁奖典礼上亮相的《通天塔》"铁三角"——墨西哥电影导演阿方索·卡隆、编剧吉尔莫·德尔·托罗和制片人亚历桑德罗·冈萨雷斯，他们三人已经与环球公司、焦点公司谈成后续合作交易。好莱坞也非常关注正在崛起的亚洲电影，美国境内举办的针对亚裔电影人的电影节就有"纽约国际亚裔电影节"、"旧金山国际亚裔电影节"等。福克斯公司一位制片人还扬言："未来每生产4部美国电影，就会有一部是针对中国和东方市场的。"

　　好莱坞一旦发现某部亚洲影片很卖座，便不惜重金购买该片翻拍版权，然后物色导演和明星翻拍成英语版，在美国本土和国际市场上推出，如马丁·斯科西斯执导的《无间道风云》。最不可思议的是翻拍日本恐怖片《午夜凶铃·2》，居然请出原版导演中田秀夫等于让同一个厨师用另一种调料重炒一遍"冷饭"。又如迪斯尼公司出品的《花木兰》，题材取自中国古代木兰从军的故事，但卡通木兰已经完全不是中国人熟知的那个为了尽孝道替父从军的女子，而被改造成适应西方人口味的勇敢活泼、主动追求个人幸福的现代花木兰了。现今好莱坞产品基本上简化成两类：一类是高预算的国际性大片，另一类是较少依赖国际市场的低预算影片，前者是好莱坞最为看重的。好莱坞大片已形成全球化定位寻求观众市场的最大公倍数和价值取向的最小公分母，最大限度地避免"文化折扣"，叙事模式偏向通俗易懂，"情节更简单、动作更激烈"成了屡试不爽的国际化配方，确保赢得世界各地观众的喜欢。在市场操作层面，好莱坞的法则是"营销大于影片"，依托遍布全球的发行网，以跨国营销来实现国际化。好莱坞拥有极为完善的五位一体发行架构，即影院发行、家庭发行(录影带与碟片)、电视发行(闭路与开路)、网络发行及后电影衍生产品，良性循环财源滚滚而来。就这样，好莱坞电影基本上做到国内市场保本，海外市场盈利，在全球成为传播美国强势文化的主力军。

1.约瑟夫·斯特劳巴尔、罗伯特·拉洛斯：《媒体全球化趋势及问题》，周燕译，载《世界电影》，2002年第6期。

◆ 三、韩国服饰

近年来，中国流行文化圈中持续时间最长、涉及面最广、拥趸人数最多的应首推韩国文化。从韩国的电视剧、电影、流行音乐、在线游戏，到韩国的服饰、明星、料理，再到韩版的中国成衣、韩式风格的流行发式等等，似乎只要与"韩国"、"韩版"、"韩味"沾边的东西，在中国都市人群，尤其是年轻时尚一族中，总能掀起一阵又一阵的热浪。韩国流行文化在中国的成功登陆，使中国媒体创造了一个贴切的新名词——"韩流"。这场席卷中国的"韩流"，其所到之处必有一批忠实的拥护者和身体力行的实践者，即媒体称为的"哈韩族"。哈韩族的主力军是80、90年代出生的新新人类。他们不拘一格、自由洒脱的扮相，路人一眼就能分辨出来。"哈韩"俨然成了"酷"的代名词，而"韩流"则意味着"时尚"和"品位"。这里我们着重讲一讲韩国的服饰文化。

色彩及其形成的格调是服饰生命力的重要标志。不同的色彩能带给人热烈、和谐、平静、生气、庄重等不同的视觉冲击力，色彩的搭配与调和，同款式结合之后，便形成服饰的不同格调和风格，释放出民族、时代的特色。韩国民族是个崇尚白色的民族，从其国旗的底色为白色就可见一斑，因此韩国又被称为"白衣民族"。韩国人对白色的偏爱，使其服饰的色彩形成一种淡雅的基调，粉红、粉绿、淡黄、淡蓝等等非常纯净淡雅的颜色，传达出着衣人的优雅气质。古代高丽素与中国交好，中国五行的颜色——青、红、黑、白、黄对韩国传统服饰的颜色产生了重要影响。因此纯度很高的亮黄色、大红色、紫罗兰色、绿色，甚至有明显带光感的色彩在韩服中比比皆是，这种高纯度色有时甚至是自然色的直接运用。同时，韩国人还非常擅长单色处理和对比色处理，体现出一种少有的敏锐的色彩感。传统韩服女装中，浅绿色短上衣配大红色裙子，强烈对比的绿衣红裳成为主调，大片的单色红配大片的单色绿在其他民族的传统服饰中极为罕见。黄与紫的对比，黑与白的对比，反差强烈的对比并没有带来不可调和的艳俗之感，反而带来一种和谐之美以及一种少有的醒目与活跃。色彩中的传统是一个民族长期以来积淀下来的关于色彩元素的经验。韩国流行服饰的色彩设计源于传统，在继承传统的配色规律基础上，又有所创新。其饱和度很高、对比大胆的服饰色彩，用腰带、围巾、挂件、挎包等配饰形成一种缓冲的中间色带，从而让人感觉不到突兀和艳俗，反而以更大胆的方式述说着个性与前卫；淡雅至极的色彩格调不失时宜地体现着消费者的清纯与高雅。韩国服饰的色彩不管是浓妆还是淡抹总是那么恰到好处，经典而又时尚。

传统韩服

现代韩服

　　传统韩服与中国传统服装一样属于"宽衣"结构，衣服的外轮廓线自然、放松。传统的女式韩服短襦长裙，从上到下渐渐扩散，上简下丰，腰节抬高使人显得高挑，节下宽松的长裙摆掩人腰臀缺陷。这种高腰、直线和宽大的款式造型，与西方追求展示身体曲线美的服饰审美标准大相径庭。服饰是身体文化的隐喻，它"可以表达身体观念和性观念的独特性，但同时它又的确装饰了身体"。几乎盖住整个身体的韩服让人感觉人与衣若即若离，这首先体现了东方文明以伦理教化为先的特点，同时也体现了追求虚实相生、含蓄内敛的东方美学品格。韩国流行时装在继承传统的经典元素如上短下长、上简下丰、高腰、宽松等基础上，摒弃了传统服饰不适合现代生活的地方，同时又合理地吸收了西方服饰中的线条造型，从而使韩国时装在短短的十余年里，从一名后起之秀一跃而成为韩流的中流砥柱。形形色色短到其胸口的小外套，显然是韩服女装中短襦的变种；韩服中的长裙缩短到膝盖以上再加上或长或短的灯笼袖，就成了上窄下宽的娃娃裙；传统的足套，现在被置换成各种长短的腿袜和靴子；把韩服男装中灯笼裤的裤裆降低到极限，就成了"哈韩族"爱穿的肥大的"垮裆裤"；把韩服中短短宽宽的男式上衣拉长收腰，再配上稍卷中发，就成为"雌雄同体"的中性风格。韩国流行服饰创造性地运用夸张手法，宽就宽到极致的阔腿裤，瘦便瘦到极致的紧身衣，短就短到齐胸的小上衣，长便长至盖臀的娃娃衫。韩国的流行时装成功地把"韩国元素国际化"，把细腻精巧的细节变成奔放的主基调，把清新含蓄、意境空灵的东方元素融入西方的线条和立体造型中。

　　韩国时装突破了对传统服饰具象形态的禁锢认识，将具象形态提炼成某种精神——单纯和自由，并将其符号化，从而实现了韩国服饰文化全新的蜕变与更新。单纯意味着简单，简单是生命需求的本质，是自然世界的反璞归真。纯净的颜色和简洁的款式，使韩国服饰创造出一种混搭的风格。齐膝的长衫配紧身裤，外加一件短款小外套，大方帅气；娃娃裙配中长款外套，外加长靴和长袜，清纯可爱；淡蓝的长袖圆领汗衫套上淡黄的短袖衬衫，自由活泼。这种长衣短套、上瘦下肥，短袖外穿、衬衫（T恤、圆领衫等）叠加的搭配，错落有致，层次感强，整体色彩和谐统一，所以尽管韩国服饰常搭配成里三层外三层，却丝毫不显累赘，反而形成一种极具个性和创意的混搭典范。随意的混搭，搭配出一种自信和精致的休闲情调，而休闲的核心是自由。

▶ 第二节　文化工业与文化产业

◆ 一、文化工业与文化产业概述

　　"文化工业"是德国法兰克福学派的学者阿多诺和霍克海默等人提出的概念，用以批判资本主义社会下大众文化的商品化及标准化。

　　马克思早在《1844年经济学哲学手稿》中提到，由于人的需要的丰富性，从而生产的某种新的方式和生产的某种对象就会产生，他指出："宗教、家庭、国家、法、道德、科学、艺术等等，都不过是生产的一些特殊的方式，并且受生产的普遍规律的支配。"[1]这就是说，艺术是整个社会生产中的一个组成部分，受生产的普遍规律的支配，艺术与宗教、道德等是另一类的生产，这类生产虽受生产的普遍规律的支配，但却是特殊的。西方法兰克福学者在20世纪20年代也敏锐而准确地发现：文化生产一旦与科技结合在一起就会形成工业化体系，这会直接产生影响社会的巨大力量。本雅明在1926年发表的《机械复制时代的艺术作品》一文中首先提出"文化产业"这一概念，对文化产业和大众文化持乐观的态度，并认为其有积极的价值和意义。

　　1947年阿多诺和霍克海默在《启蒙辩证法》中第一次系统地分析性地使用了"文化工业"这个概念。在他们看来："文化工业把古老的和熟习的熔铸成一种新的品质。在它的各个分支，特意为大众的消费而制作并因而在很大程度上决定了消费的性质的那些产品，或多或少是有计划地炮制的。……文化工业别有用心地自上而下整合它的消费者。它把分隔了数千年的高雅艺术与低俗艺术的领域强行聚合在一起，结果，双方都深受其害。"[2]"文化工业"使文化艺术从人类造型的审美活动所创造的成果变成工业机械生产的东西，取消了文化的内在本质造成文化艺术的质变。正是在这种批判、否定的语境中，人们多把"Culture Industry"理解为对人类文化艺术的否定。文化工业一开始就产生争议，面临着肯定和否定的两种针锋相对的激烈争辩，随着经济的发展，渐渐地中和两种意见成为了中性的概念，也就是我们今天所普遍使用的"文化产业"。

文化产业兴起于西方发达国家。在现代西方社会里，人们通常不再具有"清教徒"的思想，即"拼命挣钱、拼命省钱、拼命捐钱"的思想，而是更加注重金钱和大量消费，主张充分享受社会物质财富，在生活上充分享受和尽情娱乐，这种观念已经深深扎根于大众的社会心理之中。大众化的需求使文化消费市场应运而生，娱乐电影、流行音乐、交际舞、时装表演、网络文艺、艺术美术和电脑艺术等文化现象此起彼伏、相继出现，社会文化资源为社会大众所共同分享。于此，文化产业以其大众化和共通性，推动着文化艺术在内容和形式上实现前所未有的改革和创新，也促使能容纳不同阶层、不同人群的文化主流的形成。

我国政府对文化产业有明确的定位。文化产业是指以"文化创意"为核心，通过技术的介入和产业化的方式制造、营销不同形态的文化产品的行业。国家统计局将以下8类列为"文化产业"的范围：（1）新闻服务；（2）出版发行和版权服务；（3）广播、电视、电影服务；（4）文化艺术服务；（5）网络文化服务；（6）文化休闲娱乐服务；（7）其他文化服务；（8）文化用品、设备及相关文化产品的服务。

二十世纪中叶后的中国，随着社会结构的逐渐分离，中国文化的发展格局大致经历了三个阶段：首先是意识形态的阶段，这是在二十世纪八十年代之前；第二阶段是八十年代的阶段，这时随着社会转型的开始，精英文化逐渐游离出来，形成意识形态与精英文化的"文化二元分立"的局面，但在1985年，国务院转发国家统计局《关于建立第三产业统计的报告》，把"文化艺术"作为"第三产业"的一个组成部分列入国民生产统计的项目中，从而事实上确认了文化可能具有的"产业"性质；第三个阶段是三分天下的阶段，即随着市场经济在中国的全面兴起，"大众文化"与"意识形态"和"精英文化"的并存，这种情况大约从九十年代开始基本形成，到1988年，"文化市场"的字眼出现在官方文件里面，1991年，国务院文件正式提出了"文化经济"的概念，1992年，"完善文化经济政策"的战略被正式提出，"文化卫生事业"被当做了加快第三产业发展的重点，"文化产业"的官方说法也出现在1992年，2002年中国的《政府工作报告》中也提出：为了"进一步解决经济发展的结构性矛盾和体制性障碍"，应该"大力发展旅游业和文化产业"，就在这一年，"文化事业"与"文化产业"也被分除开来，"完善文化产业政策，支持文化产业发展，增强我国文化产业的整体实力和竞争力"的问题被摆到了重要的位置。中国文化的格局变化是一个由"整体统合"到"逐渐裂变"的历史过程。

1.《马克思恩格斯全集》第42卷，人民出版社，1995年版，第121—127页。

2.见阿多若，霍克海默：《启蒙辩证法》，渠敬东等译，上海：上海人民出版社，2006年版，第198页。

◆ 二、文化产业的特征

文化产业是市场经济和工业化文明发展到一定程度的产物，有着强烈社会化大生产特征和经济效益追求。我们可以从生产过程、产品和消费方面来探究文化产业的特征。

1. 产业化运营模式

文化产业过程是一项现代化的商业运行机制，拥有一套完整系统的生产、销售机制。比如在电影商业化非常成熟的美国，好莱坞被称为"梦工厂"，即"造梦的工厂"。这个工厂内部，从影片的策划、剧本的选择或写作到电影的拍摄以及后期制作都有非常纯熟的一套模式。从电影宣传造势到上映，从观众反映、票房估算到批评家的评判，每个环节也都按部就班，游刃有余。

2. 商业性与社会公益性

资本最大化，巨额的经济收益，是产业化的根本目的所在。文化产业的商业性就表现在以经济效益为目标。如电影追求票房成绩、电视节目追求收视率、唱片行业追求销售量、旅游景区追求游客人气，艺术品追求拍卖高价等等。可以说，产业化是使产品的生产和销售更加合理、社会分工更细致，从而增大经济效益。文化产业中，文化产品纳入了商品经济的运行环节，是充分实现了文化产品包括艺术品的商业价值。

但是，文化产业不同于其他产业的在于不能片面追逐经济利益而忽略、甚至牺牲其社会公益价值，包括艺术审美价值。因此，社会公益性是文化产业必须坚持的原则。

3. 文化产品的可复制性和精神性

可复制性是产品之所以能纳入产业化生产的原因之一。在工业社会以前，一场音乐会或一幕戏剧的演出是唯一的、不可完全重复的，也就是说，演出与演出者不能分离。一场音乐会谢幕，要再演一场，这第二场跟第一场的很多地方在表演上一定是不能复制的。而到了工业社会，一场演出可以被完全记录并不断拷贝复制，发送到世界各地，永远保留下去。特别是数字信息时代，互联网上可以无穷复制传输，无数人同时分享同一场演出。

产业化使文化产品的物的形态能不断被复制，但不能因此而遮蔽了文化产品文化的一面，也就是精神享受的一面。它的物质样态可能是千篇一律的，但其内在的审美价值应该在不同的观众那里得到发现和彰显。

4. 消费的大众化和娱乐化

"大众"是文化产业当中一个关键词，是指普通的民众，即知识文化水平不太高的老百姓，常常与"精英"相对。文化产业的审美主体往往针对的是大众，这种文化又称为"大众文化"，它与现代技术，比如广泛的媒体传播密不可分。因此，文化产品的审美情趣要求通俗，为大多数一般人所接受喜爱。提倡的是为老百姓所喜闻乐见的艺术形式，如相声、小品、肥皂剧、流行音乐等。大众文化所追求的审美效果主要是娱乐。用民间的说法，大家伙图的就一乐字。没事找乐，自娱自乐，文化产业给人们提供文化消费品，主要目的还是娱乐大家。从文化理论的角度来说，现代社会进入了娱乐社会，大家要有娱乐精神。比如央视的星光大道之类的平民选秀节目，就是给老百姓提供一个娱乐舞台，而不是非得要老百姓去听讲座、受教育。

▶ 第三节　技术与艺术

　　通过上面的论述，我们看到，文化产业中，科学技术占有举足轻重的地位。技术进步使工业化大生产成为可能；技术使文化产品的存在和传播方式发生了根本的改变；技术使得摄影艺术、电影艺术诞生。但是，技术也给艺术带来了前所未有的危机，传统艺术的概念不断受到挑战和颠覆，艺术的唯一性、光晕感在技术面前遭遇尴尬，技术使艺术产业化，也带来与传统观念中与艺术相悖离的商业化。于是，我们有必要对技术和艺术的关系进行一些梳理。

　　技术与艺术自古以来就有十分密切的关系，艺术活动离不开技术支持，而技术产物如器具、建筑无论是设计还是产品造型或色彩，均离不开艺术。正是由于技术与艺术的完美结合，才创造出人们得以舒适生活的生存环境，也正是由于人们对技术与艺术的追求，才使各种物品花样翻新、五光十色。

◆　一、艺术圈内的技术与艺术相区别

　　文学、书画、音乐、舞蹈、电影、戏剧都是我们通常所说的艺术。对文学艺术圈之外的人而言，一篇小说、一幅字画、一首歌曲、一部电影就是艺术，电影、戏剧演员在演出时的嬉笑怒骂也都可以称之为"艺术"。可是在艺术圈之内，他们的作品和表演是否具有艺术价值就另当

别论了。这就是因为艺术也有技术和艺术之分，而且只有在圈内，在内行之中，人们才能划分出它们之间的界限。例如在外行的眼里，只要发表了一定数量文学作品的人，就可以称之为"作家"了，至于他作品的水平如何，一般都难以判定。但文学圈里的专家们就很容易作出比较客观的判断，尽管在评判中会有争议。判断的标准就是看他的创作是处在哪个阶段，有多少是技术层面的劳动，有多少进入了艺术层面，达到了一个什么样的高度，后者便是作品的艺术价值之所在。这是因为在文学艺术创作中，作家的大量的劳动都是处在技术层面的技能操作。一般而言，一个具有一定的文字表达能力的人，一旦掌握了某种文体的写作常规，也就把握了这种文体写作的技能，就可以写作了。但这只是走进文学大门的第一步，是从外行转入内行的初级阶段，如同司机从驾校结业仅仅是取得了开车的资格，要成为一名合格的司机，还需要一个过程，一个熟能生巧的过程。作家入行之后的第二阶段是提高阶段，或称"自我突破"阶段。所谓提高和自我突破阶段，就是作家把作为基本功的技能转化为技巧的阶段。一个作家，只有当他的基本技能转化为技巧，这才算实际上进入艺术创造阶段，他的作品也才可能真正具有艺术价值。许多作家所以凡

花瓶　拉里克　瓷、镀金青铜　法国　1898 年

庸，就是始终进入不了这个阶段。尽管他们也写出了不少的作品，但他们始终还只是一个"熟练工"。演员的表演也大多是技术层面的东西而不能称为艺术。比如"演谁像谁"，这在外行人看来是件了不起的事，其实这不过是演员的基本功，是基本技能而已，如果不是"演谁像谁"，就根本不具备当演员的资格。其实任何行当都包含了技术和艺术两个层面，即使是简单劳动中的低级的技术，也可以升华为艺术。以说话为例，把意思表达清楚，没有语法错误，这是包括孩子在内的所有没有语言障碍的人都能熟练掌握的技术，可是要把相同意思的话语表达得生动感人，如演讲、朗诵或写成诗，就上升为艺术层面了。又如烹饪，烹饪是一种最为大众化的简单劳动，其基本技能几乎人人都可以掌握，但烹饪却可以造就大师。所谓的名师、大厨，就是那些把简单低级的烹饪技术升华到了艺术层面的人们。技术如果不升华，就永远只是技术，是操作方法和技能。那么，"最伟大的发明者和最勤勉的模仿者或学徒之间，只有程度的分别"，而并非技术与艺术的分别。

◆ 二、传授性与天赋之说

技术与艺术是相互联系的，技术是艺术的基础，艺术是技术的升华，但二者有着显著的不同。它们的不同在于：技术是可以传授的，而艺术不能。艺术的获得靠的是自己的悟性，这悟性来自天赋和在模仿学习中的心领神会。例如文

伦敦水晶宫内景

学艺术，指的不是"怎么写文章"，而是"怎么写好的文章"。前者指的是作为一名写作者必须熟练地把握的常规，即基本的写作方法和程序，抑或写作技巧，这属于技术层面的东西，完全可以通过学习和模仿文本或从他人的言传身教中获得。但是，要具备高超的写作艺术，就上升到了艺术的境界，它是一个人写作综合素质的反映，其中包括写作灵感与天赋。这是难以具体传授的。又如绘画，老师可以教会你各种基本技能，可以"画什么像什么"，可是作品意境的创造完全是画家个人的创意，体现着作者在绘画艺术方面的悟性。通俗地说，艺术是别人教不会的，能教会的是技术。这一点康德在他的《判断力批判》中说得很清楚。康德说：艺术不能通过模仿去学习，科学却可以通过模仿去学习；只有在艺术的领域里才有天才，在科学的领域却没有。例如牛顿可以把他的最重要的科学发明传授给旁人，而荷马却无法教会旁人写出他的那样伟大的诗篇。这正如三国时曹丕所言，"虽在父兄，不能移子弟"。

但是，康德不认为技术里也有艺术。康德认为艺术是天赋的才能，而"天才是艺术的才能，不是科学的才能"。康德的天才论来源于柏拉图的灵感说。柏拉图说："凡是高明的诗人，无论在史诗或抒情诗方面，都不是凭技艺来做成他们的优美的诗歌，而是因为他们得到灵感，有神力凭附着。"[1]柏拉图的灵感说是不可取的。但是，如果我们把天赋理解为康德所说的"一种天生的心理的能力"，一种个人的生理素质，那么天赋就是一种普遍存在的现象。这就是为什么没有接受过专门训练的瞎子阿炳能够创作出传世的《二泉映月》，学识水平不如韩愈的孟浩然的诗名却在韩愈之上的根本原因。在技术和艺术领域，我们都会发现某些人对某种技艺特别的敏感，一学就会，一点就通。所谓"心有灵犀一点通"，这个"灵犀"

1.柏拉图：《文艺对话集》，朱光潜译，北京：人民文学出版社，1962年版，第8页。

就是悟性。但悟性不完全是天赋，更多的是后天的学习与训练。一个人为什么对某种技艺特别敏感，是他（她）的智能结构所决定的，而智能结构又是由其智力素质组合而成，其中的智力素质有遗传的因素，也可以后天养成。我所说的悟性，指的就是人的智能构成。一个人之所以适合于某种领域而不适合某种领域，是智能结构使然；而同一个老师的几个学生之所以会有高低不同之分，则是因为智能结构中的智力素质要素的差异，其中包括天赋。

◆ 三、才能和心灵

技术更多着眼于才能，而艺术恐怕重在心灵的感悟。也就是说，技术是能力层面的，艺术更多是审美层面的，是深层次的感动和灵魂的自省。

在艺术实践中"完善"的技术本身永远不可能成为目的，无论是纯粹的形式还是题材，都不是一件艺术品的最终内容。它们所能起到的作用，都是给一个无形的一般概念赋予形体。决定着技术的艺术归根到底仍然是对人类生活世界的关心，是对生命体验的表达。因而虽然以倡导"写小说就是写语言"著称于"新时期中国文坛"的小说家汪曾祺，曾提出在作为"语言艺术"的文学作品中，要将语言文字由形式与手段的层面"提到内容的高度来认识"；但他的意思与"语言中心主义"仍不能同日而语。而是强调语言本身所蕴含的文化意味。用他的话讲，"语言的美不在语言本身，不在字面上所表现的意思，而在语言暗示出多少东西，传达了多大的信息"。这是精辟之见。无论对此作何解释，有一点应该能够明确：就像作为艺术的电影靠的不是摄影艺术，在艺术实践中，娴熟的技术只能是一个不可缺少的配角。艺术决不能是一种肤浅的才能，而必须从人的内心开始。

总之，技术是在艺术的有形层面让它更加完美，而当这种可人的形式唤起一种心灵上的震撼的时候，我们将它称之为艺术。

▶ 第四节 经济利益与艺术创作

二十一世纪的今天，社会经济发展日益迅猛，人们的物质生活水平日益提高。当物质生活水平得到了一定的保障之后，人们会更加关注精神生活质量的提高，这样也就会间接导致精神产品之一的艺术品也有可能商业化和产业化。在社会全面进步的大潮中，艺术创作的品位却在悄然倒退，

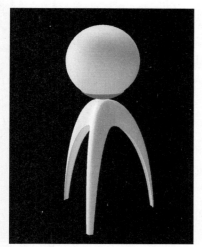
现代灯具

在经济的漩涡中无声地经历着内涵的缺失和裂变。在目前的经济社会中，艺术品不再是高高在上的空中楼阁，已经开始大众化、商品化，成为经济与艺术创作相交换的载体。很多从事艺术创作的人为了这种交换的顺畅，从中获取更多的经济利益，纷纷放弃艺术本原而进行纯粹的商业操作。面对复杂的需求人群、繁乱的艺术市场，他们迷失了艺术创作的目的和意义，失去了自我的观念和立场，缺失了对生活、情感、理性的认真思考，湮灭了艺术本身独具的审美意识和实质内涵，从而导致产生了一种肤浅的艺术创作的思潮。

自从杜尚将自己的小便器命名为《喷泉》送进艺术展览馆之后，艺术创作不再被视为庄严神圣的事情，但他自己却强调："请注意，我没有要把它做成艺术品，那只是个消遣。我没有什么特别的原因要做它，或者任何意图要展出它，或用来说明什么。不！从来没有这一类的事。"[1]可是就在杜尚不经意地与人们开玩笑的同时，长久以来建立起的艺术规范却受到了严峻的挑战，以致一向高高矗立在公众心中的艺术大厦轰然倒塌。人们不必蓄足涵养就坦然自信地认为自己已踏入艺术殿堂，也不必再十年磨一剑便能轻轻松松地进行艺术创作了。

众所周知，艺术本身源于生活而又高于生活，艺术创作应该是艺术家对生活本身深入全面的体会和理解，艺术家只有全身心地感受生活、体验生活，被生活所感动，激起心灵的艺术波澜，并以深厚的艺术功力把这种体悟借以良好的艺术形式表达出来，才能使作品能够蕴涵着巨大的艺术魅力。可是现在很多创作者因为片面地追求一时的经济利益，没有花时间、花精力进行全面具体的生活实践，也没能潜下心来进入艺术创作本应该有的宁静高雅的创作心态，不能积极地用心思考艺术创新的方法，不能有目的地选择生活本身的素材并对之进行萃炼和精度加工，甚至分不清客观与主观的从属关系、局部与整体的统一关系，更不会注意在创作过程中对技巧和表现方法进行大幅改进和全面创新，创作完成之后也没有站在艺术审美的高度去审视作品，之后没有进行必要的改进和润色，使艺术作品的内容缺乏感染力，而其形式则不具有创新性，根本无法体现出其艺术存在的基本价值，很大程度地导致了作品的极端肤浅。

因为作品本身的这种肤浅，商品化冲击下的艺术作品有可能具有以下的缺陷：

首先，在商品化冲击下的艺术作品模糊了美与丑的界限。因为美是根源于社会实践生活的，美是在劳动实践中自由创造的结果。如果没有实践，没有活生生的对社会生活的内里的艺术体验，只在创作形式上进行玩味，这就走到康德《判断力批判》中"美的分析"所导致的形式主义倾

1.卡巴内：《杜尚访谈录》，王瑞芸译，北京：文化艺术出版社，1997年版，第44页。

向，而其实康德在"崇高的分析"之后再回过头来审视"美的分析"时对之就加以修正了。失去鲜活的社会生活实践的内空的形式，再美的也必将丧失美的艺术的感染力，显得无病呻吟甚至是矫揉造作，流露出丑的痕迹。丑是引起不快感的，感性形式中的丑包含着对生活、对人本质具有否定意义的东西，它使受众在对艺术作品接受时感受到畸形、损毁、芜杂等不良的体验。

第二，在商品化的冲击下，艺术作品有可能失去原本的社会美。社会美是指社会中的美，它不仅根源于实践，而且本身就是实践的具体表现。人类社会生活的内容丰富多彩、鲜活生动，只有走进人类社会才能体会社会美的真实价值。社会美有着鲜明的特点，它是一种积极的肯定的生活形象，社会美和理想有着紧密的联系，随着人们对社会和自然规律的更多认识，人们可以更全面地确定自己活动的长远目标，确立美好的理想。社会美重在内容的表现，平常所说的心灵美、精神美、行为美、内在美，都是强调美的内容，即内在对美的理解和审视。

第三，在商品化冲击下的艺术作品失去了自然美。自然美是自然事物的美，在于事物本身，是自然事物本身具有的属性，如山水花鸟的美在于山水本身的自然属性，如颜色，形状，质感等。自然美也是一种生活的暗示，把自然美与生活联系在一起；自然美也是一种社会实践的产物，从自然产生和发展的总过程来看，自然美领域是逐渐扩大的，是和社会发展的进程密切联系在一起的。如在原始社会，原始人类对自然界的各种现象，比如电闪雷鸣会自然而然地产生恐惧感，而如今的人们则可以把它作为自然美来欣赏。自然的美与丑只有对于人才会有意义。但现在在商品化冲击下，很多作品没有能把自然作为观照对象，也失去了任何预期的自觉的目的，没有了自然美的内涵，也就失去了视觉传达及美育的意义。

包豪斯校舍 格洛皮乌斯 1926年 德国

第四，商品化冲击下的艺术作品还可能失去了形式美。形式美源于内容美与生活本真，失去内容和生活支撑的形式表现会显得贫乏苍白，那种形式上的单纯齐一、对比调和、简化夸张、多样统一、节奏韵律在这里也显示不出固有的美感，只变成了一种无聊的摆设和罗列。例如，对于美国人约瑟夫·科瑟斯的《一个和三个椅子》，博物馆就声称无法确定将该作品储藏在哪个适当的地方，最终它被博物馆分开来储藏到三处："椅

兰博基尼跑车

餐具 陶器 芬兰 卡吉·弗兰克 1954年

木椅 芬兰 卡利·维尔坦 1993年

子"储藏到设计部，"椅子的照片"储藏到摄影部，"影印下来的椅子的定义"被储藏到图书馆，所以人们只能通过将之摧毁的行为来储藏它，这可真是个荒谬的结果。形式美是人们在长期社会实践中运用形式规律去创造美的事物，并在美的创造中积累愈来愈丰富的经验，它概括了现实中美的事物在形式上的共同特征。把握形式美是为了推动美的创造，以便使形式更好地表现内容，达到形式与美的内容高度统一。商品化冲击下的艺术作品没有了美的内容，美的形式也失去了意义。

第五，商品化冲击下的艺术作品失去了艺术美。艺术美是艺术的一种最重要的特征，但它只可能来源于生活，社会现实生活是艺术创作的前提和基础，艺术创作者的创作激情、创作素材都来源于现实生活。艺术美是现实生活的能动反映，强调对客观对象的观察和丰富的艺术想象，没有想象就没有艺术创造。同时生活也孕育了艺术创作者的激情，推动创作者的技巧的发展。艺术是创作者创造性劳动的产物，从生活到艺术是一个创造过程，正是创造才是艺术美的生命。在商品化冲击下的艺术作品很多都缺少对社会现实生活的关注，也就没有再生。

第六，商品化冲击下的艺术作品还存在着明显的媚俗倾向。因为在商品化市场化之下，艺术作品有可能会取媚于狭隘的社会现象，取媚于购买者的眼光，取媚于各种名利，把生动感人的作品变得庸俗化以投合买家的口味，这就必然会扭曲艺术的审美性，失去了主观的创作真诚。例如，因为现代科学技术使越来越多的人生活变得更加便利和自由，所以崇尚科技的人日益增加，因此对高科技的推崇与运用就成为了标榜艺术的有力手段。在这样一个科学和机器的信息时代潮流里，在这么一个审美疲劳的游戏时代里，在理想主义向实用主义甚至是庸俗主义退让的过程之中，高科技在某种程度上已成为了扼杀艺术理想主义精神，向商品化市场化的媚俗揖拱相向的帮凶。另外，在今天的市场经济社会中，很多人不顾社会环境和各种不和谐因素的制约，照搬一些艺术流派的表现风格和表现手法，不但抹煞了艺术流派的迷人风采，也导致了自身作品的机械和空乏，进而使作品变得庸俗起来，无形中大大降低了艺术作品的价值和审美品位。再一点是众多媒体的无端炒作也是催化现在作品艺术品位缺失和媚俗化的一个原因。很多媒体为了自身利益，忽视对艺术作品的体会与理解，过分地夸大宣传，使本身已经轻浮的艺术作品更加浮躁，显示出商业的流俗色彩来。

嫉妒 木艺 挪威 艾尔西·安·霍克琳 1997年

当然，艺术创作在当今作为商品、走入市场也不完全都是坏事情，只要注重社会现实生活的亲身实践、精神内里的大度涵养，把握好艺术与商品的内在尺度，也能更好地繁荣艺术市场，开拓艺术创作的思维空间，对提升和丰富艺术品质大有裨益。但是艺术创作一旦变成纯粹的商品经济行为，完全以追求经济利益为目的，不注重现实生活的体验，不从本身的情感表现出发，无以客观真实地理解艺术创作的真谛所在，那就肯定会失去冷静处世、心态平和的创作境界，失去艺术理想和精品意识，陷入媚俗艺术的泥潭。真正的好作品，无论是在什么情况下，都始终是纯洁的，永葆艺术的信念和真诚，作品中洋溢的典雅、真挚、热情的美感价值是任何经济利益都遮蔽不住也无以遮蔽的，而这也就是杰出艺术家所要营造和固守的作品品位和精神家园。

故事鸟壶 陶瓷器皿 芬兰 卡提·图奥米宁—尼蒂莱

参考文献

季羡林：《简明东方文学史》，北京大学出版社，1987年版。

田汝康，金重远：《现代西方史学流派文选》，上海人民出版社，1982年版。

李振刚：《文化忧思录——中国文化的历史走向》，河北大学出版社，1994年版。

马奇：《中西美学思想比较研究》，中国人民大学出版社，1994年版。

邱紫华：《东方美学史》，商务印书馆，2003年版。

叶朗：《现代美学体系》，北京大学出版社，1999年版。

叶朗：《美学的双峰》，安徽教育出版社，1999年版。

柏拉图：《文艺对话集》，北京人民文学出版社，1962年版。

亚里士多德：《诗学》，罗念生译，人民文学出版社，1982年版。

[英]李斯托威尔：《近代美学史评述》，蒋孔阳译，上海译文出版社，1980年。

[英]荷迦兹：《美的分析》，《古典文艺理论译丛》，第5期。

[德]康德：《论优美感和崇高感》，何兆武译，商务印书馆，2004年版。

[德]康德：《判断力批判》，邓晓芒译，人民出版社，2002年版。

[德]黑格尔：《美学》第1卷，朱光潜译，北京商务印书馆，1976年版。

[德]鲍姆嘉通：《美学》，文化艺术出版社，1987年版。

[波]塔达基维奇（Tatarkiewicz）：《西方美学概念史》，褚朔维译，学苑出版社，1990年版。

[波]塔塔科维奇：《中世纪美学》，褚朔维等译，中国社会科学出版社，1991年版。

北京大学哲学系美学教研室编：《西方美学家论美和美感》，商务印书馆，1980年版。

《北京大学哲学系外国哲学史教研室编译：《十六——十八世纪西欧各国哲学》，商务印书馆，1975年版。

凌继尧：《美学十五讲》，北京大学出版社，2003年版。

朱东润：《中国历代文学作品选》上编第二卷，上海古籍出版社，2006年版。

[美]钱德拉赛卡：《莎士比亚、牛顿和贝多芬——不同的创造模式》，湖南科学技术出版社，1996年版。

[德]格罗塞：《艺术的起源》，商务印书馆，1987年版。

《德意志形态》，《马克思恩格斯全集》第3卷，人民文学出版社，1972年版。

[奥]恩斯特·克里斯：《艺术家的传奇》，潘耀珠译，中国美术学院出版社，1990年版。

伍蠡甫：《西方文论选》（下卷），上海译文出版社，1979年版。

童庆炳：《艺术创作与审美心理》，百花文艺出版社，1992年版。

王旭晓：《美学原理》，上海人民出版社，2000年版。

李泽厚：《美学论集》，上海文艺出版社，1980年版。

[美]M.H.艾布拉姆斯：《镜与灯——浪漫主义文论及其批评传统》，北京大学出版社，1989年版。

[清]王国维：《人间词话》，上海古籍出版社，1998年版。

鲁迅：《致颜黎民》，《鲁迅全集》第13卷，人民文学出版社，1981年版。

鲁迅：《中国小说史略》，凤凰出版传媒集团，2007年版。

江溶编：《艺术欣赏指要》，文化艺术出版社，1986年版。

[德]H.R.姚斯：《文学史作为向文学理论的挑战》、《接受美学与接受理论》，辽宁人民出版社，1987年版。

[美]韦勒克，沃伦：《文学理论》，三联书店，1984年版。

[德]阿多诺：《美学理论》，王柯平译，四川人民出版社，1998年版。

[德]马克思：《1844年经济学哲学手稿》，北京人民出版社，1985年版。

[德]阿多诺，霍克海默：《启蒙辩证法》，上海人民出版社，2006年版。

[法]卡巴内：《杜尚访谈录》，北京文化艺术出版社，1997年版。

[俄]车尔尼雪夫斯基：《生活与美学》，周杨译，北京人民文学出版社，1957年版。

[苏]万斯诺夫著，雷成德译：《美的问题》，陕西人民出版社，1987年版。

[苏］尤·鲍列夫：《美学》，北京中国文联出版公司，1986年版。

彭锋：《美学的感染力》，中国人民大学出版社，2004年版。

胡经之：《文艺美学》，北京大学出版社，1989年版。

[法]罗丹：《罗丹艺术论》，人民美术出版社，1978年版。

[德]莱辛：《拉奥孔》，朱光潜译，人民文学出版社，1979年版。

金元浦：《美学与艺术鉴赏》，首都师范大学出版社，1999年版。

[法]罗丹：《艺术作品的本源》，《林中路》，1950年法兰克福（德文版）。

王一川：《美学与美育》，中央广播电视大学出版社，2001年版。

[德]叔本华：《作为意志和表象的世界》，商务印书馆，1982年版。

[德]席勒：《美育书简》，徐恒醇译，中国文联出版公司，1984年版。

《庄子·天道》，转引自《中国美学史资料选编》，上册。

《左传·昭公二十年》，转引自《中国美学史资料选编》，上册。

《国语·楚语》，转引自《中国美学史资料选编》，上册。

《惜抱轩文集·复鲁絜非书》，转引自《中国美学史资料选编》，下册。

《静庵文集》，《王国维遗书》第五册，古籍书店影印。

《车尔尼雪夫斯基选集》（上卷），三联书店，1959年版。

《马克思恩格斯全集》，第2卷，人民出版社，1957年版。

《马克思恩格斯选集》，第4卷，人民出版社，1957年版。

[德]恩格斯：《自然辩证法》，于光远等译编，人民出版社，1984年版。

朱光潜：《西方美学史》，人民文学出版社，1979年版。

汪子嵩：《希腊哲学史》第2卷，人民出版社，1993年版。

[英]鲍桑葵：《美学三讲》，上海译文出版社1983年版。

《西方美学家论美和美感》，商务印书馆，1980年版。

《四书五经·礼记》，中国书店，1985年版。

宗白华：《美学散步》，上海人民出版社，1981年版。

吕荧：《吕荧文艺与美学论集》，上海文艺出版社，1984年版。

高尔泰：《美是自由的象征》，人民文学出版社，1986年版。

蔡仪：《新美学》，群益出版社，1948年版。

蒋孔阳：《美学新论》，人民文学出版社，1995年版。

[美]马斯洛：《动机与人格》，许金声、程朝翔译，华夏出版社，1987年版。

朱光潜：《谈美》，安徽教育出版社，1997年版。

王国维：《古雅之在美学上之位置》，选自《王国维遗书》第5卷，上海古籍出版社，1983年版。

《王国维文集》第一卷，中国文史出版社，1997年版。

《朱光潜全集》第1卷，安徽教育出版社，1987年版。

《朱光潜全集》第2卷，安徽教育出版社，1987年版。

《朱光潜全集》第10卷，安徽教育出版社，1993年版。

《李泽厚哲学美学文选》，湖南人民出版社，1985年版。

李泽厚：《论美感、美和艺术》，《哲学研究》，1956年，第5期。

李泽厚：《美的客观性与社会性》，《人民日报》，1957年1月9日。

林同华：《略论东方美学的特征》，《文艺研究》，1990年06期。